KB240653

한의학 박사 정이안의 컬러푸드 이야기

몸에 좋은 색깔음식 50

몸에 좋은 색깔음식 50

초판 1쇄 | 2005년 5월 2일
개정판 1쇄 | 2010년 6월 7일
개정판 2쇄 | 2012년 4월 2일

지은이 | 정이안(舊, 정경연)
펴낸이 | 이용배
펴낸곳 | (주)고려원북스
편집장 | 설응도

판매처 | (주)북스컴, Bookscom, Inc.

출판등록 | 2004년 5월 6일(제16-3336호)
주소 | 서울 광진구 중곡동 639-9번지 동명빌딩 7층
전화번호 | 02-466-1207
팩스번호 | 02-466-1301

값 17,000원

ISBN 978-89-94543-00-0 13590

몸에 좋은 색깔음식

50 Color Food

(주)고려원북스

색깔음식으로 차린 밥상의 비밀

한의학 고서*에는 음양오행을 이용한 다섯 가지의 색깔과 맛, 그리고 오장육부의 건강이 서로 밀접한 관계를 가지고 있다고 기록되어 있다. 청·적·황·백·흑의 다섯 가지 색깔이 신맛酸味·쓴맛苦味·단맛甘味·매운맛辛味·짠맛鹹味의 다섯 가지 맛과, 간장·심장·비장·폐장·신장의 다섯 가지 장부의 기능과 각각 밀접한 연관이 있다고 보는 것이다.

그러나 언제부터인가 우리 밥상에서는 예전에 익숙하게 먹던 현미·된장·고구마 같은 식품들이 사라지고, 그 자리를 백미·흰 설탕·밀가루로 만든 음식들이 대신하기 시작했다. 그러나 이들 '삼백三白 식품'이 각종 성인병의 주범으로 지목되면서, 다시 '컬러푸드 color food'로 돌아가자는 분위기가 조성되고 있다.

컬러푸드는 녹차를 이용한 그린푸드 개발이 시초가 되었다. 그 다음은 흑미·검은콩·검은깨 등의 블랙푸드 3총사가 식탁을 차지하더니, 레드 와인·토마토·붉은 고추 등의 레드푸드, 호박·꿀 등의 옐로푸드, 마늘·무 등의 화이트푸드 등이 뒤를 이어 줄줄이 주목을 받고 있다. 예전에는 식욕을 감퇴시킨다고 금기시되던 검정색·파란색·보라색 등까

* 황제내경소문금석黃帝內徑素問今釋, 오장생성편五臟生成篇

지 다양하게 활용하기에 이른 것이다.

이렇듯 컬러에 대한 관심이 증폭되면서 최근에는 식품업체들과 외식업계에서도 천연색소로 멋을 낸 이색 컬러식품을 선보이며 화려한 마케팅을 펼치고 있다. 유기농 당근치즈, 클로렐라 국수, 백련초 멸치 등 각종 영양소가 듬뿍 든 천연원료로 '혀의 기쁨'에 '눈의 즐거움'을 더한 웰빙 식품이 속속 출시되고 있는 것이다. 이제 컬러푸드는 단순한 트랜드를 넘어서 식문화의 중요한 위치를 차지하게 되었고, 앞으로도 컬러푸드는 입맛을 살리고 건강을 지켜주는 차세대 건강 음식으로 각광을 받을 전망이다.

다양한 색깔의 음식을 골고루 섭취하는 것은 건강에 도움이 되는데, 특히 식물성 색소성분인 '파이토 케미컬phytochemical'은 그 효능이 매우 뛰어나다. 야채나 과일의 화려하고 짙은 색에 많이 들어 있는 파이토 케미컬은 체내 발암물질 생성을 막아주는 역할을 한다.

가지의 보라색, 토마토의 빨간색, 자몽의 주황색 등 야채와 과일에 들어 있는 색소는 자외선, 비, 바람 등의 외부 자극으로부터 자신을 보호하기 위해 스스로 방어물질들을 만들어낸다. 이 물질들이 바로 파이토 케미컬인데 항암 효소를 자극하는 황화물, 암세포 전이를 막아주는

항산화 물질인 카로티노이드와 플라보노이드, 암 확산을 차단하는 인돌, 발암물질이 생기는 것을 막아주는 페놀, 발암물질의 행동을 억제시키는 타닌 성분 등이 그것이다.

즉 파이토 케미컬은 우리 몸에 유해한 활성산소를 막아줄 뿐만 아니라 면역기능, 노화방지, 스트레스 완화 등에 도움을 주어 신체가 정상적인 기능을 회복하고 유지하는 데 필수적이다.

이미 1980년대 후반부터 미국에서는 'Five a Day' 운동이 시작되었다. 다섯 가지 색깔의 과일과 채소를 하루 다섯 번 먹자는 운동이다. 이 운동은 곧 미국 전역으로 확산되었고, 그 결과 비만은 물론이고 각종 성인병과 암 발생률이 현저히 낮아졌다는 보고가 전 세계로까지 알려지면서 컬러푸드는 전 세계인의 주목을 받게 되었다.

현재 컬러푸드 열풍이 세계적으로 유행이긴 하지만, 오래 전 우리 조상들은 이미 오방색五方色이란 이름으로 컬러푸드를 일상에서 사용해왔다.

전통 한식 밥상에는 녹, 적, 황, 백, 흑 등 다섯 가지 컬러의 음식이 골고루 올라오고 있었다는 것을 한국인들은 누구나 이미 알고 있다. 궁중음식의 오훈채, 구절판, 비빔밥, 추석에 만드는 오색송편을 비

롯해 오색을 맞추기 위해 색색의 고명을 국수 위에 얹는다거나 하는 것들이 대표적인 사례다. 이렇듯 한식 밥상에는 오방색이 오장육부에 각각 영향을 미친다는 한의학의 기본 이론을 바탕으로 오색 음식을 골고루 차려 오장육부의 조화로움을 가능토록 했던 선조들의 지혜가 담겨 있으니, 어찌 보면 세계적인 컬러푸드 건강법의 바탕은 우리 선조들의 오색 음식에 있었던 셈이 아닐까 싶다.

다만, 어떤 색깔의 음식이 어느 장기에 좋다더라는 것에 치중해서 일정한 색깔의 음식만 편향되게 섭취하는 것은 올바른 색깔음식 섭취법이 아니라는 점을 밝히고 싶다. 색깔음식 건강법은 매 끼니마다 다섯 가지 이상의 색깔음식을 골고루 갖춰 먹을 때 의미가 있기 때문이다.

색깔음식을 이용한 밥상은 의외로 간단하다. 채소, 과일, 곡류를 중심으로 식단을 짜되, 될 수 있으면 밥상 위에 다섯 가지 색깔의 음식을 골고루 먹을 수 있도록 조화를 맞추면 된다. 흰밥 대신 검정콩과 흑미를 먹고 여기에 오색 반찬을 골고루 곁들이면 되는 것이다.

광화문, 진료실에서
정이안

한 의 학 박 사 정 이 안 의 컬 러 푸 드 이 야 기

몸에 좋은 색깔음식 50

차 례

Green mystery,
자연으로 돌아가자
녹색은 목木에 해당하며 간장의 기능과 연관이 있다

Red mystery,
암을 이겨내자

빨간색은 화火에 속하며 심장의 기능과 연관이 있다

Yellow mystery,
성인병을 예방하자
노란색은 토土에 속하며 비장과 위장의 기능과 연관이 있다

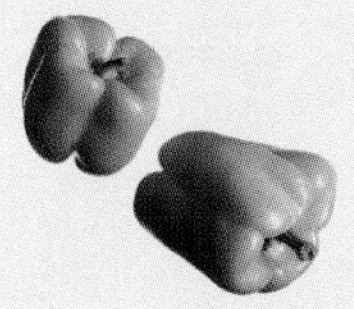

White mystery,
콜레스테롤을 줄이자

하얀색은 금金에 속하며 폐장과 대장의 기능과 연관이 있다

Black mystery,
젊어지자
검은색은 수水에 속하며 신장의 기능과 연관이 있다

Green,
자연으로 돌아가자

"녹색은 목木에 해당하며 간장의 기능과 연관이 있다"

따뜻한 기운이 땅위에 가득한 봄의 색. 녹색의 음식을 먹으면 몸과 마음이 편안해진다. 녹색의 음식은 시각적인 안정은 물론이고 신경과 근육의 긴장까지도 완화시켜주기 때문이다. 화를 잘 내는 사람, 신경질적인 사람, 성격이 급한 사람, 혈압이 높은 사람에게는 녹색의 음식이 제격이나. 녹색의 신선한 과일과 야채에 들어 있는 풍부한 엽록소는 신진대사를 원활하게 하고 피로를 풀어주며, 신체의 자연 치유력을 높이는 효능이 있다. 한방에서는 녹색綠色이 간장의 건강에 해당한다고 본다. 녹색 음식을 많이 먹으면 간의 피로물질이 원활히 해소된다는 이야기이다. 시금치, 셀러리, 브로콜리, 녹차 등의 녹색 음식은 피를 만들며, 세포 재생을 도와 노화 예방에도 좋다. 혈중 콜레스테롤 수치를 낮추는 효과도 있으므로, 술을 많이 마시는 사람이 꾸준히 녹색 음식을 섭취하면 간 기능 회복에 도움이 된다. 또한 신선한 녹색 음식은 폐의 노폐물을 제거해서 폐를 맑게 해주기 때문에 흡연자들에게는 폐포에 공급되는 산소만큼이나 필수적인 먹을거리이다. 녹색 음식은 멀리 있지 않다. 우리가 평소 먹는 쌈밥, 샐러드, 매실주스, 녹차와 같이 늘 우리 식탁에 오르는 친근한 음식들이다.

이제 **GREEN FOOD**를 제대로 즐기러 떠나보자.

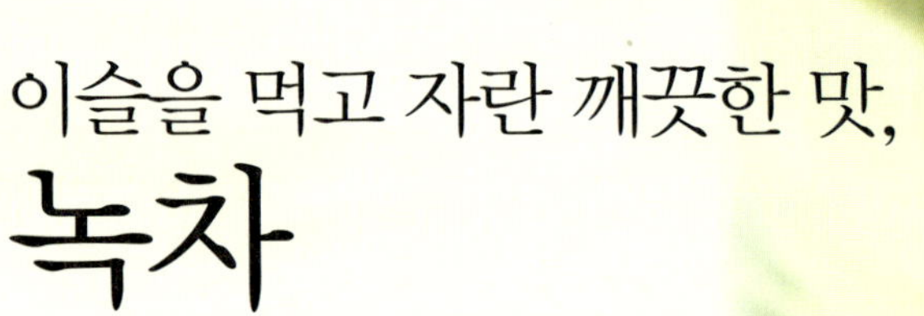

이슬을 먹고 자란 깨끗한 맛,

녹차

녹차의 엷은 녹색 물빛을 보고 있으면 피로가 풀리고, 따뜻한 녹차를 한 모금 입에 머금으면 상쾌한 떫은맛, 은은한 쓴맛, 순한 단맛이 조화롭게 입안 가득히 퍼져 독특하고 멋스러운 차 맛을 느낄 수 있다. 게다가 한 잔 마신 후에는 입안이 개운하고 머리가 맑아지는 기쁨을 누릴 수 있으니, 맛과 멋은 물론 건강까지 챙길 수 있는 먹을거리가 바로 녹차다.

차茶란 차나무의 새순과 새잎을 따서 만든 마실 거리다. 찻잎을 따서 발효하지 않은 것을 녹차綠茶, 반 발효한 것을 우룽차烏龍茶, 완전 발효한 것을 홍차紅茶라고 하는데 우리나라, 중국 일부, 일본에서는 주로 녹차를 마신다. 차나무는 물이 잘 빠지면서 영양분이 풍부한 토양, 따뜻하고 안개가 많은 기후에서 잘 자라며 주로 경사진 산기슭을 따라 밭을 이룬다. "명산名山에서 명차名茶가 난다"는 말 그대로 우리나라에서는 지리산 일대가 차 재배지로 유명하다. 고랑을 이루고 있는 차 밭 속을 걸어보면 자은 찻잎들이 내뿜는 맑은 정기와 신선함을 듬뿍 느낄 수 있다.

조선조 『다부茶賦』라는 고서에는 녹차의 다섯 가지 '공功'과 여섯 가지 '덕德'에 대해 이야기하고 있다. 다섯 가지 녹차의 공이란 책을 볼 때 갈증을 없애준다, 울분을 풀어준다, 손님과 주인의 정을 화합하게 한다, 뱃속 기생충으로 인한 고통을 없앤다, 술을 깨게 한다는 것이며, 여섯 가지 덕은 오래 살게 한다, 병을 낫게 한다, 기운을 맑게 한다, 마음을 편안하게 한다, 신선과 같게 한다, 예의롭게 한다는 것이다. 세상의 어떤 약이나 몸에 이롭다는 음식 중에 이만한 칭송과 찬사를 듣는 것이 또 있으랴.

일찍이 동양에서는 차를 약으로 사용해왔는데, 『동의보감』에 따르면 녹차는 "성품이 차고 서늘하며 맛은 달고 쓰며 독이 없다. 기운을 내리게 하여 음식에 체한 것을 없애주고, 머리와 눈을 맑게 하며, 소변을 통하게 하여 당뇨병에 좋고, 잠 많은 사람에게서 잠을 쫓아주며, 뜸으로 데인 독을 풀어준다"고 한다.

산과 들에 자생하는 차나무가 많았던 곳으로 유명한 화개 지방에서는 수백 년 전부터 '잭살'로 감기몸살 약을 만들어 먹는 민간풍습이 전해져오고 있다. '잭살'이란 늦봄 쯤 찻잎을 거칠게 훑어 그늘에 시들시들하게 말린 뒤 멍석 위에 놓고 비벼서 다시 말려 보관해둔 것을 말하는데, 감기몸살이 나면 '잭살'을 푹 삶은 물에 생강, 모과, 돌배, 댓잎, 인동초를 썰어 넣고 푹 끓여서 마셨으니, 우리 선조들이 차를 약재로 사용해온 지혜를 엿볼 수 있다.

차는 차나무에서 찻잎을 따내는 시기에 따라 품질을 나눈다. 우전차雨前茶는 곡우(양력 4월 20일) 전에, 세작細雀은 곡우에서 입하 사이(4월 20일~5월 5일)에 딴 것으로, 찻잎이 작고 가늘면서 무척 부드럽다. 중작中雀은 5월 5일에서 6월 중순 사이, 대작大雀은 6월 하순 이후에 딴 것을 말한다. 이 가운데 우전차를 최상품으로 치는데, 어린잎에 질소 아미노산이 많이 포함되어 있어 맛이 더 좋다.

녹차가 건강식품으로 주목받는 이유 중 하나는 카테킨류 catechins 성분 때문이다. 녹차를 즐겨 마시는 산지에서 암 사망률이 낮은 것으로 나타났는데, 카테킨류 성분이 발암물질의 생성을 억제하고 독성을 없애줄 뿐 아니라 위염, 위궤양, 십이지장 궤양의 원인이 되는 헬리코박터 파이로리균에 대해서도 항균 작용을 한다는 사실이 밝혀졌다.

녹차 산지로 유명한 일본 시즈오카 현의 나카카와네 주민들은 파이로리균의 감염률이 낮고, 위의 나이도 전국 평균보다 10~20세 정도 더 젊다고 한다. 즉 평소 차를 즐겨 마시는 습관이 파이로리균의 감염을 막고, 위 점막의 위축을 억제해 위암을 예방하는 역할을 한 것이다. 뿐만 아니라 찻잎에는 식이섬유가 많이 함유되어 있어서 변비 해소는 물론이고, 창자 내 발암물질과 유해물질 등을 흡착해 함께 배출하기 때문에 창자를 건강하게 지키고 장의 움직임도 활발하게 한다. 따라서 녹차를 활용한 음식을 먹으면 대장암을 예방하는 효과도 있다.

콜레스테롤이 높은 식사를 했더라도 녹차를 마시면 콜레스테롤을 정상으로 유지할 수 있다는 보고도 있다. 녹차에 들어 있는 성분이 나쁜 콜레스테롤의 산화는 늦추고 좋은 콜레스테롤은 균형 있게 분배, 조절해서 동맥경화를 예방하는 효과가 있다는 것이 증명된 것이다. 즉 녹차를 자주 마시면, 혈관벽이 두꺼워져 점차 탄력을 잃고 혈압이 불안정해지는 현상을 막아주기 때문에 동맥경화와 고혈압을 예방한다.

녹차에는 일상생활에 활력을 주는 성분도 많다. 카테킨 성분은 감기 바이러스의 활동을 저지시키고 체내 세포가 바이러스에 감염되는

것을 막는 코팅제 역할을 하며, 비타민 C는 과로나 스트레스로 피로해
진 몸을 회복시켜준다. 따라서 감기로 인해 목이 아프거나 간지러울 때
녹차로 가글을 하면 좋다.

술 마시기 전후에 녹차를 한 잔씩 마시라는 이야기가 있다. 이는 녹차
에 들어 있는 비타민 C, 아스파라긴산, 알라닌이 알코올 분해효소가 활
발히 작용하도록 돕고, 알코올을 빨리 배설시키는 이뇨 작용을 하기 때
문이다. 또 차에 함유된 무기질은 물에 잘 녹아 우리 몸의 체액을 알칼
리성으로 유지시켜주고 균형 잡힌 식생활을 도우며, 플라보노이드 성분
은 입 냄새를 제거하는 데 효과적인 것으로 알려져 있다.

요즈음 미용에 좋다는 기발한 방법들이 홍수를 이루고 있지만, 피부
를 건강하고 아름답게 보존하는 방법은 알고 보면 간단하다. 신체적으
로 거친 피부를 타고났거나 정신적 스트레스가 많은 직장 여성들도 평
소 노력 여하에 따라 얼마든지 보기 좋은 건강미를 가꿀 수 있다. 피부
미인이 되려면 충분한 수면을 취하고 항상 밝은 마음을 가지며 피부가
고와지는 음식을 많이 섭취하는 것이 기본인데, 먹을거리로 추천할 만

한 것이 단연 녹차다.

녹차는 비타민 C가 풍부해서 피부를 곱게 유지하도록 도와줄 뿐만 아니라, 항염증 효능도 있어서 여드름이나 염증성 피부에 큰 효과가 있다. 또한 위 운동을 촉진하고 장관의 긴장성을 풀어주므로 스트레스성 변비에 효과가 있다. 변비가 있는 사람은 신진대사가 원활하지 않고 영양분이 제대로 공급되지 못해 피부에 노폐물이 쌓여서 잡티가 생기는 것이므로 아름다운 피부를 유지할 수 없다. 따라서 변비가 해결되면 당연히 피부는 맑고 고와진다. 녹차의 카테킨 성분은 피부 수렴 및 진정 효과가 있어서 피부를 탄력 있게 해준다. 또 피지 조절과 살균 효과도 있어 이마, 턱, 뺨 등의 피지량을 줄여 뾰루지 없는 깨끗한 피부를 만든다. 수돗물에 녹차를 넣어두면 카테킨 성분이 염소를 제거해 순한 물로 바꿔줄 뿐만 아니라, 토코페롤 성분은 멜라닌 색소의 침착을 막아 기미나 주근깨가 생기는 것을 억제하는 미백 효과가 있으며, 아미노산 성분은 피부가 수분을 잃지 않도록 한다. 과연 녹차는 피부 보약이나 진배없다.

　다이어트나 미용을 위해 녹차를 많이 마시는 경우에는 다음의 몇 가지를 주의해야 한다. 질병 치료를 위해 약(한약도 포함)을 먹고 있는 사람이라면 녹차를 많이 마시는 것이 좋지 않다. 녹차와 약물이 결합해서 약효를 떨어뜨릴 뿐만 아니라 녹차의 강한 이뇨 작용 때문에 약물이 체내에 잔류해 있는 시간을 짧게 만들 수 있다. 또한 녹차에는 카페인 성분이 있으므로 취침 전에 녹차를 많이 마시는 것은 삼가는 것이 좋다. 빈혈이 심한 사람은 녹차의 카페인 성분이 철분의 체내 흡수를 방해하므로 주의해야 한다. 특히 공복일 때 녹차를 마시면 위장 활동을 촉진시켜 속을 훑어내는 통증이 올 수도 있다.

맑고 고운 피부를 위한 녹차팩

마른 찻잎 2티스푼을 곱게 가루 내서 계란 노른자 1개, 밀가루 적당량과 함께 걸쭉하게 섞는다. 이때 꿀 1티스푼을 넣으면 팩이 쉽게 마르는 것을 방지할 수 있다. 깨끗이 세안한 얼굴에 수렴화장수를 바른 다음 젖은 거즈를 얹는다. 준비한 팩 재료를 얼굴 전체에 골고루 펴 바른 후, 팩이 꾸덕꾸덕해지면 거즈를 떼어낸다. 미지근한 물로 말끔히 씻어내고 마지막 헹굼은 찬물로 한다.

- 차의 타닌이 기미나 주근깨 등 잡티의 원인이 되는 노폐물과 피지를 제거하고 새로운 수분을 생성시켜 신선하고 맑은 피부를 만들어준다.
- 녹차는 잎이 어릴수록 분말 입자가 고와 피부에 흡착이 잘된다.
- 차는 산酸이 거의 없어, 팩을 한 후 피부가 약한 사람에게 나타나는 화끈거림이나 부작용이 거의 없다.

햇볕에 그을린 피부를 진정시키는 녹차 얼음 마사지

찻잎 2티스푼을 물에 5분간 끓인다. 찻잎은 걸러내고 찻물은 냉동실에 얼려 거즈에 싸서 환부에 문지른다.

- 녹차 얼음 마사지는 피부를 진정시키고, 수렴성이 강해 피부를 촉촉하게 만든다.
- 아침에 눈이 부었을 때도 차 얼음주머니로 눈두덩을 문지르면 금세 가라앉는다.

여드름을 치료하는 녹차 세안

이중 세안으로 얼굴을 깨끗이 씻은 다음, 녹차 우려낸 물로 수차례 헹궈내면서 얼굴을 토닥거린다. 아침저녁으로 꾸준히 하는 것이 좋은데, 여드름이 심한 경우는 한번 우려낸 녹차 티백 주머니를 여드름이 심한 부위에 10분간 얹어두면 효과가 있다.

- 차에 함유된 타닌 성분은 나무의 성질을 가지고 있기 때문에 툭툭 불거진 여드름을 진정시키고 수렴해주는 효과를 톡톡히 볼 수 있다.

- 녹차에는 레몬보다 5~8배나 많은 비타민 C와 다량의 토코페롤이 함유되어 있다. 따라서 녹차 물로 세안하면 이들 성분이 직접 피부에 스며들어 탄력 있고 윤기 나는 피부가 된다. 또한 카테킨 성분은 오염물질을 깨끗이 씻어주는 살균 효과가 있어 여드름 피부에 효과적이다.

거친 피부를 윤기 나게 하는 녹차 목욕

찻잎을 넣은 삼베주머니를 뜨거운 목욕물에 황록색 찻물이 우러나올 때까지 담가둔다. 이 물에 몸을 10여 분간 담갔다가 나와 삼베주머니 속의 찻잎을 꺼내 온몸을 마사지하듯 문질러준다. 일주일에 한 번 정도가 적당한데, 아토피 피부 치료나 냄새 제거가 목적이라면 매일 하는 것이 좋다.

- 녹차의 수렴작용과 염증제거 성분 및 플라보노이드 성분으로 인해 냄새가 없어지고 피부 탄력이 높아지므로, 땀이 많거나 암내 때문에 고민하는 사람에게 효과적이다.
- 녹차 우려낸 물을 뜨겁게 끓여 적당히 식힌 후 발을 발목까지 담그는 녹차 족탕足湯도 권할 만하다. 발을 따뜻하게 하면 온몸의 혈액 순환이 잘되어 피로와 스트레스가 풀리고 피부도 고와진다.
- 신생아를 목욕시킬 때는 어떤 유아용 비누보다도 녹차를 사용하는 것이 좋다. 특히 태열이심한 신생아라면 더욱 권할 만하다. 녹차 목욕은 아기의 땀내와 젖내를 없애줄 뿐 아니라, 수돗물의 오염물질을 중화시켜 아기 피부를 보호해주며 태열도 가라앉고 기저귀 때문에 생기는 습진도 없애준다.

부드러운 머리결의 비결, 녹차 헤어팩

머리를 감은 후 달걀노른자에 녹차가루를 약간 섞은 팩을 빗에 묻혀 머리 전체에 발라준다. 뜨거운 타월을 머리에 감고 비닐 모자를 쓴 후 30분 정도 지나면 찻물에 헹군다. 카테킨 성분이 샴푸의 독성을 없애주고 비듬도 예방할 수 있다.

피부가 젊어지는 비결, 녹차 화장수

데웠다 식힌 청주 400㎖를 병에 붓고 가루녹차 2~3g과 둥글납작하게 썬 유자 1개를 넣고 밀봉해 서늘한 곳에 둔다. 한 달간 보관했다가 유자를 꺼내면 화장수가 되는데, 세안 후 화장솜에 묻혀 얼굴에 두드리듯 발라 스킨 대용으로 쓴다.

지리산 쌍계사 화개골

신라 흥덕왕 때 대렴大廉이 당나라에서 씨를 가져와 지리산 기슭에 심은 후부터 화개골 차 산지의 역사가 시작되었다고 한다. 화개골에는 현재 등록된 제다업체만 30곳이 넘고, 소량으로 차를 덖는 찻집도 많다. 요즘은 벼농사를 포기하고 논에까지 차를 심어 구석구석 차밭이 들어섰다. 첫물차가 나오는 4월 10일쯤부터 6월초까지 차를 덖는데, 집집마다 제다법이 다르고 차에 대한 자부심도 강하다. 화개골에는 독특한 차를 맛볼 수 있는 찻집들이 수십 군데 들어서 있다. 매년 첫물차를 마무리할 즈음인 5월 20일경에는 하동야생차 축제가 열린다./ 문의 : 하동군청 055-880-2371

- 3대째 차를 덖는 화개동 터줏대감 조태연가 Tel. 055-883-1743
- 국제명차품평회에서 은상을 받은 홍만수 씨의 만수제다 Tel. 055-883-1696
- 차박물관이 있는 악양리의 매암다원 Tel. 055-883-3500

보성 녹차밭

녹색 융단을 깔아놓은 듯한 녹차단지. 보성 차나무는 1940년부터 경작되기 시작해 전국 생산량의 약 40%를 차지한다. 맑고 고온 다습한 날씨와 좋은 토양 덕분에 품질은 단연 으뜸이다. 득량만이 시원스레 보이는 활성산 자락 봇재 부근 127만여 평의 비탈에 켜켜이 이랑을 이루고 있어 그 풍광이 여느 도원경 못지않다. 한없이 긴 고랑들, 아침 안개에 몽환적

분위기를 자아내는 대한다업의 삼나무길, 다향각의 탁 트인 전망. 햇우전차를 공짜로 음미할 수 있는 안락한 시음장도 있다.

손쉬운
녹차요리

라면 끓일 때

라면을 끓일 때 차 잎을 넣거나 녹차가루차를 넣어 끓이면 라면의 기름기가 사라지면서 느끼한 냄새도 없어져서 개운해지고 라면 맛도 좋아진다. 라면을 끓일 때는 라면 1개에 차 잎 2g을 스프와 함께 넣으면 된다.

오차즈케

녹차 우린 물에 밥을 말아먹는 것으로, 깔끔하고 담백한 맛이 나는 손쉬운 음식이다. 밥 1/2 공기에 소금과 약간의 참기름으로 간을 한다. 녹차 우려낸 물을 붓고 김 가루를 뿌리면 오차즈게 완성.

녹차죽

불려서 갈아놓은 쌀에 물을 붓고 끓이다가 차 분말(3작은술)을 우유(3컵)에 곱게 푼 것을 붓고 뭉근히 끓이다가 약간의 소금으로 간을 하고 대추 썬 것과 잣으로 장식한다.

상상을 초월하는 생명력,
대나무

우리 조상들은 대나무를 지조와 절개의 상징으로 여겨 매화·난초·국화와 함께 사군자四君子로 불렀다. 늦은 봄부터 초여름까지 돋아나는 향기로운 죽순(대나무의 어린 싹)으로는 밥·단자·죽을 만들었고, 댓잎으로는 술을 빚기도 했으며, 대나무 줄기와 잎은 약용으로 사용해왔다. 대나무는 식품을 보존하는 데도 이용했다. 예를 들면 술, 간장, 기름을 보관할 때는 죽통竹筒을, 고기를 포장할 때는 죽순의 껍질이나 잎을 이용했고, 겨울에 동치미를 담글 때는 어린 줄기와 잎을 넣어 쉽게 시는 것을 방지하기도 했다. 또한 떡을 찔 때는 대나무 잎으로 싸서 쪘고, 팥을 삶을 때도 잘 부패하지 않도록 조릿대 잎을 넣었다.

나무는 수십 년의 세월이 흘러야 그 혜택을 얻지만, 대나무는 3개월만 지나면 벌채가 가능할 정도로 성장력이 왕성해서 짧은 시간에 엄청나게 많은 양을 얻을 수 있다. 게다가 대나무의 생명력은 상상을 초월한다. 2차대전 때 원자폭탄이 히로시마에 떨어졌을 때도 대나무는 생존했고, 월남전 때는 고엽제 살포로 온갖 식물이 다 말라죽었는데도 대나무는 끄떡없이 살아남았으니, 지구상에서 이처럼 끈질긴 생명력을 가진 식물이 또 있을까 싶다.

 모두 한약재로 사용하는데, 고전 한의서인 『신농본초경』에는 "대나무 잎은 맛이 쓰고 성질이 차서 해수咳嗽, 상기上氣, 종양腫瘍, 해열解熱, 상충上衝에 효과가 있다"고 기록되어 있다. 한방에서는 대나무를 소아 경기, 파상풍, 중풍, 술독 등을 풀어내는 효과가 크다고 보고 있다. 그러나 임상에서 처방할 때는 죽력竹瀝(대나무 기름), 죽여竹茹(대나무 줄기 속껍질), 죽엽竹葉(대나무 잎) 등의 부위별 효능에 따라 질병 치료에 사용한다.

죽력은 대나무를 쪼개 항아리에 넣고 황토와 왕겨를 이용해 간접 열을 쏘여 흘러내린 액체를 모은 것으로, 죽즙竹汁, 담죽력淡竹瀝이라고도 부른다. 전통적인 죽력 내리는 방법은 대나무 마디와 마디 사이를 잘라 항아리에 넣고 입구를 작은 항아리로 막은 후, 그 항아리를 뒤집어 땅에 반쯤 묻는다. 항아리 주변에 콩대로 불을 지핀 다음 콩대 불씨로 왕겨를 태우는데, 이는 은근한 불로 대나무를 달구기 위해서다.

그렇게 3일 동안 불을 때야 작은 항아리에 진한 녹색의 죽력이 내려진다. 제대로 만들어진 죽력은 특유의 향긋한 냄새 및 새큼한 맛과 약간의 탄내를 풍긴다. 산도가 pH 2.7~3.3이지만 인체 안에서 분해되고 남는 물질은 알칼리성이므로 알칼리성 식품이며 선조들의 탁월한 지혜가 담긴 약재로서 예로부터 내려온 명약이다.

 치료약재로 요긴하게 쓰는데, 이외에도 열을 내리고 담을 삭여야 하는 모든 증상, 즉 담열痰熱로 인한 기침, 중풍으로 담이 성할 때, 경풍, 간질, 파상풍, 해열, 이뇨, 혈당 강하, 혈압강하, 정신혼미, 졸도, 폐열로 인한 숨차고 가슴이 답답한 증세 등의 치료에도 사용하고 있다. 죽력만 따로 복용할 때는 소주잔에 생강즙을

바닥에 깔릴 정도만 넣고 죽력을 반 잔 정도 부어 희석해 복용하거나 생강차에 섞어서 복용한다. 단, 죽력은 독성은 없지만 성질이 차갑기 때문에 전신의 기력이 부족하거나 소화력이 약하고 설사를 하는 사람은 복용을 금해야 한다.

또한 죽력은 피부의 열을 내리는 효과도 탁월하므로, 화상을 입었을 경우 환부에 화끈거리는 감이 사라질 때까지 죽력을 계속 발라주면 빨리 가라앉는다. 죽력과 물을 1대 10비율로 희석해서 하루 2~3회 일주일간 무좀 부위를 담그면 효과가 있다. 아토피성 피부염의 경우 심하게 피부 트러블이 생긴 곳에 죽력 희석액(10~20배)을 발라주면 피부가 곧 진정된다.

죽력으로 만든 술이 죽력고竹瀝膏이다. 죽력고는 청대를 숯불에 얹어 뽑아낸 즙을 섞어서 고아낸 소주로서 평양의 감홍로甘紅露(내릴 때 지치 뿌리를 꽂고 꿀을 넣어 받은 것으로, 빛이 붉고 맛이 단 소주), 전주의 이강고梨薑膏(배즙, 생강즙, 꿀을 섞어 빚은 소주)와 더불어 조선 3대 명주로 꼽히는 술이다.

죽력고는 예로부터 중풍으로 갑자기 말을 하지 못하고 앓아누운 환자에게 먹였던 약주로 유명했는데, 지금도 정읍에는 전통적인 방법으로 죽력고를 만드는 곳이 있다.

대나무 수액은 생 대나무를 잘라 한쪽 끝을 막은 후 나오는 수액을 모은 것으로 아미노산, 마그네슘, 철분 등 몸에 흡수가 잘 되는 수성 무기질이 많아 건강식품으로 인기가 높다. 죽초액은 대나무를 탄화할 때 발생하는 연기를 냉각·응축시킨 액체를 증류해서 정제한 것으로, 주성분인 초산은 피부표면의 각질을 부드럽게 하거나 수축작용을 하며, 알코올 성분은 살균 및 소독작용을 한다. 세균이나 곰팡이에 대한 소독살균 및 소염효과가 높기 때문에 죽초액을 희석한 물에 목욕을 하면 피부미용에도 좋고 아토피 피부 증상도 개선된다.

대나무숯은 대나무를 1000℃의 고온에서 구워 만들어낸 숯으로, 특히 요즘 들어 인기가 높아졌다. 대나무숯의 공기정화 작용과 음이온 효과가 심신을 안정시키며, 흡착작용이 강해 악취를 제거하고, 방안의 습도를 50~60%로 조절하여 머릿결과 피부를 보호하며, 통전성이 뛰어나 정전기 발생을 막고, 수면 중 흘리는 땀을 흡수할 뿐만 아니라 원적외선을 발산하여 혈액순환 및 신진대사를 촉진하고, 미네랄 성분이 많아 수질을 정화한다.

죽여竹茹는 대나무 줄기의 속껍질을 긁어모은 것으로 죽피竹皮, 죽이청竹二青, 담죽여淡竹茹라는 약재 명으로도 불린다. 죽여는 달면서도 차가운 성질을 갖고 있어, 심장과 폐의 열을 내려주며 가래를 삭게 하고 위열로 인한 구토, 구역, 메스꺼움을 없애준다. 죽근竹根은 대나무 뿌리로, 예로부터 번열煩熱과 구갈口渴 치료에 사용하였다.

죽엽은 대나무 잎으로, 심장과 위장의 열을 식혀주는 데 아주 좋은 약재다. 열병으로 인해 번갈증이 나고 입과 혀에 종창이 생기는 증상에 석고, 황금, 황련 등의 약재와 함께 처방하면 효과를 볼 수 있다. 위장의 열로 인한 입 냄새에는 죽엽 10g을 1ℓ의 물에 넣고 차같이 끓여 마시거나, 죽엽을 물에 타서 입을 헹구어도 도움이 된다.

죽엽차는 5~6월에 딴 어린 대나무 잎을 찌고 말려 만든 찻잎을 90℃ 정도의 뜨거운 물에 우려낸 것이다. 찻잎을 우려냈을 때 연푸른 대나무 색을 띠며, 은은하게 머리가 맑아지는 대나무 향을 음미하면서 한 잔 마시면 구수하고 달콤한 맛이 살짝 돈다. 죽엽이 열을 내리는 역할을 하므로, 열이 있거나 얼굴이 붓거나 입 안이 헐었을 때에도 효과가 있다.

죽순은 불에 구워 껍질을 벗겨내고 소금에 찍어 먹기도 했다. 향기가 빼어나고 씹히는 촉감이 독특해서 대나무 고장 사람들은 죽순을 먹을 수 있는 봄을 기다린다. 한번 죽순 맛을 본 상주가 부친상을 당했는데, 그 맛을 잊지 못해서 대나무로 만든 상장喪杖을 삶아 먹었다는 이야

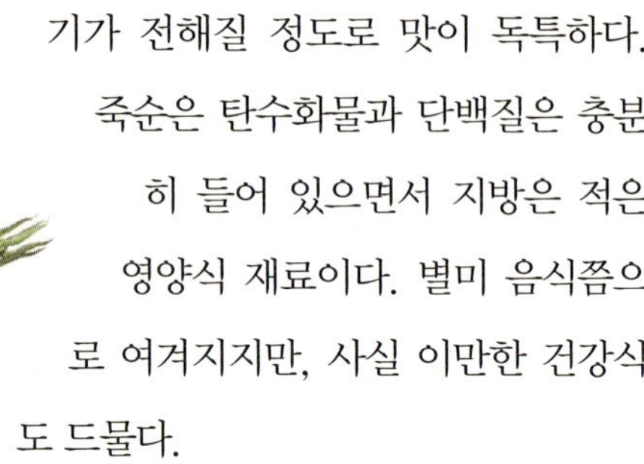

기가 전해질 정도로 맛이 독특하다. 죽순은 탄수화물과 단백질은 충분히 들어 있으면서 지방은 적은 영양식 재료이다. 별미 음식쯤으로 여겨지지만, 사실 이만한 건강식도 드물다.

알맞게 자란 죽순을 캐어 삶은 다음 껍질은 벗겨내고 노란 속살을 가늘게 찢어 쇠고기나 돼지고기에 섞어서 양념과 함께 볶은 나물이 죽순채, 삶은 죽순을 잘게 썰어 쌀과 함께 밥을 지은 것이 죽순밥, 잘게 썬 죽순을 달걀과 버무려 끓여낸 맑은 장국이 죽순탕, 푹 삶아 얄팍하게 썰어 만든 정과가 죽순정과다.

대나무는 요즘 웰빙 열풍을 타고 각광받고 있는 트랜드 가운데 하나이다. 대나무통에 쌀이나 고기를 넣어 익혀낸 대나무통밥, 대나무통 삼겹살, 대나무통 갈비, 대나무통에 숙성시킨 대나무통술, 대나무 잎을 갈아 만든 죽엽차, 대나무잎차 냉면 등이 최근 인기 메뉴로 떠오르고 있다.

대나무 통밥은 지름 10㎝의 굵은 대통에 쌀, 찹쌀, 차조, 수수, 검정콩, 흑미, 대추 등을 넣고 죽염으로 간을 한 뒤 한지로 봉해 푹 쪄낸다. 밥이 익는 동안 죽황과 수액이 녹아들면서 자연스럽게 맛있는 약밥이 되며, 예로부터 경상도와 전라도 일부 지역에서 먹던 별미음식이다. 대나무통에 쌀을 넣고 황토를 발라 화톳불에 구워먹기도 했는데, 대나무를 그대로 그릇으로 사용하기 때문에 대나무 특유의 향이 그윽하게 배어나온다. 대나무 속 죽황이 밥에 녹아들면서 달콤한 맛을 내주고, 체내의 독과 열을 제거해주는 효과가 있어 더위를 물리치고 건강도 다스리는 일석이조의 효과를 기대할 수 있다.

맛집

- **고가 031-707-5337** : 대통밥과 한국, 중국, 일본차를 맛볼 수 있다. 분당 서현동 소재.
- **우리나라만세 02-720-6161** : 구절판, 불고기와 상추쌈과 함께 5년 이상 자란 대나무로 만든 통에 찐 대통밥을 내놓고 있다. 서울 인사동 소재.
- **젠젠 02-567-7176** : 삼성동, 논현동, 교대앞 등에 분점이 있는 퓨전레스토랑.
- **동이주막 055-883-3934** : 대나무통밥의 원조. 대나무 술, 대잎 냉면. 경남 하동 소재.
- **대통나야 02-677-8211** : 왕죽을 잘라 죽염 등으로 양념한 고기를 넣고 원적외선 세라믹 오븐에 구운 '대통구이'. 서울 영등포 소재.
- **송죽정 061-381-3291** : 담양 사람들이 추천하는 대통밥 전문점. 담양 죽물박물관 앞.
- **한상근 대통밥집 061-382-1999** : 담양읍에서 전남 장성 백양사 가는 길목의 월산면사무소 근처 위치. 대통밥 정식, 죽순회, 죽계찜, 대나무삼계탕.

손쉬운
죽순요리

죽순은 삶은 다음, 삶았던 물에 담가둔다(삶은 다음 흐르는 물에 씻어버리면 죽순 특유의 맛이 빠져서 맛이 없어진다). 죽순을 꺼내 물을 짜낸 다음, 적당한 크기로 잘라 죽죽 찢어서 사용한다. 이렇게 찢어둔 죽순을 된장찌개에 넣어 끓이거나, 초고추장에 새콤달콤하게 버무려 무침을 해서 먹거나, 밥 지을 때 약간 넣어서 죽순밥을 해먹어도 좋다.

죽순냉채

삶은 죽순, 오이, 배, 데친 당근은 모두 채로 썰어서 식초, 설탕, 소금, 깨를 넣고 버무린다. 죽순의 향이 아삭하고 시원한 오이, 배와 잘 어울려 상큼한 봄맛을 충분히 느끼게 해줄 것이다.

죽순채볶음

삶은 죽순과 풋고추를 채 썬 다음, 프라이팬에 기름을 두르고 볶다가 다진 파와 마늘을 넣고, 소금으로 간을 하고 통깨를 뿌려낸다.

죽순장아찌

손질된 죽순(10개)을 찬물에 헹궈 물기를 뺀 다음 항아리에 차곡차곡 채운다. 간장(4컵)을 한 번 끓여 식힌 다음 죽순이 거의 잠길 정도로 항아리에 붓는다. 1주일 후에 따라낸 간장을 다시 끓여 식힌 후 죽순에 붓고 1개월간 삭힌다. 죽순장아찌를 먹을 때는 항아리에서 꺼내 채 썬 다음 양념을 해서 먹는다.

전남 담양

전남 담양은 예로부터 죽향竹鄉(대나무 고을)으로 널리 알려져 있는데, 기후와 토질이 대나무가 자라기에 알맞아 전국에서 제일 많은 면적의 대나무밭을 가지고 있다. 담양의 죽세공예는 조선시대부터 시작하여 500년의 역사를 자랑하는데, 품질이 우수해서 전국적인 죽제품 유통의 본거지 역할을 하고 있다.

담양리조트

전남 담양군 금성면 원율리. 금성산성 입구에 위치하고 있으며, 온천수에 성인병 예방에 효과가 있는 것으로 알려진 대나무를 접목시킨 이색온천호텔이다. 대온천탕과 노천탕 그리고 수영장 등의 부대시설이 있어서 사시사철 휴식을 할 수 있는 곳이다.(www.damyangspa.com 061-380-5000)

담양 죽녹원

전남 담양군 담양읍 향교리. 담양군에서 조성한 죽림욕장으로 대나무의 참맛을 느낄 수 있는 곳이다. 죽녹원 안에는 대나무 잎에서 떨어지는 이슬을 먹고 자란다는 죽로차竹露茶가 자생하고 있다. 죽림욕을 즐기고 난 후 죽로차 한 잔으로 여유를 느껴보는 것도 좋겠다.(www.juknokwon.org 061-380-3244)

대나무골 테마공원

전남 담양군 금성면 봉서리. 담양읍에서 순창방향으로 5km에 위치. 대나무 숲으로 조성된 쉼터로 산자락 약 1만 평 부지 위에 빽빽하게 밀생한 대나무숲이 펼쳐져 있다. 언론인 출신의 사진작가 신복진 씨가 30년 전부터 조성한 공원으로 대나무 숲, 산책로, 공원, 숙소가 마련되어 있다.(www.bamboopark.co.kr/ 061-383-9291)

인삼에 견주어도
손색없는 명약,
매실

강산이 꽃으로 뒤덮이는 봄이 되면 매화나무도 한껏 꽃망울을 터뜨려 자태를 뽐낸다. 봄에 아름다운 꽃을 피웠던 매화나무는 6월초면 열매를 맺게 되는데, 이것이 매실이다. 절기상 망종(양력 6월 6일경으로 모내기와 보리 베기를 하기에 알맞은 때) 이후에 수확한 열매는 먹을 수 있으며, 한의학에서는 오매烏梅라는 약재로 사용하고 있다.

덜 익은 매실의 씨를 빼고 건조시킨 것을 사용하는 오매는 아주 시고 쓰다. 오매는 만성질환으로 전신이 쇠약해졌을 때, 밤낮 땀을 많이 흘리거나 심한 설사로 탈진되었을 때, 오미자나 산수유 등 기운을 수렴시키는 고삽약固澁劑들과 함께 처방되는 약재다. 구연산, 사과산, 호박산 등이 주성분으로 만성적인 설사나 출혈성 설사에 효과적이며, 건위작용이 있어 소화불량이나 헛배 부른 데에 사용되었다. 또 구충제가 없던 옛날에는 회충으로 인한 복통에도 처방되었다. 실험에 이하면 항균자용이 있어 특히 위장관의 병원성 세균을 억제시키고, 당뇨병과 간기능 장애에 효과적이라고 한다.

사실 매실은 일본에서 더욱 연구가 활발하게 이루어져, 매실을 원료로 한 식품만도 50여 종에 이르고 있다. 일본에서는 매실을 인삼에 비교될 수 있는 강장제로서 피로회복을 촉진시킴과 동시에 전반적인 생체기

능을 증진시킨다고 보고 있다. 2차 세계대전 때 일본군 병사들은 매실을 불그스름하게 절인 우메보시umeboshi(매실을 소금에 절여서 만든 일본의 전통 음식)를 배낭에 꼭 넣어 다녔다는데, 이질 예방과 배탈의 상비약으로 그만한 것이 없었다고 한다. 지금도 일본인들은 마늘을 먹지 않는 대신 절인 매실을 먹어 장에 탈이 나는 것을 예방한다.

매실은 수확시기와 가공방법에 따라 이름과 효능이 다르다. 덜 익어서 껍질이 파랗고 과육이 단단한 청매靑梅, 노랗게 익어서 향기가 좋고 과육이 무른 황매黃梅, 청매를 증기에 쪄서 말린 금매金梅, 청매를 따서 껍질을 벗기고 나무나 풀 말린 것을 태운 연기에 그을려 까만 빛깔이 나는 오매烏梅, 옅은 소금물에 청매를 하룻밤 절인 다음 햇볕에 말린 백매白梅가 있다. 이중 청매가 신맛이 가장 강하고, 오매는 각종 해독작용뿐 아니라 해열, 지혈, 진통, 구충, 갈증 방지 등의 효과가 있으며, 백매는 효능이 오매와 비슷하지만 오매보다 만들기 쉽고 먹기도 좋다.

　2천여 년 전의 중국의학서 『신농본초경』에도 약으로 쓰였던 매실에 대한 기록이 있을 정도로 매실은 오래전부터 약으로 사용되어왔다. 한방의학서 『동의보감』 『본초강목』에도 매실의 효능이 자세히 쓰여 있는데, 『동의보감』에는 "매실은 맛이 시고 독이 없으며, 기를 내리고 열과 가슴앓이를 없게 한다. 또한 마음을 편하게 하며, 갈증과 설사를 멈추게 하고 근육과 맥박이 활기를 찾게 한다"고 기록되어 있다.

매실의 탁월한 효능 중 으뜸은 피로회복에 좋다는 점이다. 매실에는 유기산이 많이 함유되어 있는데, 특히 구연산이 풍부하다. 구연산은 우리 몸의 피로 물질인 젖산을 분해해 몸 밖으로 배출시키는 작용을 한다. 즉, 매실을 오래 먹으면 좀처럼 피곤하지 않고 체력도 좋아진다. 매실은 신맛이 강하지만 대표적인 알칼리성 식품으로, 매실을 꾸준히 먹으면 체질이 산성으로 기우는 것을 막아준다. 육류와 인스턴트 음식을 많이 섭취하면서 체질이 심하게 산성화되어 두통, 현기증, 피로감, 초조감이나 불면증에 시달리고 있는 현대인에게 매실은 필수적인 식품이다.

　매실의 피루부산 성분은 간의 기능을 상승시키므로 숙취에도 좋다. 매실의 강한 신맛은 근육의 피로를 풀고 혈중 독소를 해독하는 등 오장 가운데 간을 가장 이롭게 한다. 초여름에 풋매실 말린 것을 황설탕에 재어 밀봉하고 실온에 10일 정도 놔두면 매실이 둥둥 떠오른다. 이때 매실은 건져내고 시럽만 냉장고에 보관해두고 한 번에 3~4티스푼씩을 생수에 타서 차처럼 마시면 간 기능이 떨어져 있는 사람이나 과음한 다음날 숙취가 심한 사람은 큰 효과를 볼 수 있다.

"매실은 3독을 없앤다"는 말이 있다. 여기서 3독이란 음식물의 독, 피속의 독, 물의 독을 말한다. 매실은 독성 물질을 분해하고 강한 살균 효과가 있으므로 식중독, 배탈, 토사곽란 등의 질병을 예방, 치료하는 데 도움이 된다. 식중독이 잦은 여름철에 매실을 먹으면 조금 변질된 식품을 먹어도 살균이 되기 때문에 배앓이를 하지 않는다. 여행할 때 물을 바꿔 마셔서 생기는 배탈과 여름철 도시락에서 발생하기 쉬운 세균도 매실을 함께 먹으면 안심이다. 일본 사람들은 매실장아찌梅干를 반찬으로 자주 먹는데, 습기가 높은 기후로 인해 식중독과 같은 배탈이 잦아 항균-정장작용이 있는 매실을 저장식품으로 만들어 먹는 방법이 발달한 것이다.

매실의 신맛은 소화기관에 영향을 주어 위장, 십이지장 등에서 소화액을 내보내게 한다. 또한 매실즙은 위액의 분비를 촉진하고 정상화시키는 작용이 있어 위산과다와 소화불량에 모두 탁월한 효과가 있다. 매실에 함유된 카테킨산, 사과산 등은 장운동을 도와 변비를 해소하면서도 설사를 멎게 하는 효과가 있다. 따라서 만성변비, 만성설사, 과민성 대장증후군 등 대장 기능이 약해져서 오는 질환이 있을 때 매일 아침 공복에 매실 1~2개를 먹는 것이 장을 튼튼히 하는 데 도움이 된다.

매실농축액을 먹으면 장내가 일시적으로 산성화되어 유해균이 살아남지 못한다. 매실농축액은 이질균, 장티푸스균, 대장균의 발육을 억제하고 장염 비브리오균에도 항균작용을 하는 것으로 알려져 있다. 전염병이 유행할 때나 전쟁터에서 매실이 유용하게 쓰였던 것도 이러한 살균효과 때문이다.

또한 매실을 꾸준히 먹다보면 피부가 탄력 있고 촉촉해지는 것을 느

낄 수 있는데, 매실 속에 들어 있는 각종 성분이 신진대사를 원활하게 해주기 때문이다. 각종 유기산과 비타민이 혈액순환을 도와 피부에 좋은 작용을 해서 기미, 잡티, 피부의 각질을 없애준다. 열을 내리고 염증을 없애주며 통증을 줄여주는 효과도 있다.

매실을 불에 구운 오매의 진통효과는 『동의보감』에도 나와 있다. 곪거나 상처 난 부위에 매실농축액을 바르거나 습포를 해주면 화끈거리는 증상도 없어지고 빨리 낫는다. 놀다가 다친 아이에게 매실농축액 한두 방울을 먹이면 다른 약이 필요 없을 정도다. 감기로 인해 열이 날 때도 좋다. 편도선염일 경우에는 마늘 한쪽을 갈아 즙을 내어 뜨거운 물에 매실조청과 함께 희석해 마시면, 해열작용으로 인해 열이 떨어지고 붓기도 많이 가라앉는다.

신경통으로 통증이 심한 경우에는 매실로 술을 담가 찜질을 하는 것

이 좋다. 매실술 찜질은 신경통뿐만 아니라 류머티즘, 관절염, 부기 등의 통증에도 좋다. 매실술을 외용약으로 사용할 때는 설탕을 넣지 않도록 주의하고, 내복약으로 복용할 때는 한 번에 한 큰술씩 하루에 2~3회 마신다.

그러나 아무리 좋아도 매실을 날로 먹을 수는 없다. 신맛이 강한 데다 이를 상하게 하고 식중독을 일으키는 등 부작용이 있기 때문이다. 이런 부작용은 매실에 들어 있는 독성물질인 '청산배당체' 때문으로, 청매의 과육과 씨에 들어 있다. 특히 어린이와 임산부는 매실을 날 것으로 먹지 말아야 하며, 신맛이 강하므로 위산과다증이 있는 사람에게도 좋지 않다.

매실은 6월부터 출하되기 시작하는데 6월 중순에서 7월 초순 사이의 것이 가장 좋다. 직경이 약 4cm 정도 되고 깨물어 보았을 때 신맛과 단맛이 나며, 씨가 작고 과육이 많은 것으로 고른다.

GREEN FOOD

매실
활용법

맛을 살리는 매실 원액

싱싱한 매실과 설탕을 1:1 비율로 섞어 3개월 정도 숙성시키면 매실 원액이 만들어진다. 이 원액을 쌈장이나 초장에 첨가하면 음식 맛이 더욱 살아난다. 새콤한 서양 소스를 쓰는 것과 마찬가지인 셈이다. 고기에 넣으면 육질이 연해지며, 김치나 겉절이 양념에 매실원액을 함께 넣으면 맛이 개운하고 오래 두어도 물러지지 않는다. 살균 작용이 강한 매실이 천연 방부제 역할을 하기 때문이다.

매실 농축액

청매를 믹서로 갈아 과즙을 낸 뒤 매실과 설탕을 5:3 비율로 섞어 약한 불에 끈적끈적해질 때까지 끓여낸 것이 매실 농축액이다. 농축액은 매실 원액보다 열 배 이상 진하며, 유리병에 보관하는 것이 좋다. 찬물에 농축액을 꿀과 함께 넣어 매실차로 마시거나 냉면육수에 섞어 향을 즐겨도 좋다. 무좀이 있을 때 농축액을 희석시켜 발을 씻으면 깨끗이 낫는다고 한다.

손쉬운
매실요리

새콤달콤한 매실장아찌

매실을 과육만 떼어내 소금에 절여 만드는 매실장아찌는 아삭아삭 씹히는 맛이 새다르다. 입맛을 살려주고 입 냄새가 나는 경우 몇 점 집어먹으면 입안이 상쾌해진다. 깨끗이 씻은 매실을 세로로 6등분해서 씨를 빼내고 소금을 뿌려 하룻밤 재워둔 다음, 표면이 쭈글쭈글할 정도로 햇빛에 3~4일 정도 말려서 설탕에 버무려 시원한 곳에 둔다. 보름 정도 지나서 과육만 건져 보관했다가, 조금씩 고추장에 버무려 먹으면 매실장아찌 특유의 새콤달콤한 맛을 볼 수 있다.

매일 마시면 위장이 튼튼해지는 매실주

매실주는 단단하고 흠집이 없는 청매를 깨끗이 씻어 물기를 뺀 다음, 매실 1kg에 소주 1ℓ의 비율로 담가 6개월 이상 숙성시켜서 먹으면 된다. 소주는 독할수록 좋고 설탕을 넣어서 숙성시켜도 좋다. 1년 이상 숙성시키면 떫은맛이 없는 제 맛을 느낄 수 있다. 매일 조금씩 반주 삼아 마시면 위장이 튼튼해지고 식욕부진, 만성피로, 메스꺼움에도 효과적이다.

매실 셰이크

매실청(1큰술), 매실(5개), 우유(2큰술), 아이스크림(1컵)을 믹서에 넣어 간 다음 투명컵에 담는다.

매실차

잘 씻어서 그늘에 말려두었던 매실에 물을 붓고 센 불에서 끓이다가 물이 팔팔 끓으면 불을 약하게 줄여 15분 정도 더 끓인 후 따뜻하게 식혀 꿀을 타서 마신다. 식후에 매실차 한 잔이면 소화제가 따로 필요 없다.

매실엑기스 활용법

매실엑기스에 올리브유를 약간 섞어서 샐러드 위에 얹으면 새콤하고 고소한 드레싱이 된다. 또한 돼지고기 양념할 때나 불고기 양념할 때 매실엑기스를 넣으면 육질이 연해지고 소화가 잘 되며, 멸치 볶을 때나 조림할 때 그리고 쌈장 만들 때도 매실 엑기스를 넣는다. 생선 구울 때도 매실엑기스에 약간의 조림간장을 섞어 생선 앞뒤로 발라서 구우면 비린내도 안 나고 맛도 좋다.

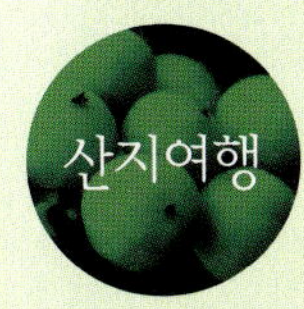

광양 홍쌍리 매실가 (청매실 농원) www.maesil.co.kr 061-772-4066

전남 광양시 다압면 도사리. 기후 조건과 산세 등이 매화 생육에 좋은 지형으로, 20여 리에 형성된 매화단지가 국내 최대의 규모를 자랑하고 있다. 이곳의 청매실은 매실에 대한 연구와 보급이 앞섰던 일본의 검은 반점이 생기는 매실보다 품질과 맛이 월등히 뛰어나 일본을 비롯한 세계 각국에서 주문이 쇄도하고 있다. 유기농법으로 재배한 매화나무에서 자란 매실만을 골라 인공첨가물을 넣지 않고 장독에서 숙성시킨 다양한 매실식품을 판매한다.

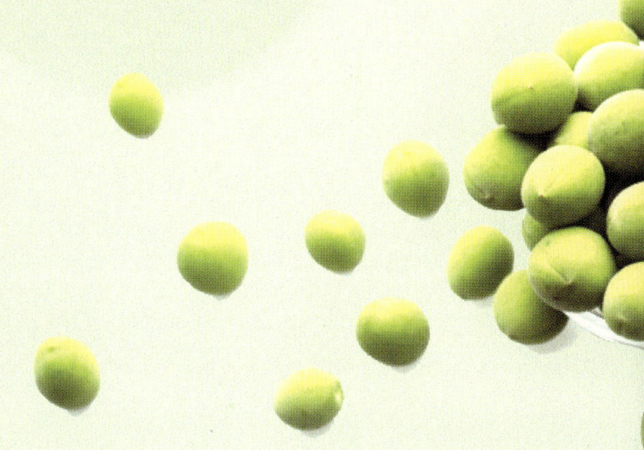

「타임」지가 선정한 10대 건강음식,

브로콜리

암을 예방하고 비타민, 철분, 미네랄 등의 여러 영양소를 풍부하게 지니고 있다는 임상보고가 속속 발표되면서 부쩍 관심이 높아진 브로콜리. 특히 기적의 원소라 불리는 셀레늄의 함량이 매우 높은, 「타임」지가 선정한 10대 건강음식 중 하나다. 셀레늄은 항암, 항 노화, 면역체계 강화, 어린이 성장발육은 물론 고혈압, 심장병 등 성인병 예방에도 도움이 되는 영양소이다.

이런 브로콜리의 효능 때문에 일본에서는 당근이나 단무지 대신 브로콜리를 먹는 사람들이 늘어났고, 우리나라도 브로콜리의 인기가 하늘을 찌를 듯하다. 먹기도 쉬워서 생으로 다른 야채와 혼합해 간단한 소스만 뿌려먹어도 은근한 맛이 일품이고, 살짝 데쳐서 초장을 찍어먹어도 근사한 반찬이 될 수 있다. 브로콜리는 이렇게 생으로 먹거나 끓는 물에 소금을 넣고 살짝 데쳐서 먹는 것이 영양 손실을 막는 가장 좋은 조리 방법이다.

한때 서양요리의 장식품 정도로 여겨졌던 때가 있었지만, 브로콜리 봉오리에 숨은 영양은 식탁의 중심에 놓여도 손색이 없을 만큼 알차다. 브로콜리 100g에 비타민 C 함유량이 114㎎으로 레몬의 2배이고, 비타민 A를 비롯하여 B1, B2, 칼륨, 인, 칼슘 등의 각종 미네랄은 시금치보

다 훨씬 많이 포함되어 있다(카로틴 1.9mg, 칼륨 164mg, 칼슘 150mg). 철분도 다른 채소에 비해 두 배나 더 많이 들어 있을 뿐만 아니라, 동맥경화와 대장암을 예방하는 식물성 섬유질도 다량 함유되어 있고, 몸의 노화를 촉진시키는 활성산소의 발생을 억제하는 데도 큰 역할을 하는 것으로 알려졌다.

브로콜리의 항암효과는 최근 여러 가지 보고를 통해 입증되고 있는데, '설포라페인sulforaphane' 이라는 성분 때문인 것으로 밝혀졌다. 설포라페인은 위암과 위궤양을 일으키는 박테리아 '헬리코박터 파이로리균' 를 죽이고 암세포를 몰아내는 데 기여하는 것으로 알려져 있다. 또한 '인돌-3-카비놀Indole-3-carbinol' 성분은 에스트로겐을 완화시켜 유방암을 비롯한 각종 여성암 예방에 탁월한 효과가 있다.

브로콜리는 카로틴도 풍부하다. 카로틴은 인체 내에서 야맹증을 예방하는 비타민 A로 바뀌는데, 비타민 A는 기름기와 함께 섭취하면 훨씬

흡수가 잘된다. 따라서 닭고기 튀김과 같이 기름에 조리한 음식이나 육류요리와 브로콜리가 궁합이 잘 맞는다.

배추과에 속하는 브로콜리는 양배추와 마찬가지로 풋내가 적고 맛도 부드러워 체력이나 체질에 상관없이 누구에게나 좋은 야채다. 특히 식사나 수면 시간이 불규칙하거나 외식이 잦은 사람은 브로콜리를 자주 섭취하는 것이 심신의 피로를 푸는 데 효과적이다.

브로콜리는 10월에서 3월, 즉 가을에서 이듬해 봄까지가 제철이지만 요즘은 온실재배로 연중 내내 제 맛을 볼 수 있다. 봉오리가 봉긋하고 작으며 단단하고, 입자가 빽빽하고 둥글며, 무겁고 녹색이 진한 것을 고르는 것이 좋으며, 비타민 C를 잃지 않두록 재빨리 데치는 게 포인트다. 생으로 냉장 보관할 때에는 3일 정도가 적당하지만 살짝 데쳐서 냉동실에 보관하면 한 달 정도는 맛이 유지된다. 줄기는 그냥 버리기 쉬운데, 줄기 부분에도 꽃봉오리 이상으로 많은 영양소가 있으므로 반드시 조리해서 먹도록 한다. 비타민 A와 C를 한꺼번에 섭취할 수 있기 때문에 피부 미용에도 매우 좋으며, 식물성 기름과 함께 조리하면 노화 방지에도 효과적이다.

좋은 브로콜리 고르기

꽃봉오리의 모양이 수북하고 밀도가 높은 것을 고른다. 꽃봉오리가 황색이나 다갈색을 띠고 줄기 부분이 갈라진 것은 바람이 든 것이므로 피한다. 꽃봉오리가 핀 것도 역시 좋지 않다. 또한 다 자란 브로콜리보다는 싹이 트기 시작한 지 3년 정도 지난 것들이 암을 예방하는 데 효과적이고 맛도 좋다.

보관하기

섭씨 4~5℃에서 보관하는 것이 이상적이다. 오래 보관하면 꽃이 피어 못 먹게 되므로 미리 피클이나 장아찌로 만들어두면 오랫동안 두고두고 먹을 수 있다.

손질하기

데치기 전에 소금물에 30분가량 담가두면 봉오리 속의 먼지나 오물을 제거할 수 있다. 꽃봉오리보다 줄기에 영양가와 식이섬유가 더 많이 들어 있으므로, 줄기도 적극적으로 활용해야 한다. 브로콜리의 비타민 C는 가열해도 영양가치가 크게 손실되지 않는다.

- -

브로콜리와 초고추장

끓는 물에 살짝 데쳐 초고추장에 찍어먹는다. 나물로 양념하여 먹을 때는 아삭아삭 씹히는 맛이 일품이다.

브로콜리 피클(초절임)

브로콜리와 콜리플라워를 먹기 좋은 크기로 잘라서 유리병에 담아놓는다. 냄비에 물, 설탕, 식초, 소금을 넣고 끓이다가 마늘, 월계수 잎, 정향, 통후추를 넣은 후 유리병에 붓는다.

3일 뒤 유리병의 국물만 따로 끓인 후 식혀서 다시 유리병에 부어 냉장고에 보관했다가 조금씩 꺼내 먹는다. 한약재인 정향을 함께 넣으면 위를 보하고 한기를 없애주며 소화를 촉진시킨다.

브로콜리와 오징어초회

브로콜리는 작게 송이를 떼어 끓는 소금물에 데친 후 찬물에 헹궈 물기를 꼭 짜둔다. 오징어는 내장을 제거한 다음 깨끗이 씻어서 반으로 자른 후 가로세로로 칼집을 네 번 넣고 다섯 번째 자른다. 끓는 물에 오징어를 살짝 데친 후 얼음물에 담가 얼른 식혀 물기를 뺀다. 접시에 브로콜리와 오징어를 담고 초고추장을 곁들인다.

잎도 보고 건강도 따는,
뽕나무

산에서 나는 과실로서 우리의 시골 정서 한 자락에 여운을 남기고 있는 것이 뽕이다. 요즘은 누에치기를 하는 집이 드물어서 뽕밭을 구경하거나 오디를 먹어보기가 쉽지 않지만, 예전에는 누에치기가 한 해의 중요한 농사거리였다. 이미 신라시대 때부터 양잠을 위해 각 고을에 뽕나무를 심도록 했다는 기록이 있으며, 농촌에서 논밭의 경계로 뽕나무를 심기도 했다. '오디' 라고 부르는 뽕나무의 열매는 새콤달콤해서 맛있지만 너무 많이 먹으면 방귀를 뽕뽕 뀌게 된다고 해서, 나무의 이름을 '뽕나무' 라고 이름 지었다는 이야기도 있다.

뽕나무는 뿌리, 가지, 잎, 열매, 껍질뿐만 아니라 뽕나무에 기생하는 버섯과 뽕나무 잎을 먹고사는 누에 번데기에 이르기까지 모두 음식재료와 한방의 약으로 쓰이고 있을 정도로 버릴 것이 하나도 없는 나무다.

뽕나무는 원래 농약을 쓰지 않는 무공해 식품으로, 연한 뽕잎을 살짝 데쳐서 양념장에 무쳐 먹으면 구수한 맛이 넘치는 산나물이 되고, 볶거나 고기와 함께 쌈을 싸먹어도 된다. 쑥 대신 절편이나 송편에 넣기도 하고, 분쇄기로 갈아 밀가루와 함께 반죽해 뽕잎 칼국수를 만들 수도 있다. 뽕잎에는 단백질이 18~40%나 들어 있는데, 이만큼 단백질이 많이 든 식물의 잎도 흔치 않다. 뿐만 아니라 철분, 칼슘, 섬유질도 풍부해서 예로부터 뽕잎은 구황식물이면서 귀중한 약용식물로 애용되어왔다.

한의학에서는 뽕잎을 '상엽桑葉'이라 부르는데, 첫서리 내린 후에 채취해서 말린 것을 치료제로 사용한다. 감기로 인해 열이나 두통이 있을 때나 간에 열이 차서 눈이 충혈되고 피로한 증상에 처방하면 좋다. 『동의보감』에서는 "뽕잎은 머리를 맑아지게 하며 흰머리를 검어지게 한다"고 기록하고 있는데, 이외에도 중금속을 제거하는 효능이 탁월하고, 대소변이 잘 나오게 한다. 또 콜레스테롤을 줄이고 피를 맑게 하므로 노화 억제와 암 예방에도 효과가 있다. 뽕잎 말린 것을 뜨거운 물에 우려 내어 차로 마셔도 항암효과가 있으며, 은행잎이나 감잎 말린 것을 함께 우려 마셔도 좋다. 눈병이 나서 눈이 충혈되고 쑤시고 아플 때도 뽕잎 우려낸 물로 눈을 씻어내면 열이 빨리 가라앉는다.

뽕나무 뿌리는 흙 밖으로 나온 것은 쓰지 않고 땅속에 있는 뿌리 속껍질만을 쓰는데, 이를 상백피桑白皮라고 한다. 뿌리가 땅속에서 수분과 영양분을 흡수해서 나무로 올려주는 역할을 하는 것처럼, 상백피도 몸속의 수분을 소변으로 배출시키는 역할을 한다. 마른 상백피를 물에 달여 먹거나 증상에 따라 복령茯笭, 택사澤瀉 등 비슷한 작용을 하는 다른 약재들과 함께 달여 먹으면 부종, 각기, 소변불리, 빈뇨 증상의 붓기를 내릴 때 효험이 있다. 또한 해수와 천식에도 효과가 탁월한데, 이때는 상백피를 꿀에 재었다가 살짝 볶아서 써야 한다. 뽕나무의 뿌리 속껍질이 아닌 그냥 뿌리 자체는 '상근桑根'이라 하여 소아경기, 경련, 고혈압, 아구창 등을 치료하는 데 응용된다.

한약명으로 '상지桑枝'라고 부르는 뽕나무 가지는 팔, 다리, 관절이

쑤시고 저린 증상에 처방되는 약재 중 하나다. 뽕나무 가지를 성냥 크기 정도로 잘라 술에 담가둔 것을 마시면 신경통에 좋고, 물에 달여 오래 두고 차처럼 마시면 사지가 저리고 아픈 증상이 없는 건강한 노년을 보낼 수 있다. 게다가 상지는 독성도 없고, 뽕나무 잎이나 뿌리처럼 성질이 차지도 않아서 소화기가 약한 사람도 복용하는데 무리가 없는 유용한 약재다.

예전에 아이들은 뒷산에서 놀다가 뽕나무 밭을 발견하면 해지는 줄도 모르고 입술이 붉도록 갸름하고 도톨도톨한 검붉은 빛의 오디를 양껏 따먹었다. 검붉게 익은 뽕나무 열매는 즙이 풍부하고 당분이 있어서 새콤달콤하며 신선한 향기가 나기 때문에 아이들에게 인기 만점이었다. 오디는 암 뽕나무에만 열리는 열매로 충청도와 경상도에서는 '오들개' 라고도 하며, 한약재로는 '상심자桑葚子' 라고 부른다. 보혈補血, 보음

補陰 약재로서 당뇨로 갈증이 심하거나 음혈陰血 부족으로 어지럽고 잠을 쉽게 자지 못할 때 효과가 있다.

최근에는 오디에 혈중 콜레스테롤 억제물질과 혈당 저하 성분이 들어 있어 고혈압과 당뇨 환자에게 적합하고, 불포화지방산 함량이 많아 식품으로서의 활용가치가 높을 뿐 아니라, 오디에서 추출한 C3G라는 물질이 노화를 억제하는 효과가 탁월하다는 연구결과가 발표되자 오디에 대한 관심이 더욱더 높아지고 있다.

오디는 날로 먹거나 술 또는 주스를 담가 먹는데, 오디술은 예로부터 상심주 혹은 선인주라고 해서 귀하게 여겼으며, 빛깔이 곱고 유기산이 적어서 시지 않고 달콤하다. 약간 덜 익은 열매로 담그는 것이 좋으며 맛과 향을 더하기 위해 매실주나 석류주와 섞어 마셔도 좋다. 오디술은 오디즙을 짜서 한 번 끓인 다음 소주와 설탕을 적당히 넣어서 보관하면 되는데, 자양강장 효과가 있는 오디를 술에 담가 오래 복용하면 항노화작용으로 인해 흰머리가 검은 머리로 바뀐다. 노인성 변비, 남성의 발기부전, 여성의 음혈 부족에도 좋은 효과를 나타낸다. 단, 성질이 차기 때문에 소화기가 약하거나 설사를 하는 사람은 먹지 않는 것이 좋다.

이외에도 뽕나무 껍질 위의 백선화白蘚花를 긁어내 볶아서 약으로 쓰기도 하는데, 코피가 너무 많이 날 때나 여성의 하혈 및 냉 대하 치료제로도 사용한다. 또한 '상시회上柴灰'란 뽕나무 뿌리를 태운 잿물을 말하는데, 성분이 차고 맛이 매우며 독이 약간 있으나 붉은 팥과 같이 달여 죽을 쑤어 먹으면 부종을 가라앉히는 묘약이 된다. 늙은 뽕나무 속에 사는 뽕나무즙 벌레인 '상두충'은 심한 심통心痛과 상처가 깊은 곳에 살이 차오르지 않는 증상을 치료하는 데 효과가 있다.

수년 전부터 식품업계, 화장품업계에서는 이러한 뽕의 효능을 이용한 제품들에 관심을 보여 왔으며, 혈액 순환과 피부의 재생작용을 촉진하는 것으로 알려진 뽕잎 추출 원료를 이용한 화장품, 세안제품 등이 시중에 출시되어 있다. 이외에도 뽕잎을 말려서 볶아 만든 뽕차, 밀가루와 섞어 만든 뽕 국수, 즙으로 만든 뒤 발효시킨 뽕 음료, 오디술, 오디잼, 뽕잎 먹은 누에를 이용한 혈당 강하제, 누에에서 뽑은 비단실을 이용한 입욕, 세안제 등 웰빙 열풍을 이용한 뽕 제품의 인기는 계속될 전망이다.

손쉬운 뽕잎요리

뽕잎 칼국수

끓는 소금물에 뽕잎 50g을 넣고 삶아서 찬물에 헹구어 꼭 짠다. 뽕잎을 커터기에 넣고 간 뒤 밀가루, 소금, 계란, 참기름 약간과 물을 넣고 되게 반죽한다. 멸치 우린 국물을 끓이다가, 밀대로 얇게 밀어서 썬 국수와 파를 넣고 끓이면서 진간장으로 간을 맞춘다.

뽕잎보리밥

보리쌀을 씻어 물을 붓고 뽕잎을 얹어 보리밥을 만든다. 이렇게 쪄낸 뽕잎위에 보리밥을 얹고, 막장(호박, 대파, 양파를 잘게 썰어 넣고, 갖은양념을 해서 끓여낸 것)을 얹어서 먹는다.

뽕잎 샤브샤브

육수를 끓이다가 샤브샤브용 소고기, 뽕잎, 미나리, 팽이버섯 등을 살짝 데쳐 참깨소스, 간장식초소스에 찍어먹는다.

- 간장식초소스 : 무(간 것) 1TS, 다진 실파 1TS, 물 3C, 간장 6TS, 레몬즙 1/2개, 소금, 식초, 고운 고추가루 조금, 겨자, 다진 마늘, 참기름1/2ts
- 참깨소스 : 참깨 곱게 간 것 1TS, 피넛버터 4TS, 간장식초소스 2C, 참기름 1/2TS, 토마토케첩, 고운 고춧가루 조금, 배(간 것) 2TS

민간요법

- **누런 콧물과 기침** : 뽕나무 뿌리껍질(상백피) 30g 정도에 물을 붓고 달여 하루 3~4번에 나누어 복용한다.
- **기관지염, 천식, 폐결핵, 오래된 기침** : 뽕나무 뿌리 4~6g(1회분)을 달여 복용한다.
- **축농증** : 뽕나무 잔가지 5~8g(1회분) 달인 것을 하루 두세 번씩 꾸준하

게 복용한다.

- **부종** : 뽕나무 가지 말린 것 10g과 결명자 5g을 물 1되에 넣고 달여서 따뜻하게 자주 마신다.
- **찬바람에 쏘이면 눈물이 나올 때** : 가을에 누렇게 물들기 시작한 뽕나무 잎을 한줌 달여서 하루 2번 나누어 먹는다.
- **고운 피부를 위해서** : 뿌리의 잔가지들을 푹 달인 물로 아침저녁 얼굴을 씻어낸다.
- **고혈압** : 뿌리껍질 4~6g(1회분)을 달여서 하루 2~3회 복용한다.
- **당뇨** : 뿌리껍질 4~6g(1회분) 달인 물 또는 열매(오디) 생것 10g(1회분)을 하루 두세 번 복용하면 좋다.
- **비만** : 뿌리 5~6g(1회분) 달인 물을 하루 세 번 복용하면 몸이 가벼워지고 체중이 감소되는 효과를 볼 수 있다.
- **피로회복** : 열매(오디) 25~30g(1회분)을 하루 2~3회씩 생것으로 먹는다.

마산뽕밭(전남 화순군 동면 마산리 마산뽕밭)

유유뽕밭(전북 부안군 변산면 마포리 유유마을)

- '마산뽕밭'은 2만 평의 야생뽕밭으로, 사람 손을 거치지 않고 야산에 자생하는 뽕밭이며, '유유뽕밭'은 오래전부터 양잠을 위해 재배해온 뽕밭이다. 뽕밭은 예민한 누에의 먹이밭이기 때문에 야생은 물론이고 재배 뽕밭이라 하더라도 전혀 농약을 치지 않는 완전 무공해 밭이다.

늙지 않고 고통없는 신선들의 비밀,
소나무

예로부터 소나무는 부정과 악귀를 쫓아 마을과 가정을 지키는 신이자, 부귀영화와 자손번창을 누리게 해준다는 복스런 나무였다. 그래서 마을을 수호하는 나무 중에는 소나무가 가장 많고, 산신당의 신목은 대개 소나무였다. 소나무를 꿈에서 보면 벼슬을 할 징조이고, 솔이 무성함을 보면 집안이 번창하며, 송죽 그림을 그리면 만사가 형통한다고 해몽한다. 『용비어천가』의 '뿌리 깊은 나무'는 바로 소나무의 뿌리를 말하는 것인데, 그만큼 소나무는 왕조의 신성함과 전도의 길복을 상징하는 나무였다는 것을 알 수 있다.

우리 조상들은 소나무로 만든 집에서 태어났고, 갓난아기가 태어나면 솔가지를 매단 금줄을 쳤으며, 소나무 장작불로 밥을 해먹었고, 아궁이에 불을 때서 잠을 잤다. 소나무로 가구를 만들고 송편을 해먹었으며 솔잎주, 송화주松花酒, 송순주松筍酒(소나무 새순으로 빚은 술)를 빚었다. 송홧가루로 다식茶食(차를 마실 때 먹는 한과)을 만들어 먹고, 소나무 뿌리에 기생하는 복령茯笭은 약재로 썼으며, 송이버섯은 음식의 재료로 사용했다.

또 솔잎은 소화불량 및 강장제로, 꽃은 이질에, 송진은 고약의 원료로 썼고, 송근유松根油(소나무 뿌리로 만든 기름)로 불을 밝혔으며, 송연松烟(소나무를 태운 그을음)으로 먹을 만들어 글을 쓰고 그림을 그렸다. 송진이 뭉쳐

진 호박으로 마고자 단추를 해달았고, 흔들리는 소나무의 운치 있는 맑은 소리를 즐겼으며, 소나무 그림 병풍을 펼쳐두고 즐겼다. 그리고 죽을 때는 소나무로 짠 관에 묻혀 자연으로 돌아감으로써 마지막 순간까지도 소나무에게 신세를 졌다. 소나무는 잎, 가지, 줄기, 뿌리, 송홧가루, 열매, 송진, 속껍질에 이르기까지 약용으로 쓰이지 않는 것이 거의 없다.

우리나라 산야에는 흑송黑松, 적송赤松, 왕송王松, 오엽송五葉松, 잣솔 등 각종 소나무가 자생하고 있다. 이중에서 적송은 조선 소나무라 하여 조선송朝鮮松이라 하는데, 나무가 장대하고 가지가 많으며, 잎이 무성하고 솔잎 끝과 나무껍질이 붉으며, 재목의 질과 정기도 뛰어나 예로부터 널리 약재로 쓰이고 있다.

식물은 다른 미생물로부터 자기 몸을 방어하기 위해 피톤치드 phytoncide라는 여러 가지 살균물질을 발산한다. 이 피톤치드는 공기 중의 세균이나 곰팡이를 죽이고 해충, 잡초 등이 식물을 침해하는 것을 방지한다. 송편을 찔 때 솔잎을 먼저 시루에 깔아 구멍을 덮고 그 위에 송편을 한 줄 놓고 다시 솔잎과 송편을 한 줄씩 차곡차곡 쌓아올려 찐다. 이것은 향긋한 솔잎 향을 배게 해서 맛깔을 더해보려는 목적도 있지만, 솔잎을 넣고 쪄낸 송편은 피톤치드를 빨아들여 오래 두고 먹을 수 있는, 조상들의 지혜를 엿볼 수 있는 방법이다.

특히 소나무는 보통 나무보다 10배 정도 강한 피톤치드를 발산한다. 옛 어른들이 "퇴비는 소나무 근처에서 만들지 않는다"고 한 것은 소나무의 항균작용이 너무 강해 퇴비에 유익한 미생물까지 죽여 버리기 때문이다. 피톤치드는 진통·구충·항생·살충·진정작용, 혈압강하, 내분비 촉진, 감각계통 조정, 정신집중 등의 좋은 작용을 하므로 피톤치드를 다량 발산하는 소나무는 숲속의 보약이라고 불린다.

예로부터 스님들은 산을 오르내리다 목이 마를 때 솔잎을 씹어 갈증을 달랬는데, 솔잎의 수분은 몸 안에서 흡수가 빠르고 소화에 탁월한 효능이 있기 때문이다. 또 토굴에서 좌선 수행을 할 때 다른 음식은 일체 먹지 않고 그늘에 말린 솔잎가루와 콩가루 섞은 것만을 먹어도 몸이 가볍고 머리가 맑아지며, 힘이 생기고 추위와 배고픔을 모른다고 했다. 본디 솔잎을 장기간 생식하면 늙지 않고 몸이 가벼워지며, 힘이 나고 흰머리가 검어질 뿐만 아니라 추위와 배고픔을 모른다고 해서 신선식품이라고 하여 사찰에서 즐겨 사용하던 음식재료였다.

『동의보감』에 의하면 "솔잎은 고혈압, 말초혈액순환 장애로 인한 팔다리 저림, 불면증, 중풍, 신경쇠약 등에 효험이 있다"고 하였다. 실제로 솔잎은 인체의 신진대사를 원활히 하여 인체가 지닌 자체 치유 능력을 강화시켜주며, 피를 맑게 하고 모세혈관이 좁아지는 것을 억제하는

효과가 있는 것으로 확인되었다. 또한 『본초강목』에는 솔잎이 심장 강화, 혈압 강하, 강장 작용을 한다고 기술되어 있는데, 이는 솔잎이 콜레스테롤을 낮추고 혈관의 탄력성을 높이기 때문이다.

또한 솔잎에는 노화를 방지하는 항산화 성분, 성장 발육과 두뇌 활동에 도움이 되는 성분, 구강악취에 효과적인 성분도 들어 있다. 솔잎이나 솔뿌리를 삶은 물로 목욕을 하면 젊어진다고 하였는데, 피부를 매끄럽고 부드럽게 하는 효과가 있기 때문이다. 뿐만 아니라 솔잎은 기관지를 보호하는 기능도 있다. 한방 고서들에는 솔잎이 염증과 부기를 가라앉히고 기관지 천식을 예방하는 효과가 있는 것으로 기록되어 있는데, 유럽에서는 이것을 이용한 솔잎 추출물로 호흡기 보호용 캔디를 만들고 있다.

이외에도 한방에서는 솔잎을 약술 형태로 복용하는 경우가 많다. 수렴성 소염작용과 통증을 진정시키고 피를 멎게 하며 마비를 풀어주는 작용으로 인해 찰과상, 습진, 옴, 신경쇠약증, 탈모, 비타민 C 부족 등의 치료에 쓰이기도 하였다. 또한 솔잎에는 타닌 성분이 들어 있어 고약의 원료로 이용되기도 하였으며, 설사를 멈추게 할 뿐 아니라 감기에도 효과적이며, 피로를 쉽게 풀어주고 머리도 맑게 한다.

소나무의 속껍질에는 제산, 지사 작용을 하는 타닌이라는 떫은 성분이 많다. 각종 향기 성분들은 항균, 방부 작용이 있으므로 오랜 이질, 설사, 상처에 잘 듣는다. 솔 마디는 줄기나 가지에 있는 송진이 밴 마디로서, 흔히 '옹이' 라고 부른다. 심장, 폐, 신장에 작용하며 풍습風濕을 없애고 경락을 통하게 한다. 송홧가루는 고혈압, 동맥경화, 빈혈 등에 좋은 것으로 밝혀졌다.

특히 송진에 들어 있는 향기 성분은 피부자극, 항균, 염증 제거 등의 작용을 한다. 이전에는 폐결핵, 위궤양 등에도 효과가 있는 것으로 소개됐으나 지금은 마른기침, 신경통의 개선, 변비완화를 위한 관장의 목적으로 먹거나 바른다. 일단 송진은 물에 끓여낸 뒤 굳혀서 필요할 때 가루로 만들어 써야 독성을 제거할 수 있다. 송진에는 타닌이 많고 상온에서 굳는 수지 성분이 들어 있어 많이 먹으면 위장장애나 변비 등이 나타날 수 있으므로 주의해야 한다.

솔잎 다이어트식

솔잎을 깨끗이 씻어 그늘에 말린 다음 가루를 낸다. 식전과 식후에 한 숟가락씩 씹어 먹고 생수를 마신다. 냄새가 거북하면 꿀에 버무려 먹어도 좋으며, 하루 6회 정도 먹는 것이 적당하다. 살을 빼기 위해서라면 아침과 점심식사 후에 한 숟가락씩 먹고 저녁에는 검정콩, 솔가루, 당귀가루, 조청을 섞어 식사 대신 먹는다. 특히 중년 이후 여성에게 효과적이다.

솔잎 베개와 솔잎 요

솔잎을 넣어 만든 솔잎 요, 솔잎 베개를 사용하면 여러 고질병에 큰 효험이 있다.

솔잎 반신욕

솔잎은 심신을 안정시키는 효능이 있기 때문에, 스트레스가 심하고 지쳐 있을 때 솔잎 반신욕을 하면 효과가 더욱 커진다.

- **중풍/솔잎주** : 솔잎을 넣고 끓인 술을 며칠 두었다가 더운 물에 타서 마신다.
- **고혈압/솔잎즙** : 깨끗이 씻은 솔잎을 짧게 잘라 절구에 찧어 즙을 낸다. 이 즙을 매일 식전에 한두 숟가락씩 먹는다.
- **어깨 결림/솔잎 목욕** : 솔잎을 베주머니에 싸서 목욕물에 넣어 우려낸 후 목욕을 한다.
- **심한 변비/솔잎차** : 깨끗이 씻은 솔잎에 설탕과 물을 넣고 삭혀 식사 후 한 잔씩 마시면 효과가 있다.

손쉬운 솔잎 요리

솔잎차

가늘고 여린 새 솔잎을 2~3분간 데친 다음 말려서 잘게 썬다. 이 솔잎을 찻잔에 1티스푼 넣고 90℃ 이상의 뜨거운 물을 부어 우려낸다. 취향에 따라 꿀을 넣어도 좋다.

- 고혈압 등의 성인병을 다스리며 중풍을 예방한다. 장기 복용하면 복부 비만을 해소하는 데 도움이 된다. 야뇨증 환자에게도 좋다.

솔잎 쥬스

솔잎(10g), 생수(100cc), 꿀(1Ts), 요쿠르트(1개)를 믹서기에 갈아서 마신다.

솔잎밥

잘 씻은 쌀(3컵)에 솔잎(1/2컵), 밤(10개), 대추(10개)를 넣고 솔잎 우린 물(3컵)을 넣어 밥을 지어준다. 밥 뜸 들일 때 잣(약간)을 넣고 솔잎은 꺼낸다. 밥이 다 되면 양념간장(간장 1Ts, 물 1Ts, 솔잎소스 1ts, 다진파 2Ts, 고춧가루 조금)에 비벼서 먹는다.

솔잎 돼지고기찜

오겹살(600g을 도톰하게 통째로 썰어 준비, 삼겹살을 준비해도 좋다)을 찬물에 10분 정도 담가 핏물을 빼고 건져내어 된장소스(된장 1Ts, 다진 마늘 1ts, 청주 2Ts, 소금, 후춧가루 약간)로 밑간을 한다. 대파(푸른 잎 부분만 10cm 길이로 썰어서 소금물에 헹궈 건진 것)를 찜냄비에 깔고, 그 위에 오겹살을 얹고 솔잎을 뿌린 후 뚜껑을 덮어 40-50분간 찐다. 젓가락으로 찔러봐서 오겹살 속이 완전하게 익은 것을 확인한 후 불에서 내려 식힌 후에 얇게 슬라이스 해서 익은 김치와 함께 상에 내어놓는다.

항암효과가 뛰어난 채소의 왕,
시금치

시금치는 한방에서 약으로 조제하지는 않지만, 약에 버금갈 정도로 충분한 기능이 있는 식품이다. '약과 음식은 서로 다른 것이 아니라 인간을 이롭게 한다'는 '약식동원藥食同原'이라는 말은 바로 이런 경우에서 나왔을 것이다. 한방에서는 시금치가 위장의 열을 내리고 술독을 제거하며, 건조한 피부에 윤기를 살려준다고 보고 있다. 또 배변 때 피가 나오거나 변비가 생겼을 때 먹으면 지혈과 통변작용을 한다고 보았다.

『본초강목』에서는 "시금치는 혈맥血脈을 통하고 가슴이 막힌 것을 통한다. 기를 내리고 속을 고르게 한다"고 하였으며, 『식료본초』에서는 "시금치는 오장을 이롭게 하고 위의 열을 통한다. 주독을 푼다"고 하였다.

시금치는 아프가니스탄 주변의 이란, 페르시아 지방에서 재배되기 시작해서 중국을 통해 조선 초기에 우리나라에 전해진 채소로, 1577년(선조 10년) 최세진의 『훈몽자회』에 처음으로 등장했다. 사철 내내 접할 수 있는 채소지만 내한성耐寒性이 강해 서늘한 기후에서 잘 자라기 때문에 겨울을 막 넘긴 이른 봄에 가장 신선한 맛을 느낄 수 있다. 재래종 시금치는 '포항초'라고도 부르는데 뿌리 쪽이 붉고 잎이 뾰족한 모양을 하고 있으며, 잎이 크고 색이 검푸른 서양종보다 맛과 영양 면에서 뛰어나다.

3, 40대들에게는 '시금치' 하면 떠오르는 것이 '뽀빠이' 일 것이다. 어린 시절 TV를 통해 보았던 만화영화 주인공 뽀빠이는 악당 브루터스와 한판 승부를 벌일 때마다 깡통 시금치를 먹는다. 체격이 상대적으로 작은 뽀빠이는 싸움 초반에는 궁지에 몰리지만, 일단 시금치를 먹었다 하면 상황은 완전히 역전된다. 결국 뽀빠이는 시금치의 힘으로 악당을 물리치고 애인 올리브와 승리의 기쁨을 만끽한다. 만화를 보고 있노라면, 어린 마음에 시금치를 먹으면 뽀빠이처럼 힘이 세질 것만 같았던 기억이 난다.

시금치를 먹고 악당 브루터스를 물리친다는 이 만화는 미국 보건당국이 아이들에게 시금치를 많이 먹이기 위해 만든, 일종의 계도용 만화였다고 한다. 실제로 이 만화 덕분에 1930년대 미국에서는 시금치 소비가 무려 33%나 증가했으며, 도산 직전의 시금치 업계가 다시 살아났다. 만화영화 한 편이 시금치 산업을 살린 것이다.

아이들이 싫어하는 시금치를 홍보 만화영화까지 만들어 굳이 먹이려한 데에는 충분한 이유가 있다. 시금치에는 엽산과 철분뿐만 아니라 뼈를 튼튼하게 하는 칼슘이 많아서 어린이 성장 촉진과 빈혈 예방에 아주 효과적이기 때문이다.

엽산folic acid은 불안감을 해소하고 신경을 안정시키는 효과가 있는데, 체내에 엽산이 부족해지면 뇌에서 기분을 즐겁게 해주는 신경전달물질인 세라토닌 생산이 줄어들어 불면증이나 불안증세가 나타나게 된다. 또한 엽산은 기형아 출산을 막아주고 중풍, 치매, 심장병 등을 예방하는 효과가 있다.

뿐만 아니라 엽산의 항암효과에 대한 연구결과가 매년 발표되고 있는데, 폐암 및 위암에 효과적이라는 것이다. 특히 시금치를 육류의 간, 등

푸른 생선, 굴, 조개 등 비타민 B_{12}가 풍부한 음식과 함께 먹으면, 동맥 경화와 암을 예방하는 효과가 더욱 증대된다는 보고도 있다. 엽산이 많은 음식으로는 시금치 외에도 쉽게 구할 수 있는 순무, 근대, 무 잎, 소 간 등이 있다.

시금치의 항암효과는 단순히 엽산 때문만은 아니다. 시금치에는 베타카로틴을 포함한 카로티노이드와, 강력한 발암억제 물질인 엽록소도 듬뿍 들어 있다. 또 시금치는 비타민 A를 가장 많이 함유하고 있는 채소다. 비타민 A는 눈의 건강과 직결되는 성분으로, 시금치의 줄기보다는 잎사귀에 많이 들어 있다. 뿐만 아니라 시금치를 먹으면 먹을수록 혈액 성분의 근원인 엽록소가 풍부해져서 피를 맑고 정갈하게 한다.

"시금치를 많이 먹으면 나이를 거꾸로 먹는다"는 말도 있다. 시금치의 항산화물질이 뇌 신경세포의 퇴화를 예방해서 뇌의 노화현상을 막기 때문이다. 실제로 1999년 미국에서는 시금치에 들어 있는 항산화 성분

이 건강에 해로운 유해산소의 생성을 억제하므로, 시금치는 기억력 상실과 치매를 예방할 수 있는 '두뇌 식품' 이라고 발표한 바 있다. 2002년 에도 미국 과학학술지인 「신경과학〉에서는, 나이 든 쥐에게 시금치를 6주 동안 먹였더니 쥐의 학습 능력이 향상되었다는 실험결과를 발표하였는데, 이는 시금치가 인간의 노화와 뇌손상 연구에 크게 이바지하리라는 예고로 보아야 할 것이다.

이외에도 시금치에는 사포닌과 양질의 섬유소가 들어 있어 변비에도 효과가 있다. 실제로 시금치가 우리를 뽀빠이처럼 힘 센 사람으로 만들어줄 수는 없어도, 올리브처럼 날씬하게 만들어줄 수는 있다. 또한 시금치 뿌리에는 구리와 망간이 들어 있어 인체에 유독한 요산을 분리, 배설시키는 작용을 한다. 1996년에는 시금치가 오존의 독성을 중화시키는 효과가 있다는 뉴스가 보도되면서 한때 시금치 판매량이 급증하기도 했다. 또 1998년 영국의 과학자들은 과학 전문지 〈뉴 사이언티스트〉를 통해 시금치가 방사능 오염물질로부터 방사능을 흡수, 정화시키는 효능이 있다고 발표하기도 했다.

몇 해 전 미국의 영양학자 샤먼 박사는 시금치를 너무 많이 먹을 경우 결석(돌)이 생긴다고 발표해서 큰 관심을 모은 적이 있었다. 수산(옥살산)을 과잉 섭취하면 체질에 따라 체내의 칼슘과 결합하여 녹지 않는 수산칼슘으로 변하게 되고, 이것이 신장과 요도에 결석을 가져온다는 것이었다. 그러나 이렇게 결석이 생길 정도가 되려면 시금치를 적어도 하루에 500g 이상씩 매일 먹어야 한다. 이만큼 시금치를 먹는 사람도 없을 뿐더러, 시금치를 데치면 수산 성분이 빠져나가기 때문에 우리나라처럼 시금치를 데쳐서 무치거나 국으로 끓여 먹는 섭취 방법은 전혀 걱정할 필요가 없다.

또한 과거에는 시금치에 요산을 높이는 푸린 성분이 높으므로 통풍 환자는 섭취하지 말도록 지침을 내렸는데, 2004년 미국에서는 12년 동안 통풍과 음식의 상관관계를 과학적으로 통계 조사한 결과 시금치 섭취와 통풍 발생은 아무런 관련이 없다는 보고서를 내놓았다. 그러므로 통풍환자라도 시금치를 피해야 할 아무런 이유가 없는 것이다.

시금치 고르기와 보관하기

시금치는 통통한 잎이 뿌리에서부터 빽빽하게 나 있고, 연보라색을 띠며 길이가 짧은 것이 맛도 좋고 영양가도 높다. 줄기가 길고 잎이 작은 것은 화학비료를 많이 흡수해 자란 것이므로 좋지 않다. 시금치를 보관할 때는 누런 잎을 따내고 분무기로 가볍게 물을 뿌린 뒤 신문지로 싸서 야채실에 넣어두는 것이 좋다. 냉동실에 보관할 때는 시금치를 살짝 데쳐서 얼마간 냉수에 담가뒀다가 물기를 완전히 짜낸 뒤 한 번 사용할 분량만큼씩 나눠 랩으로 싸두는 게 좋다.

- 시금치의 뿌리를 전부 떼어내고 잎만 사용하는 경우가 있는데, 시금치 뿌리에는 구리와 망간이 들어 있어 우리 몸에 해로운 요산을 분리하여 배설시키는 작용을 하므로 같이 섭취하는 것이 좋다.
- 시금치를 데칠 때 영양소와 선명한 색상을 지키려면, 소금을 약간 넣어 무르지 않도록 살짝 데치되 뚜껑을 열어놓아야 된다. 그러면 녹색이 살아나 보기에도 좋고, 몸에 해로운 유기산도 날아가게 된다.
- 시금치국을 보글보글 끓이거나 다시 데워 먹으면 효과가 없어진다. 시금치는 살짝 데치거나 생것을 먹으면 좋고, 기름에 살짝 볶거나 참깨를 뿌려먹으면 효과가 훨씬 크다.

시금치 겉절이

신김치가 싫증이 날 때 시금치 겉절이를 하면 식탁의 미각을 살릴 수 있다. 생시금치에 약간의 멸치젓국과 참기름을 넣어 풋내를 가시게 한 뒤 파, 다진 마늘, 깨소금을 넣어 무치면 맛있는 시금치 겉절이가 된다.

시금치 샐러드

시금치(150g)는 깨끗이 씻어 뿌리는 썰어내고 한 잎씩 떼어 여린 잎만 골라낸다. 훈제연어(80g)는 먹기 좋게 썰어둔다. 양파(1/4개)는 얇게 링모양으로 썰어 찬물에 담가두고 방울토마토(6개)는 4등분한다. 파프리카(색깔

별로 1/4개씩)는 사각썰기를 한다. 이 재료들을 볼에 담고 소스(올리브유 3Ts, 발사믹식초 1Ts, 소금 후춧가루 약간)를 끼얹는다.

시금치 된장국

멸치와 다시마를 끓여서 우려낸 국물에 살짝 데친 시금치를 넣고, 된장을 풀어 넣는다. 고춧가루, 어슷썰기한 파, 다진 마늘을 넣고 국간장으로 간을 맞춘다.

시금치 조개국

모시조개(150g)를 끓는 물에 넣고 데치다가 조개가 입을 벌리면 조개는 건져내고 국물은 받아놓는다(3컵). 받아놓은 조개국물에 된장과 고추장을 풀어놓고 끓이다가 시금치(소금 넣고 데쳐서 냉수에 헹궈낸 것)를 넣고 다시 끓이다가 모시조개와 대파(1/4개) 썬 것을 넣는다.

시금치 간장무침

살짝 데친 시금치에 조림간장 약간, 다진 마늘, 다진 파, 참기름 약간, 매실엑기스(1ts)를 넣고 조물조물 버무려서 소금으로 간을 맞춘 다음 통깨를 살짝 뿌려 상에 내놓는다.(조림간장 양을 절반으로 줄이고, 고추장이나 고추장과 된장을 반반 섞어 넣은 시금치 고추장무침도 맛있다.)

- -

포항 곡강 시금치(경북 포항시 북구 흥해읍 곡강리)

포항은 바다와 인접해 있고, 사질 토양에 따뜻한 해풍이 불어 시금치 재배에 적합한 입지여건을 갖춘 곳이다. 포항에서 생산하는 시금치는 경북 전체 생산량의 41%에 해당하는데, 곡강 시금치 작목반은 20㏊의 면적에서 연간 400여 톤의 시금치를 생산하고 있다. 곡강 시금치는 1993년에 전국 최초로 농산물검사소로부터 품질인증을 받았고, 98년 경상북도 우수농산물 제1호로 선정된 데 이어, 99년에는 '곡강 시금치'로 상표등록을 했다. 2002년 4월에는 곡강 시금치 작목반 전원이 일본 교토의 '시금치 유기농법 연수원'을 방문, 선진영농기법을 배우고 돌아오기도 하였다. 무농약 시금치로 유명하며 당분, 비타민 B, 미네랄 성분이 듬뿍 들어 있다.

잘 쓰면 약, 못 쓰면 독이 되는
알로에

알로에 잎을 잘라 껍질을 벗기면 젤리질의 속살이 드러난다. 차갑고 물컹하면서도 끈끈한 알로에 속살을 얇게 저며서, 여름휴가 동안 뜨거운 햇볕에 그을려 따갑고 건조하고 열이 나는 피부에 얹어놓으면, 피부가 시원하고 촉촉해지는 것을 느낄 수 있다. 알로에는 맛이 쓰고 성질이 차서 피부 외에도 건조하고 열이 있는 곳에 사용하면 탁월한 효과를 볼 수 있다.

알로에란 아라비아어로 '맛이 쓰다'는 뜻으로 붙여진 이름이다. 한 방에서는 '노회'라고 불렀는데, 노회란 'aloe'의 '로에'를 한자로 바꾼 것이다. 노회를 약재로 쓸 때는 알로에 잎을 잘라서 흘러나온 즙을 농축·건조시켜 사용한다. 열을 내리고 대변을 통하게 하는 작용이 있기 때문에 습관성 변비뿐만 아니라, 대장에 열이 꽉 차서 변비와 함께 두통 및 눈 충혈 증세가 생기고, 입 안이 건조하며 잠이 안 오는 증상에 처방한다.

옛날에는 회충으로 인한 복통에 살충약으로 처방하기도 했고, 피부소양증인 경우 감초가루와 섞어서 피부에 바르도록 처방하기도 했다. 『동의보감』에는 "노회는 페르시아의 파사국에서 나는데 나무의 진액이 모여 이루어진 것이다. 색이 검어서 엿과 같으나 덩어리를 물속에 풀면 스스로 합해지는 것을 진품으로 친다. 독성이 없으며, 어린이의 오감五疳을 다스리고 회충을 죽이고 치루痔漏, 개선疥癬(피부병의 일종), 어린이의 열성 경기驚氣를 다스린다"고 전하고 있다.

알로에는 최근 건강식품과 기능성 식물로 각광을 받고 있지만, 사실은 인류의 시작과 더불어 최초로 사용한 약초 중의 하나라고 보아도 무방하다. 이집트 상형문자에서 유향, 몰약, 아편, 벌꿀과 함께 알로에의 약효가 적힌 것이 발견되기도 했으며, 히포크라테스가 알로에를 임상 치료제로 사용했다는 기록도 있다. 예로부터 아프리카에는 집 둘레에 알로에를 심는 풍습이 있었는데, 악마를 막는 주술적인 목적과 함께 구급약품으로 손쉽게 사용하기 위한 것이었다. 어떤 부족은 감기가 유행할 때면 알로에즙으로 목욕을 했다고 한다.

인도네시아에서는 알로에즙을 상처에 발라 흉터가 생기는 것을 방지하고, 피부의 가려움을 해소하거나, 머리에 마사지해서 모발의 성장을 촉진하는 데 사용한다. 미국의 인디언들은 알로에즙을 외상 치료에 사용하며, 멕시코 인디언들은 수세기에 걸쳐 화상, 물집예방, 위궤양, 이질, 피부 궤양, 신장의 감염증 등 만병통치약으로 사용해왔다. 13세기 말 원나라 때 중국을 여행한 마르코 폴로는 『동방견문록』에서 중국인들이 알로에를 위장병 치료와 종기, 피부 질환에 사용했다고 기록하기도 했다.

알로에는 크게 세 종류로 나눌 수 있다. '알로에 베라aloe vera'는 가장 대중적인 사랑을 받고 있는 품종인데, '베라'라는 말은 라틴어로 진실을 뜻하는 것으로 가장 믿을 수 있는 약이라고 생각했기 때문에 붙여진 이름이다. 알로에 베라는 잎이 크고 두터워 잎 속의 젤리질만을 먹

는 것으로 알려져 있지만, 변비치료를 위해서는 껍질째 먹어야 효과가 있다. 알로에를 그냥 깎아서 먹거나, 믹서기에 갈아 식전에 먹거나, 껍질째 요구르트와 함께 갈아서 식후에 마시면 된다.

'알로에 아보레센스aloe aborescens'는 일본에서는 '목립木立 알로에'라고도 부르는데, '아보레센스'는 작은 나무를 뜻하는 말이다. 알로에는 어느 품종이나 공통적인 약성을 가지고 있지만, 특히 알로에 아보레센스는 혈액순환 촉진, 혈관 개선, 심장기능 항진, 만성변비 등에 뛰어난 효능이 있어서 일본에서는 민간약으로 가장 많이 사용되고 있다. 2차 세계대전 때 원자폭탄이 투하되었던 히로시마 마을에서 내복, 외용약으로 효과를 보았던 사례가 알려지면서 알로에의 성분이 속속 밝혀졌고 대중적으로도 폭발적인 관심을 끌었다. 잎이 아주 얇아서 알맹이만을 먹기는 어렵고 껍질째 먹는 것으로 알려져 있다.

'알로에 사포나리아aloe saponaria'는 인삼에 풍부하다고 알려진 사포닌 성분이 많아 '포나리아' 라고도 불리는데, 실제로 뿌리를 으깨어 냄새를 맡아보면 인삼 냄새가 난다. 알로에 사포나리아는 생잎으로 쓰는 알로에 중 약성이 가장 순해서 알로에 알레르기가 있는 사람도 쉽게 사용할 수 있으며, 알로에 특유의 쓴맛이 전혀 없어 주스용으로 많이 애용되고 있다.

 건성 및 지성 피부를 중성화시키는 효과를 인정받아 화장품 원료로도 사용되고 있다. 알로에 베라는 보습과 진정 효과가 뛰어나, 특히 뜨거운 햇볕을 많이 쬔 여름 피부를 식혀준다. 알로에 아보레센스는 살균력이 우수해 여드름 치료용으로 활용될 뿐만 아니라 습진, 외음부 소양증, 옴, 화상치료에도 효과가 있는 것으로 확인되고 있다. 피부가 연약한 사람은 알로에 베라를 쓰는 것이 좋은데, 생즙이 자극적일 경우엔 물에 희석해서 쓰다가 차츰 알로에의 농도를 높여가는 것이 바람직하다.

알로에가 납중독을 해독하는 효과가 있다는 보고도 있다. 세균과 곰팡이에 대한 살균력뿐만 아니라, 독소를 중화하는 알로에틴 성분이 있어서 외상, 화상을 치유하는 효능도 뛰어나다. 알로에는 위장병과 변비 개선에도 뛰어난 효과를 인정받고 있다. 알로에 잎을 잘라두면 유난히 쓴 황색물질이 흘러나오는데, 이것이 변비에 특히 효과가 있다. 알로에즙은 소화액의 분비를 촉진해 소화불량을 개선

시키는데, 실제로 알로에 베라는 소화성 궤양에 효과가 있다는 임상보고도 발표되었다. 이밖에도 알로에에는 스테로이드, 아미노산, 사포닌, 항생물질, 상처치유 호르몬, 무기질 등이 들어 있어 다양한 효능을 나타내고 있다.

그러나 알로에를 복용할 때 몇 가지 주의할 점이 있다. 알로에는 성분이 차고 기운을 아래로 끌어내리는 성질이 강하기 때문에 소화기가 약한 사람과 임산부는 복용을 금해야 한다. 특히 알로에 아보레센스는 생잎에 포함되어 있는 쓴맛 나는 물질, 즉 알로인이 들어 있어 자궁에 충혈작용을 일으키므로 임산부, 수유부, 생리 중인 여성, 혈우병 환자는 복용하지 말아야 한다. 알로인 성분은 위산 분비도 촉진하므로, 위산과다증 환자가 복용하면 속 쓰림 증상이 심해지는 부작용이 생길 수도 있다.

일반인에게 가장 널리 알려진 알로에 베라는 위산분비를 억제하는 작용을 하기 때문에 위산결핍증 환자가 복용할 경우 소화불량이나 변비에 시달리게 된다. 이외에 자주 나타나는 부작용 증세로는 두드러기, 자극적 통증, 메스꺼움 등이 있으며, 경우에 따라서는 열이 나고 심한 복통을 일으킬 수도 있다. 따라서 이런 증상이 보이면 즉시 사용을 중지해야 한다.

한방에서도 알로에는 체내에 열이 쌓여 어지럼증, 두통, 가슴 답답함, 불면 등의 증상을 보이는 사람들에게는 효과적이지만, 반대로 속이 차고 설사를 자주 하는 사람, 생리 중이어서 기운이 잠시 떨어진 여성, 노약자, 뇌출혈 환자, 손발이 찬 사람은 금해야 한다고 알려져 있다. 체질이 냉하거나 혈압이 낮거나 자극에 민감한 사람에게 사용하지 않는 것은 물론이다.

알로에 마사지

알로에 생잎의 껍질은 벗겨내고 젤리질만 으깬 것(또는 알로에 생즙이나 제품화된 마사지 젤을 사용해도 좋다)을 얼굴에 고루 마사지한다. 특히 기미나 여드름이 난 부분에는 알로에 젤리질을 발라 1분 정도 두드리면서 마사지해주면 효과적이다.

알로에 목욕

아보레센스 생잎을 3~5cm로 잘라 베주머니에 넣어서 따뜻한 목욕물에 담근다. 피부자극에 민감한 사람이나 어린이는 조금만 넣고, 빠른 효과를 원할 때는 양을 늘린다. 아보레센스 분말을 사용해도 무방하다.

알로에 화장수

깨끗이 씻은 생잎을 2~3cm 잘라서 강판에 갈아 즙을 짜내 얼굴, 목, 손 등에 문질러 바른다. 시간이 지나면 변질해서 약성이 감소하므로 즙을 짜낸 즉시 사용해야 한다. 아이들의 땀띠 난 부위를 닦아줘도 좋다.

- -

알로에 주스

사포나리아 200g에 요구르트 1개를 믹서기에 간다. 요구르트 대신 일반 주스, 과일, 꿀 등을 함께 갈아서 마셔도 좋다.

알로에 술

베라 혹은 아보레센스를 껍질째 얇게 썬 것 2kg, 소주 2ℓ , 검은 설탕 반 홉, 질금 조금을 병에 넣어 밀봉했다가 한 달이 지난 후 내용물을 걸러낸다. 한 달간 더 숙성시킨 후 복용하면 변비 해소, 전신미용에 효과가 있다.

알로에 술안주

알로에의 껍질을 벗겨내고 소금이나 초장에 찍어 먹는다. 껍질째 채를 썰어 내놓아도 된다. 알로에와 함께 술을 마시면 술이 잘 취하지 않고 숙취가 없다.

알로에 샐러드

알로에(껍질을 벗겨 속살만 네모나게 썬 것), 딸기, 파프리카, 양상추, 오이, 치커리를 혼합하고 소스(머스터드 1Ts, 마요네즈 1Ts, 설탕 1Ts, 식초 2Ts, 소금 1ts, 양파즙 1ts)를 끼얹는다(기호에 따라 게살, 과일 등의 다른 재료를 함께 넣어도 맛있다).

알로에 화채

오미자(100g)는 물에 담가서 우려낸 뒤 체에 내려주고 알로에(1/2개)는 껍질을 제거하고 속살만 잘게 잘라서 꿀에 재워둔다. 우려낸 오미자 물에 탄산음료(1C)와 꿀을 넣고 섞어서 꿀에 재워둔 알로에를 올린다.

- **사마귀** : 알로에 즙을 사마귀 부위에 매일 밤마다 2~3번씩 3주 정도 꾸준히 바른다.
- **티눈** : 알로에 잎의 껍질을 벗기고 잘게 썰어 즙을 바른다. 아침저녁으로 2회 2~3일이면 통증이 없어지고, 하루에 한 번씩 3개월 이상 바르면 뿌리까지 다 빠진다.
- **튼 입술** : 알로에 젤을 그대로 입술에 바르거나 꿀을 섞어 바른다.
- **위염** : 알로에 잎 30g을 흐르는 물에 살짝 씻어서 물기를 닦아낸다. 가시를 제거하고 적당한 크기로 자른 뒤 믹서에 곱게 갈아 거즈에 꼭 짜서 즙만 마신다.
- **화상을 입었을 때** : 알로에 한 줄기를 깨끗이 씻은 뒤, 끓는 물에 살짝 데쳐서 살균한다. 껍질을 벗겨내고 젤리질을 널찍하고 얇게 저며서 차갑게 해두있다가 화상 부위에 붙여 찜질한다.
- **무좀 치료** : 발을 깨끗하게 씻은 다음 껍질을 벗긴 알로에의 젤리질(또는 생즙이나 마사지젤)을 직접 문지른다. 특히 목욕 후에 바르면 피부에 잘 스며들기 때문에 효과가 빠르다. 초기의 가벼운 무좀이라면 2~3주 만에 증상이 한결 나아지지만 대부분 고질병이므로 꾸준히 치료해야 한다.
- **기미** : 알로에 생즙을 유액에 섞어 하루 몇 번씩 기미 낀 곳에 한 달 이상 발라주면 된다. 이때 알로에를 얼굴에 바르기 전에 목이나 턱 밑에 조금 발라본 후 다음날 알레르기 반응이 없으면 적극적으로 사용한다.

수명을 연장시키는 지중해의 보물,

올리브

그리스는 한 가정에서 1주일에 무려 5kg의 올리브기름을 소비한다. 우리나라 사람들이 김치 없이는 밥을 못 먹듯이, 지중해 연안의 사람들은 올리브 없이는 제대로 된 식사를 할 수 없다고 한다. 거의 모든 음식에 올리브기름을 뿌리는데 그야말로 '올리브기름에 밥 말아먹듯' 하는 것이다.

감기 기운이 있거나 소화불량일 때도 병원이나 약국을 찾기보다는 올리브기름을 듬뿍 친 음식을 먹는다. 그러면 몸의 신진대사가 활발해져 자연스럽게 치유된다고 믿기 때문이다. 이처럼 그리스인은 올리브기름이 심장병과 암 발생을 억제하는 효과가 있다는 사실이 의학적으로 밝혀지기 훨씬 전부터 치료 목적으로 사용해왔다. '의학의 아버지' 라 불리는 히포크라테스가 치료에 사용했다는 기록이 있을 정도다.

고대 올림픽에서 선수들은 근육 피로를 풀기 위해 올리브오일을 발랐고, 클레오파트라도 아름다움을 지키기 위해 올리브오일을 사용했다고 한다. 지중해 연안의 유적에서는 아직도 수많은 올리브 항아리들이 발굴되고 있으며, 화려했던 부와 권력의 나라로 상징되는 로마제국에서도 올리브오일은 '황금의 액체' 로 불리며 거래의 중심이 되었다.

최근 미국 하버드대 보건대학의 디미트리오스 트리코풀로스 박사가

미 의학전문지 「뉴잉글랜드 저널 오브 메디신」에 "과일, 야채, 곡물, 올리브기름 등으로 짜여진 전통적인 지중해 식단은 수명을 연장시키는 데 상당히 도움이 된다"는 연구결과를 발표했다. 담백한 음식에 소식을 즐기는 일본인이 장수한다는 것은 익히 알려진 내용이지만, 그리스인들이 장수한다는 연구보고는 이채롭다. 그러나 그리스 음식, 특히 올리브기름의 비밀을 알면 충분히 이해할 수 있다.

지중해 지역의 특성상 여름에는 비가 한 방울도 내리지 않는 햇빛 쨍쨍한 날씨가 계속되고, 대부분의 식물들은 거의 말라죽는다. 하지만 올리브 나무만은 은록색의 잎을 펄럭이며 원기 왕성하게 살아 있으며, 오히려 이 기간 동안 충분히 양분을 모아두었다가 가을이 되면 열매를 맺는다.

올리브 나무는 생명력이 강하고 수명이 긴 것이 특징인데, 심은 지 8년쯤 지나면 열매가 열리기 시작해서 시들지 않는 한 언제까지나 풍성

한 열매를 선사한다. 스페인 등에서는 500살이 넘는 고목이 금방이라도 휘어질 정도로 많은 열매를 맺고 있는 모습을 발견할 수 있다. 그래서 올리브는 먼 옛날부터 풍요와 활력의 상징으로 여겨져 왔다.

'태양의 나무'라고 불리는 올리브 나무는 지중해 국가의 어느 곳을 가더라도 볼 수 있으며 시리아, 메소포타미아, 이스라엘 등에서 자생해 왔다. 올리브는 우리나라에서는 재배하는 곳이 없기 때문에 올리브오일은 전량 수입에 의존해야 한다. 올리브오일의 최대산지는 스페인으로 전 세계 올리브유의 30%를 생산하며, 생산 2위국 이탈리아는 전 세계 소비량이 24% 정도를 생산하고 있다.

올리브 나무의 열매는 처음에는 녹색이었다가 점점 빨개지면서 푹 익으면 짙은 자주색으로 변하는데, 익어도 처음의 녹색을 그대로 유지하는 품종도 있다. 열매를 딸 때에는 나무 밑에 넓은 천을 깔고 가늘고 긴 막대기로 때려서 열매를 떨어뜨린다. 맛이 쓰기 때문에 열매를 그대로 먹을 수는 없고, 진한 소금물에 담가서 쓴맛을 뺀 후 날로 먹는다.

옥수수기름과 콩기름은 '좋은 콜레스테롤HDL'을 증가시켜 콜레스테롤이 혈관 벽에 달라붙는 것을 방지하긴 하지만, 산화가 빨라 장기간 보관하기 어렵다. 또 고온의 조리에서 변질될 위험이 높고, 여러 번 사용하면 심장병과 암 등을 일으키는 '트랜스지방산'으로 변질되기 때문에 몸에 해롭다.

이에 반해 올리브기름은 몸에 좋은 단일 불포화지방산이 듬뿍 들어 있어 심장병 예방효과가 뛰어나며, 각종 암(특히 결장암)을 예방한다고 알려져 있다. 올리브기름의 폴리페놀 성분은 세포의 노화를 억제하는 것으로 밝혀졌고, 비교적 산화 속도가 느리다. 어떤 이는 '빵과 버터' 시대는 지나가고 '빵과 올리브유'의 시대가 왔다고 할 만큼 올리브기름은 각종 식용유와 마아가린, 버터를 대체하는 건강유로 대단한 관심을 끌고 있다.

올리브오일은 몸에 좋은 고밀도 콜레스테롤의 수치는 높여주고, 혈관을 막는 저밀도 콜레스테롤의 수치는 낮춰준다. 또한 기름 자체의 콜레

스테롤이 전혀 없으며 일반 식용유보다 칼로리가 현저히 낮다. 미네소타대학에서 7개국의 중년남성 2천 3백명을 대상으로 하여 지방원으로 올리브기름을 제공한 결과, 심장병에 의한 사망률 및 총 사망률 수치가 낮아지는 것을 확인하였다. 그래서 현재는 심장발작이나 뇌졸중 등 순환기계 질환을 예방하고 재발 위험을 감소시키는 방법으로 올리브기름을 처방하는 전문가가 있을 정도이다.

크레타 섬의 사람들은 세계에서 가장 많은 지방을 섭취하는데도 불구하고 심장병과 암에 의한 사망률이 세계적 평균치보다 낮다는 사실도 이런 연구결과를 뒷받침해주는 증거이다. 뿐만 아니라 켄터키대학의 연구자들은 올리브기름이 혈압을 내리게 하는 작용이 있음을 확인했는데, 남성을 대상으로 한 연구에서 하루에 2/3큰술의 올리브기름이 최대 혈압은 5포인트, 최소 혈압은 4포인트 내려주었다고 한다.

이외에도 올리브오일에는 종양의 성장을 촉진시키는 지방산이 덜 함유되어 있기 때문에 올리브오일 소비가 높을수록 유방암 발병률은 낮

으며, 골다공증을 감소시키는 데도 도움이 된다. 또한 노화와 심장병을 막아주는 비타민 E와 스쿠알렌 등을 함유하고 있어 세포의 노화를 억제시킴과 동시에 발암물질로부터 몸을 보호해준다. 피부노화 방지와 탄력유지 효과도 있어 몸이나 머리에 바르기도 한다.

올리브유는 맛이 담백하고 깔끔해 일반 식용유와는 달리 열을 가하지 않은 상태에서 그냥 먹을 수 있어 식빵이나 과일을 찍어먹어도 맛이 일품이며, 샐러드드레싱에 섞어 먹으면 야채 속의 베타카로틴과 비타민 등이 몸에 잘 흡수된다. 부침이나 튀김에 이용하면 기름 냄새가 없이 담백하고 고유의 맛과 향이 그대로 살아나며, 나중에 음식이 식어도 느끼하지 않다. 닭, 새우, 오징어 등의 콜레스테롤을 13%까지 낮춰주고, 다른 기름보다 비등점이 높기 때문에 음식이 쉽게 타지 않는 것도 장점이다. 뿐만 아니라 산화방지 효소가 있어서 사용 후 버리지 않고 깨끗이 걸러내면 10번 정도는 다시 사용할 수 있다.

이렇듯 올리브오일은 '전천후 요리재료' 로 불릴 만하다. 고기를 굽거나 볶기 전에 올리브오일을 바르면 육즙이 증발하거나 타는 것을 막을 수 있다. 피망, 양파, 마늘을 다져넣은 올리브오일에 고기를 재워두면 맛이 깊어지고 육질도 부드러워지며, 밀가루 반죽에 버터 대신 넣으면 빵이 훨씬 부드럽고 촉촉해진다. 단점이 있다면 일반 식용유보다 4~5배 비싸다는 점. 하지만 한번 사용하고 나서 최대 일곱 번까지 재활용할 수 있고, 열을 가하면 부피가 늘어나 일반 식용유보다 양이 적게 들기 때문에 충분히 경제성이 있다.

올리브오일은 산도酸度에 따라 품질등급이 나눠지는데, 산도가 낮을수록 향과 순도가 높은 제품이다. 또 정제방식보다 압출식으로 뽑아낸 제품을 고급으로 치며, 올리브 열매에서 처음 짜낸 '엑스트라 버진Extra virgin'을 최고급품으로 분류한다. 가열해서 기름을 짜면 생산량은 늘지만 향기를 잃게 되므로 고급품을 얻으려면 콜드 프레스, 즉 섭씨 30도를 넘지 않는 상온에서 짜내야 한다. 그래서 '콜드 프레스드 엑스트라 버진Cold pressed extra virgin'이라고도 부르는데, 전채나 샐러드처럼 찬 음식에 넣거나 빵에 바로 발라먹기에 좋다.

수확한 후 두 번째로 짠 것으로 산도가 1~3%인 '파인Fine'과 '버진virgin'은 엑스트라 버진보다 질은 낮지만 같은 용도로 사용되며 대개 나물무침, 비빔냉면, 비빔밥 등에 넣거나 소금장을 만들 때 사용한다. 가장 낮은 등급인 '퓨어Pure' 혹은 '오디너리 버진ordinary virgin'은 등급이 일정치 않은 올리브 열매를 섞어 짜낸 것으로, 산도가 3% 이상이며 주로 구이, 볶음, 튀김용으로 쓰인다.

삼치 올리브오일 구이

잘 손질한 삼치에 칼집을 넣고 올리브오일을 앞뒤로 바른 후 그릴에서 10분 정도 굽는다. 어느 정도 익으면 뒤집어 3분 정도 더 구운 후, 레몬즙을 뿌리거나 레몬을 곁들여낸다.

가지구이와 된장소스

냄비에 된장소스 재료(양조된장, 청주 4큰술, 조미술 8큰술, 송송 썬 실파 2큰술, 통깨 1큰술)를 풀어 약한 불에서 되직하게 조린 다음 참기름 1작은술을 맨 마지막에 넣는다. 가지는 1㎝ 두께로 썰어 그물 모양으로 칼집을 넣고 팬에 올리브오일을 넉넉하게 두른 후 가지를 앞뒤로 노릇하게 굽는다. 구운 가지에 된장소스를 바른 다음 실파와 통깨를 뿌린다.

크림치즈 카나페

크래커 위에 크림치즈를 바르고 올리브 자른 것을 얹는다. 와인 안주로 제격이다.

두부 브로콜리 샐러드

두부(1/2모–깍둑썰기)와 양송이(2개–끓는 물에 살짝 데쳐서 슬라이스), 브로콜리(끓는 소금물에 살짝 데쳐서 적당히 자른다)와 올리브(잘라놓은 것)를 섞고 소스(올리브유 1Ts, 간장 1/2Ts, 식초, 설탕 약간)를 끼얹는다.

맛집

● **산토리니 02-790-3474** : 그리스인 주방장이 만드는 정통 그리스 요리가 일품. 서울 이태원 해밀턴 호텔 뒤에 위치.

● **그리크하우스 031-921-8959** : 70여 년째 내려오는 그리스 정통 음식점인 아테네의 로베르토 갈리가街에 위치한 아크로폴리스(Tel. 210-923-7260)의 자매점. 일산신도시 저동초등학교 옆 위치.

● **그릭조이 02-339-2100** : 그리스 타운으로 유명한 캐나다 토론토에서 그리스 식당을 운영했던 주인이 한국으로 역逆이민 와서 차린 그리스 레스토랑. 홍대앞 소공원 옆에 위치.

봄을 부르는 산채의 제왕,
두릅

나른한 봄날 잃었던 입맛을 다시 찾게 하는 데 두릅만 한 것이 또 있을까. 입맛 없는 봄이면 싱싱한 두릅을 끓는 소금물에 살짝 데쳐서 떫은 맛을 없애고 찬물로 식힌 후에 초고추장에 찍어 먹으면, 달아났던 입맛이 돌아온다. 두릅은 이른 봄에 먹는 별미 중 으뜸이다. 독특하고 매혹적인 향기로 코가 즐겁고, 생생한 봄기운이 샘솟는 듯한 맛으로 입이 즐거우며, 파릇한 녹색으로 눈이 즐거운 봄나물의 상징이다.

『해동죽지海東竹枝』에서는 '용문산의 두릅이 특히 맛있다'고 했으며, 『규합총서閨閤叢書』에서는 겨울에 두릅의 맛을 즐길 수 있는 방법이 적혀 있는데, '시월에 두릅가지를 베어 더운 방에 두고 따뜻한 물을 주며 키워서 봄이 오기 전에 순이 돋게 하여 주안상을 차렸다'는 기록이 있다.

우리가 먹는 두릅에는 나무두릅(잎과 잎자루에 가시가 있는 참두릅, 가시가 없는 민두릅) 그리고 땅두릅이 있다. 우리가 데쳐서 초고추장에 찍어 먹는, 나물로 먹는 두릅은 두릅나무의 어린 순인데, 땅두릅은 4~5월에 돋아나는 새순을 땅을 파서 잘라낸 것이고, 나무두릅은 나무에 달리는 새순을 말한다. 두릅을 잎부터 뿌리까지 버릴 것이 없다고 하는 데는 우리가 나물로 먹는 어린 순뿐 아니라, 두릅나무의 껍질과 뿌리까지 우리가

약으로, 음식으로 활용하고 있기 때문이다. 참두릅의 나무껍질은 당뇨병과 신장병에 약으로 쓰여 왔으며, 이러한 두릅나무과에 속하는 나무 중에는 엄나무, 오갈피나무 등이 있다. 땅두릅의 줄기와 잎은 우리가 채소로 먹고 있고, 뿌리는 한의학에서는 '독활獨活'이라는 한약재로 부르는데 발한, 부종, 거풍, 진통, 관절염, 반신불수 등의 치료에 사용하고 있다.

예부터 두릅나무의 껍질은 당뇨병 치료에 사용되어 왔는데, 실제로 혈당 강하와 혈중 지질을 낮추는 효과가 입증되었다. 이런 효능은 두릅 속의 사포닌 성분 때문인 것으로 알려졌는데, 이 성분은 새순, 줄기, 나무줄기, 뿌리에까지 다 들어 있지만 특히 뿌리 쪽의 껍질 속에 다량 함유되어 있다. 혈당을 낮추기 위해 활용하고자 하면, 두릅의 뿌리줄기 50g에 물 300~500ml를 붓고 20분 정도 끓여 하루 동안 나누어 마시면 된다. 또한 두릅은 영양소가 풍부한 식품으로 꼽히는데, 사포닌 외에도 비타민 A가 특히 많이 들어 있는 것으로 알려지고 있다. 그밖에 단백질과 지방, 당질, 섬유, 회분, 칼슘, 인, 철분 등의 영양소가 많아 자연 영양식품이라 할 만하다.

두릅 순에서 나는 독특한 향은 정유 성분인데, 마음을 편안하게 하고 아침마다 일어나기 힘들어하는 사람들에게 활력이 넘쳐나게 한다. 매일같이 스트레스에 시달리는 샐러리맨이나 수험생들이 두릅을 많이 먹으면 머리가 맑아지고 잠도 편안하게 잘 수 있다. 그리고 두릅에는 비타민C와 B1 이외에 신경을 안정시키는 칼슘도 많이 들어 있어서 역시 마음을 편하게 해주고 불안, 초조감을 없애주는 데 많은 도움이 된다. 신경쇠약이나 우울 증을 없애고 마음을 편안하게 하기 위해 두릅을 먹을 때는 두릅줄기나 뿌리로 생즙을 내어 먹는 방법이 좋다. 단, 생즙을 내어 먹을 때는 되도록 재배된

것보다, 냄새와 쓴맛이 강한 야생 두릅을 쓰는 것이 좋다.

또한 신장이 약하거나 만성 신장병을 앓아 몸이 붓고 소변을 자주 보는 사람은 두릅을 먹으면 신장 기능이 강해진다. 그리고 두릅의 씁쓸한 맛과 독특한 향을 내는 정유 성분은 위장의 운동을 도와 소화, 흡수 작용을 왕성하게 하는 건위작용이 있어서 식욕을 돋울 뿐 아니라, 위경련이나 위궤양을 낮게 하고 꾸준히 먹으면 위암을 예방하는 효능도 있다.

또한 두릅나무의 껍질은 풍을 제거하고 통증을 진정시키는 작용이 뛰어나 예부터 관절염과 신경통에 자주 쓰여온 약재로 두릅나무의 껍질은 '총목피' 라고 하는데 진통제 역할을 한다.

두릅은 향기가 강하고 흰색으로 가지가 없으면서 통통한 것일수록 좋으며, 두릅순은 너무 자라면 맛이 없고 작고 덜 핀 것이 상품上品이다.

단, 두릅나무의 새순은 성질이 平하고 독성이 거의 없기 때문에 오래 두고 먹어도 문제가 없지만, 껍질과 뿌리에는 소량의 독성이 함유되어 있어 이를 달인 물을 장기간 마실 경우 주의해야 한다.

신경통

두릅나무 뿌리를 달인 물을 하루 3번씩 마시면 당뇨병과 발한, 현기증, 신경통 등이 사라지는 효과를 볼 수 있다.

간암에 두릅즙

두릅, 돌나물, 싸리버섯, 미나리를 동량으로 데쳐 즙을 내서 마시면 효과적이다.

불면증에 두릅차

말린 두릅, 대나무잎, 솔잎, 표고버섯, 대추를 동량으로 끓여 차로 마신다.

신장강화와 정력증강에 두릅영지차

두릅, 영지버섯, 오미자, 구기자, 차전자, 토사자, 복분자를 동량으로 차로 달여 수시로 마신다.

두릅 데치기

두릅은 밑동을 자르고 가시가 없도록 칼로 다듬어 씻어 끓는 소금물에 넣고 파랗게 데친 다음 찬물에 헹궈 물기를 없앤다.

두릅 초회

살짝 데친 두릅을 초고추장에 함께 살짝 찍어먹으면 향이 정말 좋다.

두릅전

밀가루에 메밀가루를 조금 섞은 것에 두릅을 묻힌 다음, 풀어둔 계란 노른자에 두릅을 묻혀 프라이팬에 지져낸다. 얼큰한 청양고추를 다져넣은 간장에 찍어 먹으면 맛이 좋다.

두릅무침

살짝 데친 두릅에 된장, 고추장, 참기름, 깨소금을 넣고 조물조물 무쳐내면 된다. 두릅과 된장이 어우러지는 봄 향기가 잃었던 입맛을 되살려 줄 것이다.

두릅 베이컨말이

살짝 데친 두릅을 물기를 완전히 제거하고 녹말가루를 묻힌 다음 베이컨으로 돌돌 만다. 프라이팬에 들기름을 두르고 마늘을 가늘게 잘라 볶다가 베이컨으로 말아놓은 두릅을 넣고 흐트러지지 않게 노릇노릇 굽는다.

COLOR
MYSTERY
TWO

Red,
암을 이겨내자

빨간색은 화火에 속하며 심장의 기능과 연관이 있다

"빨간색은 화火에 속하며 심장의 기능과 연관이 있다"

불타는 정열과 활활 타오르는 태양, 붉은 피, 감정을 자극하는 흥분을 나타내는 색. 붉은 색은 왕성한 에너지와 활기가 넘치는 젊음을 상징한다. 매운 음식을 즐기는 우리나라 사람들에게는 '맛있다'는 연상 작용을 불러일으키는 색이며, 중국에서는 상서로움과 경사로움을 상징하는 색깔루 여겨져 각종 경축행사를 붉은색으로 장식하는 풍속이 이어져오고 있다. 강한 생명력이 느껴지는 붉은색이 모든 액을 막고 자신을 안전하게 보호한다고 믿기 때문이디.

한의학에서도 "붉은색 음식은 심장 기능을 튼튼히 한다"고 하였는데, 이는 과일이나 야채의 붉은 색깔 색소에 많이 들어 있는 라이코펜 성분이 혈관을 튼튼하게 하고 전신의 혈액순환을 도와, 고혈압과 동맥경화증을 예방하는 데 효과가 있다는 연구와 일맥상통한다. 토마토, 대추, 구기자 등의 붉은 색깔 음식은 피를 맑게 하고 심장을 건강하게 만들어준다.

비타민이 풍부하고 다이어트에도 효과가 있는 고추는 면역력을 증강시켜 사스를 예방하는 대표적인 음식으로 알려져 있으며, 「타임」지가 '21세기 대표식품'으로 추천한 토마토에 다량 함유된 라이코펜 성분은 우리 몸 안의 유해산소를 제거하는 청소부 역할을 담당함으로써 암을 예방하는 것으로 밝혀졌다.

붉은색 음식을 먹으면 심장이 튼튼해지고 혈액순환 대사가 왕성해지며, 면역력이 증가하고 아울러 암을 예방하고 치료하는 데도 유익하다.

천연 항암제, RED FOOD 에 관심을 가져보자.

한국인의 힘,
고추

톡 쏘는 맛, 입 안에 불이 나고 얼얼하다 못해 얼이 쏙 빠지고 눈물, 콧물이 질질 흐르며 머리 꼭대기에서 순식간에 땀이 쫙 난다. 매운 고추를 좋아하는 사람들은 이 괴로운 과정을 겪으면서도 '황홀한 맛'이라며 추켜세운다. '매운맛'을 즐기는 데 둘째가라면 서러울 정도로 고추 없인 못 사는 게 우리나라 사람들이지만, 사실 고추가 한반도에 들어온 것은 그리 오래된 일이 아니다. 조선후기에야 비로소 고추가 전래되었고, 고춧가루를 넣은 김치가 등장한 것은 채 300년도 되지 않았다.

남미가 원산지로서 세상을 바꾼 식물이 3가지 있는데, 감자와 담배 그리고 고추다. 고추는 남아메리카의 아마존 지역이 원산지로 알려져 있으며, 페루에서는 2000년 전부터 재배했다는 기록이 있다. 16세기 초 후추를 찾기 위해 신대륙 탐험에 나섰던 콜럼버스가 후추 대신 고추를 발견해 유럽으로 가져가면서 빨간 후추red pepper라고 이름 지었고, 이후 유럽과 아시아로 전파되었다. 이렇게 고추가 전 세계로 퍼지는 데는 50년이 채 안 걸렸다고 한다.

예로부터 고추의 붉은빛은 사기邪氣를 쫓아내는 벽사辟邪의 의미가 있다고 해서 아들을 낳으면 고추를 새끼줄에 꿰어 대문에 걸기도 했고, 장을 담근 후엔 빨간 고추와 숯을 꿴 새끼를 장독에 두르거나 고추를 독

안에 집어넣었다.

국내에 고추가 들어오면서 가장 큰 변화를 보인 것은 식탁이 화려해졌다는 사실이다. 주로 찌거나 끓이는 우리의 음식은 식품 고유의 색을 상실하기 쉬운데, 붉은 고춧가루가 가미되면서 그러한 단조로움에서 벗어나게 되었다. 고추의 붉은빛은 수십 종의 색소가 어우러져 생긴 것으로, 특히 한국산 고추에서는 무려 45종의 색소가 추출되기도 했다.

고추는 식생활에도 커다란 변화를 가져왔다. 김치에 고추를 조미한 선조들의 슬기는 그 어느 민족도 따를 수 없는 창의력이다. 고추에는 항균효과가 있어 김치가 쉽게 시어지는 것을 막아준다. 또한 우리가 긴 겨울 동안 신선한 채소의 공급 없이 김치만 먹었는데도 비타민 C의 부족을 심각하게 느끼지 못한 것은 고추의 공이 크다. 뿐만 아니라 고추의 캡사이신이 젖산균의 발육을 도와주기 때문에 김치를 먹는 사람은 유산균 음료가 따로 필요 없을 정도이다.

고추에 대한 흥미로운 사실 가운데 하나는 경기가 불황일 때 고추의 매운맛이 더욱 인기가 높아진다는 점이다. 매운맛이 열을 발산시켜 시원하게 하고, 뇌의 자연 진정제인 엔도르핀이 분비돼 기분을 좋아지게 하기 때문이다. 한의학적인 관점으로 보아도 매운맛은 기운을 발산하는 성질이 있어서 마음속에 쌓인 울적함과 답답함을 풀어주는 역할을 한다는 점에서 일리가 있다.

성질이 뜨겁고 매운 고추는 체질적으로 몸이 찬 사람들에게 적극 권할 만하다. 손발이 유난히 찬 사람, 피부색이 흰 사람들은 평소 추위를 많이 타며 냉한 체질에서 오는 질병으로 고생하기 쉽다. 평소 몸이 차서 소화 장애를 자주 겪는 경우, 매운 맛이 침샘과 위샘을 자극해서 위산 분비를 촉진시켜 소화를 돕는다. 그러나 많이 먹었을 때는 오히려 침 분비가 감소되고 위산 분비도 억제되는 부작용을 초래할 수 있다.

고추의 매운맛은 고추씨가 붙어 있는 흰 부분胎座(태좌)에 함유된 '캅사이신capsaicin' 이란 휘발성 성분 때문인데, 캅사이신 함유량이 많을수록 맵다. 고추 중에서도 가장 맵기로 소문난 청양고추는 다른 고추보다 캅사이신이 훨씬 많다. 캅사이신 성분은 암을 예방하고 암 전이를 억제할 뿐 아니라 암 세포를 소멸시키는 것으로 밝혀지고 있는데, 이는 캅사이신이 체내 유해산소인 활성산소를 없애는 항산화 사용을 일으킴으로써 염증을 억제하기 때문이다.

이와 같은 암 예방 효과는 생강(진저롤), 마늘(아릴설파이드), 카레(커큐민), 녹차(EGCG), 적포도주(레스페라트롤), 콩(제니스타인), 브로콜리(설포라판), 토마토(라이코펜) 등에서도 나타난다. 이들 항암 식품들은 항암제 연구에 중요한 모티브가 되고 있다. 고추의 캅사이신, 생강의 진저롤, 카

레의 커큐민은 화학구조가 비슷해서 육각형 벤젠고리에 붙어 있는 수산기 OH가 활성산소를 무력화시키기 때문에 암 예방 효과를 나타낸다는 의견도 있다.

고추의 캡사이신 성분은 체내 지방을 태우는 것으로 알려져 일본에서는 다이어트 식품으로 선풍적인 인기를 끌고 있다. 매운 고추를 먹으면 열과 땀이 나는 것은 캡사이신이 아드레날린 분비를 도와, 간이나 근육에서 글리코겐의 분해를 촉진해 에너지를 생산하기 때문이다. 즉 기초대사량이 늘어나게 된다는 말인데, 이는 곧 체중감소로 이어진다.

고추는 캡사이신 외에도 비타민 A와 비타민 C가 듬뿍 들어 있어 영양이 풍부하다. 비타민 C는 사과의 40배, 귤의 2배에 이르며 캡사이신이 비타민의 산화를 막기 때문에 조리를 해도 영양소 파괴가 적다. 여름철 밀폐된 공간에서 냉방에 오래 노출되면 각종 호흡기 질환에 걸리기 쉬운데, 비타민 A는 이에 대한 저항력을 증진시킨다.

고추는 신경통이나 관절염 환자의 목욕물이나 찜질의 재료로 쓰이기도 한다. 고추가 신진대사를 촉진하고 혈액과 임파액의 흐름을 좋게 하기 때문이다. 이러한 고추의 진통 효과는 통증을 연구하는 의학자들에게 큰 관심을 불러일으키고 있다. 캅사이신이 피부와 혀에서 열과 고통을 느끼는 부위를 자극해서 처음엔 강한 자극을 주고, 시간이 지나면서 신경전달 세포의 기능을 일시적으로 마비시켜 진통 작용을 한다는 사실이 밝혀졌기 때문이다.

햇볕에 말린 것을 양건陽乾(태양초)라 하고, 건조기에 말린 것을 화건火乾이라 하는데, 물론 햇볕에 말린 태양초가 더 맵고 빛깔도 좋아 인기가 높다. 선명한 붉은빛을 띠는 태양초가 비싼 값에 팔리긴 하지만 건조기간이 3~4일로 길다는 단점이 있다. 그래서 섭씨 55도로 30시간이면 건조가 끝나는 화건이 국내 물량의 90% 이상을 차지한다. 빛깔이 붉고 광택이 나며 껍질이 두꺼우면서도 잘 마른 것을 상품으로 친다. 화건은 꼭지가 푸른빛, 양건은 노란빛을 띠는 게 좋다. 특히 양건은 잘라 보았을 때 속심까지 붉은 것이 충분히 햇볕을 쬔 상품이다.

그러나 고춧가루를 살 때는 유난히 붉은빛이 곱게 나는 것은 피하는 것이 좋다. 고춧가루 1티스푼에 식용유를 고춧가루가 잠길 만큼 붓고 지글지글 끓여 유리컵에 담은 후 고춧가루 양의 3~4배 정도의 물을 부어보자. 이때 핏빛의 새빨간 색이 나오면 물들인 고춧가루다. 이에 반해 순수한 고춧가루는 노란빛의 분홍색이 된다. 또는 고춧가루를 두부와 함께 끓인 다음 두부만을 꺼내 깨끗한 물에 담가본다. 두부가 깨끗해지지 않고 붉은 물이 들어 빠지지 않으면 물들인 고춧가루로 볼 수 있다.

고추는 공기와 접촉하면 색깔이 변하므로 비닐봉투에 담아 밀폐시킨

후 건조하고 그늘진 곳에 보관하여야 한다. 보관 장소의 온도가 높으면 곰팡이가 피고 나방벌레가 생기는 등 변질이 되기 쉬우므로 냉장 보관하는 것이 좋다. 오래 되면 딱딱하게 굳어지고 색깔이 검게 변하므로 바로 사용하고, 평상시 김치를 담글 때에는 고추를 물에 불려 갈아서 사용해도 된다.

RED FOOD

경북 영양의 고추시장

8~9월 영양 산천은 온통 붉은 꽃밭이라는 말이 있을 정도로, 그야말로 고추바다이다. 3천 6백여 농가에서 가꾸는 영양의 들판은 온통 빨갛고, 4일과 9일에 서는 영양읍 동부리 고추 장터는 새벽부터 분주하다. 영양은 기온차가 심한 고산지대인 데다 땅이 비옥한 천혜의 고추생산지로, 재배 역사가 3백여 년을 거슬러 올라간다. 조선 중후반 국내에 고추가 전래된 직후부터 재배되기 시작했다고 한다. 또한 영양 고추는 기온차로 인해 껍질이 두꺼운 것이 특징이며, 빻았을 때 고춧가루 양이 많은 데다 매우면서도 당도가 높아 양념용으로 인기가 높다.

몸을 가볍게 만들어주는,
팥

팥죽, 수수팥떡, 팥양갱, 팥칼국수, 팥빵, 팥빙수. 우리에게 너무나 익숙한 팥 음식들이다. 생각만 해도 입 안에 착 감기는 달콤한 팥 껍질 맛이 느껴지는 듯한, 팥은 본래 붉은 색깔만 있는 것은 아니다. 우리가 흔히 알고 있는 붉은 팥 외에도 흰색, 검은색, 담녹색, 황록색, 연노란색 등 다양한 색깔이 있는데, 붉은색의 팥이 잘 알려진 것은 붉은 색깔이 양陽의 색으로 음습하고 요사스러운 귀신을 쫓아내는 벽사의 의미로 오래전부터 사용되었기 때문이다. 그래서 '팥' 하면 으레 '붉은팥'을 생각하게 되고, 한자로도 팥은 소두小豆, 적두赤豆, 홍두紅豆로 쓴다.

예로부터 팥은 각기병에 좋은 식품으로 알려져 왔으며, 한의서인 『명의별록名醫別錄』에는 "팥은 한열寒熱과 속이 열熱한 것을 다스리며 소갈消渴에도 좋다"고 하였고, 『약성본초藥性本草』에는 "팥은 열독熱毒을 다스리고 악혈惡血을 없애며, 비위脾胃를 튼튼하게 해준다"고 하였는데, 한방에서는 이런 이유로 팥을 적소두赤小豆라 하며, 해독과 이뇨작용의 효능이 있다고 하였다.

팥에는 인삼에 들어 있다고 알려져 있는 사포닌이 포함되어 있

는데, 팥의 사포닌은 소변을 원활하게 배출하게 하는 이뇨 효과가 있어서 몸이 잘 붓는 경우에 도움이 되고, 체내에 과잉 수분이 쌓여 지방이 쉽게 축적되어 살이 찌는 사람에게도 효과적이다. 또한 팥은 열 기를 삭이고, 몸에 나쁜 피를 없애주므로 체내의 독소를 없애도 몸을 가볍게 하는 효과가 있다. 고기의 사료성분에 불가피하게 함유된 항생제와 살충제 성분이 인체에 들어와 간이나 신장 호르몬 체계를 손상시키거나 악영향을 줄 수 있는데, 팥의 성분 속에 있는 케티오닌은 그런 것을 해독하는 역할을 한다. 그래서 연탄가스 등으로 인한 중독 증상을 완화시키는 데도 팥이 좋다. 또한 술을 먹고 난 후에 쌓이는 주독酒毒을 풀어주는 효과도 있으며, 과음으로 인한 갈증을 해소하는 데도 효과가 있다.

팥의 껍질에 있는 사포닌은 거품을 만드는데, 시골아낙들은 이것을 비누 대신으로도 사용했었다. 사실 우리 역사를 살펴보면 팥은 오래전부터 사용해온 화장품 중의 하나였다. 신라 시대에는 팥, 콩, 녹두 등을 맷돌에 갈아서 가루를 내고, 그 가루를 세안료로 이용했다는 문헌을 접할 수 있다. 이 가루로 세안을 하면 피부에 윤이 나고 피부색이 희어지고 때가 말끔히 벗겨진다고 기록되어 있는데, 실제로 팥의 껍질은 세안뿐 아니라, 미백의 효과도 기대할 수 있다.

팥은 곡류 중에서도 드물게 비타민 B1이 풍부한데, 비타민B1이 부족하면 당질대사가 잘 되지 않아 몸 안에 피로물질이 쌓이게 되어 식욕

112

이 떨어지고 피로하며 잠이 잘 오지 않고, 기억력이 감퇴된다. 그래서 쌀밥에 팥을 섞어 먹으면 이뇨, 피로회복, 기억력 증진 등에 도움이 된다. 따라서 정신적인 노동을 많이 하는 직장인이나, 수험생들의 밥은 팥을 섞은 밥이 좋다. 팥을 가장 효과적으로 먹는 방법은 소금을 약간 넣어 먹는 것이고, 겉껍질에 영양분이 많이 들어 있으므로 껍질째 먹는 것도 좋다. 팥에 많이 들어 있는 비타민B1은 탄수화물의 소화에 꼭 필요한 성분이다. 그래서 쌀밥에 팥을 넣어 먹으면 소화가 잘된다. 소화불량이나 식욕부진에도 좋다.

팥에는 섬유질과 식이섬유, 그리고 여러 종류의 사포닌이 들어 있어 장 기능을 원활하게 해서 대변을 쉽게 볼 수 있도록 하는 효과가 있으니 변비가 있는 사람이 먹으면 좋다. 단, 위장이 약한 사람이 먹게 되면 복부에 가스가 많이 차면서 배가 불편해질 수 있으니 주의하자.

팥은 당질(56%)과 단백질(21%)로 구성되어 있으며, 우유를 능가하는 영양의 보고이다(단, 영양적인 면에서는 콩이 훨씬 우수한 영양을 지니고 있다). 팥은 영양학적으로도 좋은 곡식일 뿐 아니라 약재로도 높은 평가를 받고 있는 몇 안 되는 식품 가운데 하나이다(우유와 비교하여 단백질은 6배, 철분과 엽산은 117배, 아이아신은 23배, 타아민은 16배, 피리독신은 10배 그리고 판토테닉산은 6.6배를 함유).

팥을 먹을 때 주의할 점이 있다. 소화기능이 약하고 마른 소음인(小陰人)의 경우에 너무 많이 먹으면 기운이 빠져서 몸에 해로우니 너무 많이 먹지 않는 것이 좋다. 체질로 봐서는 열이 많은 소양인 체질에게 팥이 잘 맞는다.

부종

뽕나무 삶은 물에 팥을 달여 수시로 마시면 효과적이다.

과음으로 구토가 심할 때

팥을 달여 그 물을 자주 마시면 빨리 낫는다.

각기병

붉은 팥 160g, 마늘 80g, 대추 80g을 함께 넣고 진하게 졸은 것을 하루 량으로 하여 두 번으로 나누어 마신다.

변비

팥과 다시마를 함께 넣고 삶아서 설탕을 섞어 먹는다.

젖이 부었을 때

붉은팥 삶은 물을 마신다.

- -

팥 삶은 물 만드는 법

팥(60g)을 물로 씻은 후 하룻밤 정도 물 1리터에 담가둔다. 팥과 물을 냄비에 옮겨 담고 센불에 끓이다가 끓기 시작하면 중불로 줄여 팥이 말랑말랑해질 때까지 약 30분간 더 삶는다. 끓을 때 위에 뜨는 것을 걷어내야 맛이 순해진다. 이렇게 끓인 팥 삶은 물을 차게 식힌 후 용기에 넣어 냉장고에 보관했다가 하루 여러 번 한 컵씩 따라 마신다(냉장고 보관이더라도 이틀이 지나면 상하므로 삶은 팥물은 되도록 빨리 마시도록 한다).

팥양갱

팥(3컵)은 끓는 물에 한번 삶아 물을 따라버리고 헹군 다음 팥이 무를 정도로 삶는다(손으로 비볐을 때 터질 정도로 완전히 익혀야 한다). 푹 삶아진 팥을 체에 밭쳐 물(3컵)을 부어가면서 내려 팥물을 가라앉힌다. 한천(30g)을 냉수에 녹인 후 끓여준다. 잘 걸러진 팥물에 적당량의 설탕(3컵)을 넣어 끓이다가 팥물을 넣어 다시 한 번 끓인 후 굳힌다. 예쁘게 모양을 낸 후 잣을 올려 접시에 담아낸다.

단팥죽

깨끗이 씻은 팥(1컵)에 물을 붓고 한 번 끓인 후, 물을 버린 후 헹군 다음 다시 물을 넣고, 팥알이 푹 무르도록 삶는다. 삶은 팥에 물(3컵)을 부어 끓이다가 설탕(1컵)과 생강즙(1/2ts)을 넣어 타지 않게 저어준다. 여기에 물 녹말(물:녹말=1:1로 섞은 것) 1Ts와 삶은 밤을 넣고 다시 한 번 끓여준다.

팥칼국수

팥(3컵)은 씻어 일어서 물을 충분히 붓고 한소끔 끓인 다음, 물을 버리고 새 물에 소금을 넣고 팥이 터질 때까지 푹 삶는다. 잘 삶아진 팥을 으깨어 고운체에 거른다. 거른 팥의 웃물을 먼저 솥에 붓고 오랫동안 끓인 후 빛깔이 고와지면 앙금을 넣고 저으면서 다시 끓인다. 팔팔 끓으면 칼국수(250g)를 넣고 면이 익으면 불에서 내린다.

주렁주렁 자손을 번식케 하는
부부화합의 묘약,
대추

왕안석의 『조부棗賦』에 보면 "대추나무에는 네 가지 득이 있는데, 심은 해에 바로 돈이 되는 득, 한 그루에 많은 열매가 여는 득, 나무의 재질이 단단한 득, 귀신 쫓는 득이 그것이다"라고 하였다. 배는 5년, 자두는 4년, 복숭아는 3년 만에 수확할 수 있지만 대추는 심는 해에 바로 돈이 된다. 대추의 고장인 충북 보은에는 "장마가 길어지면 색시는 뒤란에 가 눈물을 훔친다"는 민요가사가 전해진다. 장마가 길면 대추 흉년이 들어 혼수를 마련하지 못한 색시가 또 시집을 미룰 수밖에 없다는 이야기다.

한 그루의 대추나무에는 열매가 헤아릴 수 없을 만큼 열리며, 꽃 하나가 피면 반드시 열매 하나가 맺히고 나서 꽃이 떨어진다. 헛꽃이 절대 없는 것이다. 즉, 사람으로 태어났으면 반드시 자식을 낳고 죽어야 한다는 이치이다. 그래서 자손이 번창을 기원하는 뜻에서 대추를 제상이 첫 번째 자리에 놓는다. 폐백 때 시부모가 실에 꿰인 대추를 빼내어 신부의 치마 폭에 던지는 풍습도 대추나무처럼 아들딸 많이 낳으라는 염원인 것이다.

대추는 '조棗' 또는 '목밀木蜜' 이라고 불렀는데, 대추의 단맛을 높이기 위해 단옷날에 대추나무줄기에 상처를 내는 풍습이 있었다. 나무줄기에

상처가 나면 뿌리의 질소는 잘 올라가지 못하고, 잎에서 만들어진 탄수화물이 줄기에 남아 대추가 많이 열리고 당도가 높아지기 때문이다.

약방에 감초만큼이나 쓰임이가 많은 것이 대추다. 한방에서는 대추를 대조大棗라 부르는데, 한약재에 감초와 더불어 대추가 들어가면 약의 성질을 조화롭게 하고 독성을 완화시켜 한약의 맛을 좋게 한다. 우리 속담에 "양반 대추 한 개가 하루아침 해장"이라는 말이 있다. 그만큼 대추가 몸에 좋다는 의미이다.

대추의 은은한 단맛은 체내에서 진정 작용을 하기 때문에 불안증, 우울증, 스트레스는 물론 불면증도 해소해준다. 스트레스가 많은 현대인에게 부작용 없는 '천연 신경 안정제'로 충분한 식품이바로 대추다. 실제로 한방에서는 대추를 주재료로 한 감맥대조탕甘麥大棗湯을 여성의 히스테리를 다스리는 주요 치료제로 이용하고 있다.

118

대추 10개와 약간의 감초를 물에 달여 마시면 신경질이 없어지고 마음이 편안해진다. 불면증에 시달리는 사람이라면 대추에 파의 흰 뿌리를 넣어 함께 끓여 마시면 효과적이다. 또 대추의 당질은 날것일 경우 100g당 86kcal 정도로 고열량을 내기 때문에 허약 체질이나 아이들의 간식으로 제격이다.

중국 동진시대의 『습유기拾遺記』에 따르면, 50세의 목왕이 동쪽 지방을 순시하다가 선녀계의 미인인 서왕모를 만나 잠자리를 하게 되었다고 한다. 서왕모가 잠자리에 들기 전 자신의 은밀한 곳에서 무엇인가를 꺼내 왕에게 먹였더니, 왕은 밤새도록 넘치는 정력을 과시했다. 그 무엇인가가 바로 말린 대추였다.

옛말에 "대추 보고 안 먹으면 늙는다"는 말이 있을 만큼 대추는 노화방지와 강장효과가 뛰어난 식품이다. 혼례와 회갑상 등에 대추가 빠지지 않고 오르는 것도 다 이런 이유 때문이다. 대추 200g과 소주 1.8ℓ에 벌꿀을 넣어 밀봉한 뒤 시원한 곳에 한 달 이상 두면 대추술이 되

는데, 강장제로는 그만이다. 특히 대추 달인 물은 '부부화합의 묘약' 이라는 말이 있을 정도로 원기를 돋워준다.

『동의보감』『향약집성방』『본초경소론』 등에는 "대추는 위장을 튼튼하게 하는 힘이 있어 즐겨 먹는 것이 좋고, 경맥을 보한다. 또한 오래 먹으면 몸이 가벼워지면서 늙지 않는다"고 밝히고 있다. 여성 갱년기 증상 중에 외음부의 분비액이 줄어들어 부부관계 때 통증이 심한 경우가 있는데, 대추를 차로 달여 진하게 마시면 마음이 느긋해지고 분비물이 증가하므로 성교통性交痛의 스트레스에서 벗어날 수 있다.

대추에는 비타민 C가 사과나 복숭아의 약 100배, 귤의 7∼10배 많기 때문에 여성의 얼굴에 윤기를 더해주고, 생리불순 및 빈혈을 해소시키는 등 여성 질환에 효능이 있다. 또한 위장을 강화시키고 비장을 보하는 효능 때문에, 소화 기능이 부실해 음식 섭취량이 적고 쉽게 피로해

지며 설사나 위경련이 잦은 사람에게도 도움이 된다. 찹쌀 미음과 대추 달인 물을 묽게 희석시켜 꿀과 같이 복용하면 소화력이 좋아지고 피로 도 금세 회복된다.

옛날 민간에서는 대추를 이뇨제, 진해제, 영양제로 널리 사용했으 며, 열두 경맥을 도와서 혈액의 순환을 원활하게 하고, 심장의 기운을 강하게 하여 허열을 내리며, 몸이 차가운 사람은 몸을 덥혀주는 효능이 있다고 하여 약재로 두루 사용하였다.

그러나 대추는 단맛이 강한 편이라 당뇨 환자나 소화가 잘되지 않거 나, 가래가 많아 기침을 하는 경우, 치통이 있는 사람은 삼가야 하는 식 품이다. 또한 대추는 체내 수분이 오래 머물도록 하는 효능이 있으므로 비만한 사람이 오래 복용하는 것은 좋지 않다. 비만하지 않더라도 지나 치게 장기간 복용한다면 오히려 체내에 습한 기운을 축적시켜 비장의 기능을 해칠 수도 있으므로 조심해야 한다. 날 대추를 먹으면 체지방을 지나치게 분해하므로 평소 몸에 열이 많으면서 마른 체질의 사람들은 삼가는 것이 좋다.

국내산 대추는 과육과 씨가 잘 분리되지 않아 대추를 한 움큼 쥐고 흔들어도 소리가 나지 않는다. 그러나 수입산은 과육과 씨가 분리된 것이 많아 대추를 쥐고 흔들면 씨가 움직이는 소리가 난다. 대추는 종이봉투에 보관하여 자연 통풍을 시키는 것이 좋고, 한여름을 빼놓고는 바람이 통하는 곳에 두면 된다.

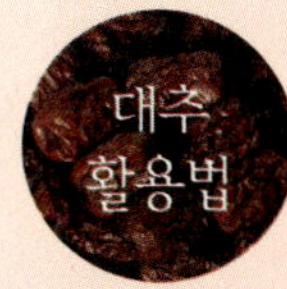

대추차 / 천연 신경안정제

대추는 젖은 행주로 깨끗이 닦은 후 돌려 깎아 씨와 살을 분리한다. 생강은 얇게 편 썰기를 한다. 믹서에 대추 살과 물 4컵을 넣고 너무 곱지 않게 간 다음 대추씨와 함께 냄비에 넣는다. 15분가량 끓인 후 생강편 썬 것을 넣고 5분 정도 더 끓이다, 다시 계피가루와 황설탕을 넣고 1~2분 정도 더 끓인 다음 고운체나 면 보자기를 이용해 걸러준다. 다시 한 번 끓인 후 데워놓은 찻잔에 부으면 대추차가 완성된다. 대추차는 진정 작용을 하므로 불안증, 우울증, 스트레스는 물론 불면증 해소에도 탁월한 효과가 있다.

대추술

대추 200g과 설탕 200g에 소주 1ℓ를 넣어 약 2개월쯤 두면 마시기 알맞은 좋은 약술이 된다. 대추술을 만들어두고 매일 소주잔으로 한 잔씩 마시면 훌륭한 강장제가 되며 노화예방에도 좋다.

- **감기 몸살 초기** : 대추, 생강, 대파 흰 뿌리를 넣고 삶은 물을 마시면 좋다.
- **기침이 심할 때** : 씨를 뺀 대추 20개를 미지근한 우유에 담갔다가 하나씩 씹어 먹으면 효과가 있다.
- **변비** : 보리차 끓이듯 대추 10개를 끓는 물에 넣고 끓여 수시로 마신다. 2주 정도 꾸준히 마셔야 한다.
- **불면증** : 마른 대추 14개, 파 흰 뿌리 7개를 물에 달여 취침 2시간 전에 마시면 좋다.
- **산후 몸이 허약할 때** : 대추를 습지에 싸서 불에 익혀 하루 10개씩 먹는다.

대추 밀가루죽

냄비에 밀가루 50g, 말린 대추 10개, 말린 용안육 15g을 냄비에 넣고 자작하게 물을 부어 골고루 저어준 다음, 중불에서 나무주걱으로 저으며 걸쭉해질 때까지 끓여서 따뜻할 때 먹는다. 단, 불에 얹자마자 바로 나무주걱으로 저어야 밀가루가 눌지 않고 골고루 풀어지며, 너무 오래 끓이면 되직해지므로 걸쭉해질 정도로만 끓이는 것이 요령이다. 정서 불안이 심해서 체력과 기력이 약하고 밤에 잠을 이루지 못하는 사람에게 효과적이다.

밀가루는 몸의 열을 내리고 갈증을 없애주는 작용이 있으며, 신경안정 및 자율신경 실조증으로 인한 정서 불안 때문에 조금만 움직여도 땀이 나는 증상에 좋다. 용안육도 한약재의 일종인데, 심신을 편안하게 진정시켜주는 효과가 탁월하다.

대추영양밥

냄비에 씻은 쌀(2컵)과 물(2컵)을 붓고, 소금으로 간을 하고 위에 대추(6개), 밤(3알), 은행(6알), 느타리버섯(60g)을 얹어 밥을 짓는다. 밥이 고슬고슬하게 지어지면 주걱으로 잘 섞어 그릇에 담아 맛있게 나누어 먹는다.

대추정과

대추와 구기자를 깨끗하게 씻어 물기를 닦는다. 설탕과 물을 같은 양으로 준비해 냄비에 담고 불에 올려 끓이다가 대추를 넣어 약한 불에서 조린다. 대추가 쪼글쪼글하게 오그라들고 시럽이 되직해지면 구기자와 소금을 넣고 고루 저은 뒤 불을 끄고 식힌다. 잣을 송송 썰어 뿌려 낸다.

밀양시 부북면 화산마을

300여 년간 대추를 재배해온 전국 제일의 명산지로 중산간지의 입지적 조건이 양호하며, 주·야간의 일교차가 심하여 대추 재배에 적합하다. 이곳 대추는 예부터 당도가 우수하고 색깔이 붉고 선명할 뿐 아니라, 과육이 많고 저장성이 우수하며, 약효도 탁월한 것으로 인정받고 있다.

홍천 서석면 수하리 눌언동마을

조상 대대로 내려오고 있는 순수한 토종 약대추를 재배하고 있다. 시중에서 판매되는 과피가 두꺼운 개량종 대추에 비해 씨알 크기가 절반 정도밖에 되지 않는다. 하지만 개량대추보다 당도가 높고 약용 효과도 전국 어느 고장 대추보다 탁월한 것으로 정평이 나 있다.

이곳은 해발 400m에 이르는 준準고랭지에 모래가 섞인 양질의 사질토양이 많아 대추나무가 자라는 데 더없이 좋은 여건을 갖추고 있다.

요강이 엎어진다,
복분자

복분자는 6~7월 즈음 마을 뒷산에 올라가면 바구니 가득 따다가 먹을 수 있었던, 검붉고 새콤달콤한 산딸기의 한약재 이름이다. 산딸기가 가지에 매달려 있는 모양이 접시를 뒤집어 놓은 모양과도 비슷해 붙여진 이름이라는 설이 있지만, 기력 약한 노인이 산딸기를 많이 먹으면 오줌 줄기가 세져 요강이 엎어진다고 해서 '엎을 복覆' 자와 '동이 분盆' 자를 합해 복분자라는 이름이 붙여졌다는 설도 있다.

『동의보감』에 "복분자는 남자의 정력이 모자라고 여자가 임신되지 않는 것을 치료하며, 남자의 음위증을 낫게 하고 눈을 밝게 하며, 기운을 도와 몸을 가볍게 한다"고 했다. 전통적으로 대표적 자양강장 한약재로 사용되어온 복분자는 우리나라 산야 어디에서든 자생하는 나무딸기로, 전북 고창 재배단지에서 유기농법으로 생산되는 복분자가 품질 및 약재로서 가치가 높다.

블랙 라스베리black raspberry라고도 불리는 복분자를 비롯해서 스트로베리(딸기), 라즈베리(산딸기), 블랙베리(흑딸기), 블루베리(청딸기), 크랜베리(월귤) 등 영어 단어의 끝자리가 베리berry인 '베리 형제들'은 최근 세계적으로 새로운 건강식품계의 슈퍼스타다. 이들 베리berry 형제들이 건강에 좋은 영향을 미치는 중요한 성분은 바로 안토시아닌, 비타민 C,

탄닌인데, 이중 안토시아닌은 블랙베리를 검게, 블루베리를 푸르게, 라즈베리를 붉게 하는 껍질의 색소 성분으로 강력한 항산화 효과를 발휘한다.

소양인 체질의 사람이 스트레스를 받아 가슴속이 화火와 열熱로 꽉 막히는 경우, 시원하고 담백한 성질의 산딸기는 좋은 약이 된다. 특히 소양인은 신장기능이 허약해서 정력이 빨리 감퇴하므로 산딸기의 자양강장 효과가 가장 필요한 체질이다. 특히 남성의 양기가 약해졌을 때 나타나는 낭습, 조루, 정력 감퇴, 발기부전 등의 생식기 증상 및 빈뇨증, 야뇨증 등의 비뇨기 증상을 치료하는 데 효과적이며, 여성의 경우도 불감증이나 자궁이 약해서 생기는 불임증, 유뇨증 등에 사용한다.

한방에서는 복분자, 구기자, 토사자, 오미자, 차전자 등 다섯 종류의 열매로 구성된 오자연종환五子衍宗丸을 정력 감퇴, 발기부전 치료에 처방하고 있으며, 습관성 유정遺精 증상에도 복분자, 차전자, 연자육 등의 한약재를 배합해 처방한다.

또한 복분자는 익기경신益氣經身, 즉 기운을 돕고 몸을 가볍게 하는 효능이 있다고 하였는데, 이는 폴리페놀 성분의 항산화 작용 때문이다. 와인이 항노화, 심장병 예방에 좋은 건강 술로 각광받는 것은 포도의 폴리페놀 성분 덕분인데, 산딸기 또한 포도 못지않게 폴리페놀 성분이 다량

함유되어 있으므로 복분자주 역시 노화를 억제하는 건강 술로 인정받을
만하다.

복분자는 보간명목補肝明目, 즉 과로로 지친 간을 보해서 눈을 맑고 밝게
해주므로 신경쇠약으로 인한 시력감퇴와 야맹증에 좋다. 복분자의 검붉
은 색깔에 다량 함유된 안토시아닌 색소는 눈의 피로회복, 당뇨병, 노화
억제, 기억력 향상 등의 효과를 나타낸다.

또한 복분자는 머리털이 세지 않게 할 뿐 아니라, 흰 머리카락을 검게
만드는 데도 효과가 있다고 한다. 신선한 산딸기 100g을 물 1ℓ에 넣고
잘 달여 잠자기 전 머리를 감거나, 즙을 짜서 보름 또는 한 달간 두피에
바르는 민간요법이 알려져 있기도 하다.

복분자의 타닌 성분은 체내에 독성분이 흡수되는 것을 막고 노폐물을
배출시키는 항암효과가 있으며, 비타민 C 함량이 높아 피부를 윤택하게

하는 등 미용 효과도 뛰어나다. 애연가들이 섭취하면 흡연으로 부족해
진 몸속의 비타민 C 성분을 보충할 수 있다.

평소 건강식으로 복분자를 오랫동안 복용하려면 잘 말린 복분자를
가루 내어 환약으로 만들거나, 일반 차처럼 가루를 병에 보관해도 된다.
끓인 물 한 잔에 복분자 가루 두 숟가락을 넣으면 향기로운 차가 되고,
술을 좋아하는 사람은 소주에 담근 뒤 2개월 정도만 기다리면 향과 약효
가 아주 좋은 약주를 맛볼 수 있다.

복분자는 예로부터 한방에서 술로 쪄내거나 술에 담가서 약재로 사
용해왔는데, 복분자주는 맛이 깔끔해서 외국인들도 좋아한다. 부시 미
국 대통령 방한 때 김대중 전 대통령의 청와대 만찬에서 정통 한식 코스
에 곁들여 미국산 와인과 복분자술이 함께 나왔다고 해서 유명세를 타
기도 했다.

산딸기를 믹서에 우유와 같이 갈아서 쉐이크를 만들어 먹으면 여름철의 갈증을 멎게 할 뿐 아니라 피로회복, 정력증진, 피부미용에도 좋다. 남편의 기력도 세우면서 아이들에게도 좋은 가족 건강음료로 제격인 셈이다.

중국산 복분자는 국산에 비해 색깔이 연하고 꽃받침이 깔끔하게 잘려 있으며 꽃받침대가 거의 없다. 독특하고 달콤한 향기도 나지 않으므로, 국산과 구별하는 데 어렵지 않다.

복분자 스무디

복분자(1/2컵)는 냉동실에 30분 정도 살짝 얼린다. 믹서에 우유(2컵)를 붓고 복분자 얼린 것과 꿀(2Ts)을 넣고 곱게 갈아서 유리컵에 담아낸다.

복분자 칼국수

복분자 엑기스에 소금을 넣고 생수를 3배 청도 넣어 밀가루 반죽을 한다. 밀가루 반죽이 보라색으로 올라오면 반죽을 바짝 마른 도마 위에 올려놓는다. 반죽은 밀대로 밀어 펴주고 생밀가루를 탈탈 뿌려준 뒤 절반을 접어 가지런히 칼질한다. 밀가루를 한 번 더 뿌린 뒤 나란히 있는 국수를 흐트러뜨린다. 칼국수 국물은 끓는 물에 멸치 다시다 물을 넣어 한소끔 더 끓여준다. 복분자 칼국수면과 대파채, 당근채, 호박채, 부추를 넣고 끓이다가 다진 마늘을 넣어 국물맛을 더욱 시원하게 만든다. 멸치 다시다 물을 이용해 간을 맞추고 칼국수가 다 끓으면 달걀지단과 깨소금 등을 올리면 완성된다.

- **야뇨증을 보이는 데다 감기에도 자주 걸리는 경우** : 호두나 은행을 볶아서 아침저녁으로 3~4개를 복용하거나, 산딸기를 달여 먹인다. 특히 방광기능이 약하여 소변을 자주 보는 경우에 효과가 있다.
- **전립선 질환** : 산딸기와 오미자에다 삼지구엽초 등의 한약재를 함께 가루로 만든 다음 토종꿀과 섞어 알약을 만들어 먹는다.

산지여행

전북 고창 선운산 복분자밭

고창 선운산의 비옥한 토질에서 서해안의 해풍을 맞고 자란 복분자는 당도, 색깔, 크기 면에서 타 지역의 복분자보다 품질이 뛰어나다는 평가를 받고 있다. 이곳의 복분자주는 복분자를 소주에 담그지 않고, 포도를 숙성시켜 와인을 만들 듯 복분자를 숙성, 발효시켜 만들기 때문에 맛과 향이 독특하고 부드럽다.

고 정주영 회장이 1999년 북한에 갈 때 복분자주를 김정일 위원장에게 선물한 데 이어, 2000년에는 서울 아시아유럽정상회의ASEM 연회장에서 공식 건배주로 사용하였고, 같은 해 농림부가 주최한 우리식품세계화품평회에서 대상을 차지한 바 있다.

하루 한 개면 의사가 필요없는,
사과

인류 역사에서 사과는 꽤 자주 등장하는 과일이다. 성서에 나오는 '아담의 선악과', 고대 도시국가 트로이를 멸망으로 몰아넣은 '파리스의 황금사과', 14세기 약소국의 독립운동에 불을 지핀 스위스의 명사냥꾼 '빌헬름의 사과', 만유인력의 법칙을 발견하게 해준 '뉴턴의 사과' 등 사과는 인류 역사의 변곡점을 이루는 모티브로 자리하고 있다.

사과는 장미과에 속하는 온대성 과일로, 우리나라와 같이 일조량과 기온차가 적당한 지역에서 자란 것이 수분도 많고 당도와 신맛이 조화를 이뤄 사과 본래의 맛이 난다. 사과는 고대 그리스 로마시대에도 사랑을 받았고, 동양에서는 중국에서 1세기경에 재배한 기록이 있는데, 당시는 능금林檎이라 불렀다.

사과가 우리나라에 처음 소개된 것은 1655년 인평대군이 연경燕京에 사신으로 갔을 때다. 효종대왕이 승하한 다음해인 1660년에야 열매가 맺기 시작했다고 하니, '사과'라는 말이 우리나라에 쓰인 것은 길게 잡아도 350년이 채 되지 않는다.

『동의보감』에 따르면 "사과는 한약재 명으로 능금이라 하는데, 맛이 달고 시며 따뜻한 성질을 지녀 토사곽란으로 인한 복통을 치료하고, 진액을 생기게 해 폐를 윤택하게 하며, 소화를 촉진해 기운을 나게 한다"

고 하였다. 『중약대사전』에는 "여름 더위를 풀어주고 식욕을 돋우며, 술
기운을 풀어준다"고 했다. 또 사과를 약한 불에 달여 만든 것을 '옥용단
玉容丹' 이라 하는데 "오장육부를 통하게 하는 작용이 있다"고 했다. 미국
에는 "하루에 사과 한 개를 먹으면 의사가 필요 없다", "사과가 익는 계
절이면 사람이 건강해진다"는 속담이 있을 정도이다.

사과가 우리 몸에 유익한 것은 칼륨, 유기산, 섬유소, 플라보노이
드가 풍부하기 때문이다. 플라보노이드는 과일과 채소에 여러 형태로
들어 있는 항산화물질로서 심장병, 암, 천식, 중풍, 당뇨병 등 만성질병
을 예방하는 데 효과가 있다. 과일 중에는 사과에 들어 있는 '케르세틴'
이라는 성분이 플라보노이드의 효과가 가장 큰데, 동맥에 찌꺼기가 쌓
이는 것을 막아주고 암세포의 증식을 막는다. 사과에 함유되어 있는 헤
모글로빈은 혈액순환을 원활하게 해서 혈색이 좋은 예쁜 뺨, 즉 '사과
같은 뺨' 을 만들어준다. 비타민 A와 C를 듬뿍 함유하고 있으므로 피부

미용에도 좋고 흡연자, 만성치은염 보유자에게도 좋다.

유럽에서는 사과요법으로 고혈압을 치료하는 의사가 있을 정도로, 사과의 혈압강하 효과를 주목해왔다. 사과의 칼륨이 체내의 나트륨(소금 성분)을 몸 밖으로 배출해 혈압이 낮아지는 것이다. 예로부터 사과는 장에 좋은 과일로 알려져 왔는데, 특히 사과주스는 환자나 장염에 걸린 어린이들에게도 먹일 수 있다. 사과에 풍부한 펙틴과 섬유질은 소화 흡수를 돕고 변비를 예방하며 장을 깨끗이 한다. 또 설사를 멎게 하고 변비 환자에게는 대변이 잘 나오게 한다.

사과는 위액분비를 활발하게 해서 소화를 돕고 철분 흡수율도 높여준다. 사과산과 구연산을 비롯한 여러 가지 유기산이 풍부하게 함유되어 있어 기분을 상쾌하게 하고 피로회복 효과도 탁월하다. 알코올을 분해하므로 음주 후 숙취 해소에도 좋고, 긴장을 풀어주는 진정 작용 때문에 불면증은 물론 빈혈과 두통에도 효과가 있다.

그러나 사과가 항상 좋은 것은 아니다. "아침에는 황금, 밤에는 독"이라는 말처럼, 아침에 먹은 사과는 하루의 에너지원이 되고 위액분비를 촉진시키기 때문에 몸에 이롭다. 그러나 사과는 성질이 차고 섬유질이 많아서 장을 자극하여 배변과 위액분비를 촉진하기 때문에, 밤에 먹으면 속이 쓰리거나 뱃속이 불편해서 잠을 푹 잘 수 없다.

사과를 깎아놓으면 얼마 지나지 않아 색깔이 불그스름하게 변해 볼품없이 되어버린다. 바나나와 감자도 마찬가지인데, 사과 표면에 산화를 촉진하는 효소가 있기 때문에 공기와 접촉하면 빠른 속도로 산화가 일어난다. 이럴 때는 깎아놓은 사과에 레몬즙이나 식초를 뿌려주거나 소금물에 담갔다가 꺼내면, 사과 표면의 산성도가 높아져 산화촉

진 효소의 활동이 억제되므로 갈변현상 없이 사과를 그대로 유지할 수 있다.

일반적으로 좋은 사과는 겉껍질의 상태를 보고 판단한다. 그러나 이 것은 겉만 보고 신선한 수박을 고르는 것보다 더 어려운 일이다. 껍질 이외에 판단할 근거가 별로 없기 때문이다. 국내에서 유통되는 대부분 의 사과는 꼭지가 없지만, 사과도 수박과 마찬가지로 꼭지가 달려 있어 야 잘 시들지 않고 오랫동안 신선도를 유지할 수 있다.

세계 어느 나라에서도 우리처럼 사과의 꼭지를 자르는 나라는 없 다. 심지어 일본에서는 꼭지 없는 사과는 불량품으로 취급한다. 2000년 국내 수출업자가 꼭지 자른 사과를 일본에 수출했다가 퇴짜를 맞은 해프 닝도 있었다. 꼭지가 시든 것은 수확한 지 오래된 것이다. 맛있는 사과 를 고르려면 꼭지 반대쪽 부분까지 빨갛게 잘 익은 것으로 골라야 한다. 또 사과가 클수록 선호하는 경향이 있지만 너무 크면 저장성도 떨어지고 싱겁고 맛이 없다. 오히려 중간 크기의 사과가 맛이 좋고 육질도 단단해서 먹을 때 느낌이 좋다. 봉지를 씌워 재배한 사과는 착색이 고르고 매끈하여 보기에는 좋으나, 햇빛을 받지 못해서 당도가 떨어진다. 따라서 과피 표면은 다소 거칠어도 약간 검붉은 자연 그대로의 건강한 색을 띠는 사과를 선택하는 것이 좋다.

사과를 신선하게 보관하려면 상자에 모래를 담아 묻어두면 신선한 맛을 오래 유지할 수 있다. 일반 가정에서는 4℃ 내외의 냉장고에 보관하면 맛과 향이 오랫동안 보존된다. 사과는 잘 씻어서 꼭 껍질째로 먹어야 한다. 사과의 껍질을 벗기면 암 억제효과가 훨씬 적어지고, 사과에 함유된 비타민 C의 대부분은 껍질과 껍질 바로 밑의 과육에 축적되어 있기 때문이다. 사과껍질을 깎아야 한다면 되도록 얇게 깎도록 한다.

사과탕

사과는 껍질째로 반을 자르고 씨 부분은 둥글게 파낸다. 냄비에 준비된 사과와 약간의 건포도를 넣고 사과가 잠길 정도의 물을 붓고 끓인다. 건포도가 통통해지고 사과가 말갛게 익어 사과향이 우러나오면 설탕으로 단맛을 맞추고, 물에 녹인 녹말을 조금씩 넣어 약간 걸쭉하게 끓여낸다. 뜨거울 때 그릇에 담고 계피가루를 뿌려 먹거나 차게 식혀 먹어도 좋다. 변비, 피로회복에 좋은 영양식이다.

사과 튀김

사과 씨를 빼고 링 모양으로 썬다. 튀김가루에 얼음물을 넣어 반죽한다. 밀가루를 묻히고 튀김옷을 입혀 튀긴다.

사과 파이

오븐용 용기에 껍질 벗겨 얇게 썬 사과(3개)를 가지런히 채운다. 비닐봉지에 밀가루(박력분 1컵)와 설탕(100g)을 붓고 흔들어 섞은 후 녹여서 뜨거운 버터(100g)를 부은 후 봉지입구를 한 손으로 막고 한 손으로는 봉지 안의 혼합물을 주물럭거려 반죽한다.

처음의 가지런히 채워둔 사과 위에 비닐봉지 안의 반죽을 손으로 떼어 살살 부숴가면서 사과가 다 덮일 만큼 뿌린다. 예열된 오븐 200도에서 20분간 굽는다. 표면이 노릇노릇해지고 포크로 사과를 찔러보아 흐물거리면 다 된 것이다.

민간요법

- **변비** : 사과 1개를 껍질째 갈아 아침 공복에 마신다.
- **당뇨** : 혈당이 높을 때는 식사 때마다 사과 2개 정도를 강판에 갈아서 식사대용으로 먹는다.
- **인후통** : 절구에 찧은 사과씨에 물을 넣고 끓인 뒤, 그 물로 아침저녁 양치질을 하면 목 통증이 가라앉는다.

산지여행

충주 사과마을 (충주시 동량면 조동리 장선마을/ 대전리 수회마을)

국내에서 사과가 대량 재배되기 시작한 1920년대부터 충주는 사과의 고장으로 자리 잡았다. 내륙 산악지형에 드넓은 충주호를 낀 충주는 일교차가 크고 일조량이 많아, 과육이 단단하고 맛과 향이 뛰어난 사과가 생산된다. 가로수도 모두 사과나무인데다 곳곳이 사과 과수원이다. 가을엔 사과축제도 열리며 직접 과수원에서 따낸 사과를 살 수도 있다.

- 사과축제 문의, 충주시청 농업정책과 043-850-5547

여성을 지키는
고대 생명의 보석,
석류

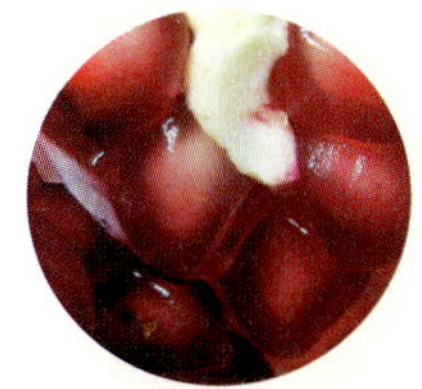

석류는 가장 오랜 경작 역사를 자랑하는 작물 중 하나다. 3천 년 전 이집트의 피라미드 벽화에 석류그림이 새겨져 있고, 중국에는 한나라 무제 때 장건이 실크로드 개척에 나섰다가 페르시아에서 귀국할 때 가지고 들어와 전해졌다. 석류石榴라는 이름도 중국에서 페르시아를 '안석국安石國' 이라고 불렀기 때문에 '안석국에서 자라는 나무' 라는 뜻에서 유래했다고 한다.

한국에는 고려 초에 중국을 통해 들어와 중부 이남의 따뜻한 지역에서 주로 자랐는데, 요즘도 시골 마을의 오래된 집 담장을 기웃거리면 간혹 벌어진 껍질 사이로 보석처럼 투명한 알갱이를 내보이는 석류를 발견할 수 있다. 이런 모습이 '보석을 간직한 주머니' 같다고 해서 사금대沙金袋라고 했다고도 한다.

석류는 붉은 꽃으로 피어, 빨간 열매로 이고, 속에 든 씨껍질도 새빨갛다. 예로부터 붉은색은 사귀邪鬼를 제압하는 능력이 있다고 믿었는데, 열매마다 붉은색을 가득 품고 있는 석류야말로 재액을 막아주는 든든한 과일이라고 여겼다. 그래서 우리네 장독대 옆에는 반드시 석류나무를 심는 풍습이 있었다.

또한 석류는 붉은 주머니 속에 루비처럼 반짝이는 촘촘한 알갱이로

인해 부귀와 다산의 상징으로 통했다. 시집가는 딸의 혼수품에 석류를 수놓았던 것도 바로 이런 이유에서다. 성경에도 석류는 올리브나무, 포도, 무화과와 더불어 풍요와 번영을 의미하는 신성한 과일로 등장한다. 석류는 맛이 시어 임산부들이 좋아하는데, 석류를 많이 먹으면 아들을 낳는다는 속설도 있다.

석류는 먼 옛날부터 단순한 과일을 넘어 귀중한 약재이자, 요리 재료로서 우리의 삶을 풍족하게 해주고 있다. 꽃, 나무껍질, 뿌리, 씨앗 등이 모두 다양한 용도로 사용되므로 어느 하나도 버릴 것이 없다. 석류 나무의 아름다운 붉은 꽃은 고대에 염색용으로 사용했고, 코피가 날 때 는 꽃을 가루 내어 콧속에 불어넣어서 지혈을 했다. 생각만 해도 입 안 에 침이 도는 새콤달콤한 석류 열매는 당분, 구연산, 비타민 C가 풍부해 서 옛날 실크로드를 오가는 여행객들이 배고픔과 갈증을 견디기 위해 가지고 다니며 먹었다고 한다.

한방에서는 석류나무 껍질 말린 것을 석류피石榴皮라는 한약재로 사용하고 있는데, 살충효과가 뛰어나서 기생충 약으로 많이 처방된다. 또 타닌 성분이 많아 수렴작용이 강하기 때문에 오래된 설사, 이질, 혈변, 탈항, 냉대하 등의 증상에 효험이 있다. 석류를 달인 즙은 구취를 없애며 편도선염과 인후가 붓고 목이 쉰 것을 낫게 한다. 그뿐 아니라 붉은 오미자 물에 석류알과 잣과 꿀을 넣어 마시는 석류화채는 여름음

료 가운데 백미인데, 석류알의 강력한 수렴작용은 여름에 땀을 많이 흘려 지칠 때 기운을 보충해준다. 이외에도 뿌리껍질을 짓찧은 즙을 무좀 부위에 바르거나, 종기가 났을 때 석류 달인 진한 액으로 닦아주는 등 그 용도와 효능이 다양하다.

최근 일본의 중년 여성들 사이에서 석류 열풍이 거세게 불고 있는데, 진작부터 양귀비와 클레오파트라가 젊음을 유지하기 위해 석류를 즐겨먹었다는 사실은 이러한 석류 열풍의 역사적인 뒷받침이 된다. 석류 열풍은 석류의 원산지인 페르시아만 주위의 중년 여성들이 다른 지역의 여성들보다 젊음을 오래 유지할 뿐 아니라 갱년기 장애도 거의 겪지 않는다는 사실이 밝혀지면서 시작되었다. 석류 씨앗을 싸고 있는 막

에 천연 식물성 에스트로겐이 함유되어 있다는 연구보고도 있었다.

여성의 성적 매력은 물론 건강에 결정적인 영향을 미치는 여성 호르몬은 30대 중반부터 감소되기 시작해서 갱년기에 이르면 공급이 부족해져 안면홍조, 우울감, 성관계 시 통증, 불감증 등의 폐경 증후군이 생겨난다. 그래서 석류는 젊은 여성보다는 40세 이상의 여성, 특히 폐경기를 겪게 되는 40대 후반~50대 초반의 여성에게 호르몬 대체요법으로 도움이 되는 과일이다.

천연 식물성 에스트로겐의 공급은 콜라겐 결합조직의 양을 늘려 피부미용에도 좋고 주름을 개선하는 효과도 노릴 수 있으므로, 여성에게 석류는 젊어지게 하는 신비한 과일인 셈이다. 그러므로 석류를 먹을 때는 새콤한 과즙만 빨아먹지 말고 씨까지 먹어야 한다. 국내에는 아직 특별한 임상보고가 없지만 일본에서는 동물을 이용한 실험보고나 임상결과가 속속 발표되고 있다.

RED FOOD

손쉬운 석류요리

석류주

큰 석류 5개를 쪼개어 병에 넣고 설탕 100g과 소주 1ℓ를 부어 1~3개월 정도 익히면 된다. 구충이나 만성설사에 효과가 있으며, 씨까지 함께 술로 만들어지므로 여성 피부미용에 좋고 강장제로도 효능이 있다.

석류 드레싱

석류알을 믹서에 간 다음 거즈로 짜내 씨를 거른다. 레몬주스, 식초, 다진 양파, 다진 피망, 올리브오일, 꿀, 소금, 후추 등을 함께 섞어 야채 위에 뿌린다.

석류 소스

석류 2개, 브라운소스 50㎖, 피망 20g, 꿀·소금·후추 약간씩을 섞은 석류 소스를 구운 닭 가슴살 위에 뿌리면 새콤달콤하면서 독특한 요리가 된다.

민간요법

- **구충** : 석류나무 뿌리 말린 것을 물에 달여 마시면 회충이나 촌충이 빠진다.
- **설사** : 석류에 함유된 타닌산이 장 점막 수렴작용을 해 설사를 멈추게 한다.
- **혈변** : 석류를 불에 구워 숯이 되게 한 다음 분말로 만들어 흑설탕과 고루 섞어둔다. 1회 9g씩 더운물에 타서 복용한다.
- **이가 헐거울 때** : 석류열매 껍질을 물에 달여 양치질을 하면 이가 들떠서 헐거운 증상이 없어지고 잇몸이 조여들어 단단해진다.
- **편도선염, 구내염, 인후종통** : 잘 익은 석류 1개를 적당한 크기로 잘라 물에 넣고 달인다. 그 물로 가글을 한거나 하루 3~4회 양치질을 한다. 또는 석류열매 즙을 내어 마셔도 된다.

진시황이 꿈에 그리던 불로초,
영지버섯

영지버섯은 주 생산지인 우리나라, 중국, 일본에서 각각 붙인 이름만으로도 그 영험함을 짐작할 수 있다. 우리나라에서는 영지靈芝, 불로초不老草라고 불렀고, 중국에서는 신지神芝, 상지祥芝, 여의지如意芝, 금지金芝, 옥래玉來, 용지龍芝, 일본에서는 만년버섯萬年芝, 영지靈芝, 행幸버섯, 복초福草, 삼지三枝, 신지神芝, 옥래玉來, 길상吉祥버섯, 삼경三莖, 단지端芝, 불사초不死草 등으로 불렸다.

일찍이 진시황은 중국은 물론 한국, 일본까지 영지버섯을 찾아 헤맸을 정도로, 영지버섯을 만병통치와 불로장생의 신비한 힘을 지닌 최상급 영약으로 평가했다. 『본초강목』에는 영지를 산삼과 더불어 성약聖藥으로 취급하여 "영지를 오래 복용하면 몸이 가벼워지고 불로장생하여 마침내 신선이 된다"고 했다.

영지는 '신선불로초'라는 이름에 걸맞게 다른 식용버섯과 달리 죽은 후에도 썩지 않을 뿐만 아니라 광택까지도 변하지 않는 특성을 지니고 있다. 자연산 영지는 활엽수의 썩은 나무둥치에 붙어서 기생하는데 요즘에는 강장제, 고혈압, 당뇨병, 저혈압증, 동맥경화, 항암제 등으로 수요가 급등하면서 주로 인공재배로 공급되고 있다.

영지버섯은 생명을 보양하고 독이 없어 장기간 복용해도 부작용이 없

는 약재다. 중국 최고의 의·약학 학술 전문서인 『신농본초경』에 "영지는 원기를 북돋아 몸을 가볍게 하며, 노화를 방지하고 수명을 연장하는 약효가 있다"고 밝히고 있다. 실제로 임상에서 영지버섯은 허약한 사람의 기운과 혈액을 보충하고, 정력을 강하게 하며 뼈와 근육을 단단히 하는 데 쓰인다.

영지의 효능 중 가장 주목받는 것은 바로 항암효과다. 식욕저하, 피로, 통증 등 암 환자들에게 나타나는 증상들을 현저히 호전시키고, 화학요법과 방사선 치료가 일으키는 부작용을 감소시킬 뿐 아니라, 암을 유발하는 라스단백질의 기능을 억제하는 성분이 들어 있다. 게다가 영지버섯은 면역력도 강화시킨다. 최근에는 에이즈바이러스HIV를 억제하는 효능이 있는 것으로 밝혀져 영지를 이용한 에이즈 치료제 개발이 한창이며, 자가 면역질환인 류머티즘 관절염 치료제로의 개발도 기대되고 있다.

또한 영지는 심장의 수축을 돕기 때문에 고혈압, 동맥경화, 협심증 등의 심혈관계 질환에 좋은 영향을 미친다. 근래에는 6주~6개월간 복용한 불임 남성이 정자기능 장애를 개선했다는 보고도 있어, 영지버섯이

남성 불임에도 효과가 있는 것으로 알려지기 시작했다. 이외에도 괴사한 간 조직을 회복시켜 간 기능을 개선하고 불면증, 당뇨병, 갑상선 기능 저하증 등에 유효하다는 보고도 있다.

일찍부터 이러한 영지버섯의 탁월한 효능을 인정한 중국에서는 지난 2000년부터 영지버섯을 정식 의약품으로 약전에 등재하고 주사약, 캡슐, 정제 형태의 의약품으로 제조해서 만성 기관지염, 불면증, 고혈압, 당뇨병, 암 등 다양한 질병에 사용하고 있다. 단, 영지의 성질은 차가우므로 소화기관이 약한 소음인과, 찬 우유나 맥주를 마시면 설사를 하는 사람들은 많이 먹지 않는 것이 좋다.

영지는 장기 복용할수록 효과가 커진다. 영지 달인 물은 쓰더라두 가능하면 그대로 먹는 것이 좋다. 그러나 정 마시기 힘든 사람은 영지를 달일 때 감초, 대추, 구기자, 결명자 등을 넣어 함께 달이면 먹기 쉬우며, 꿀을 타서 마시는 것도 방법이다. 영지는 성인의 경우 하루 5g 정도를 달여 먹는 것이 적당하다. 즉 50g의 영지에 물을 붓고 달여 차처럼 마신다면 열흘 분량으로 계산하면 된다.

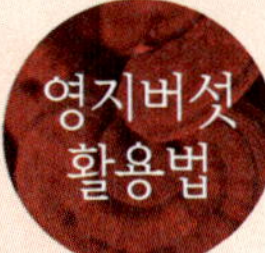

영지버섯 고르기

표면이 연갈색이나 황갈색이며 갓이 완전히 벌어지지 않고 약간 오므라든 것, 갓의 색깔이 좋고 신선하고 탄력이 뛰어난 것이 상품이다. 국내산은 색깔이 주황색이고 모양이 깨끗하며 품위가 있으며, 영지버섯 갓에 고유의 버섯가루가 많이 묻어 있다. 반면 수입산은 버섯가루가 적고 색깔이 짙은 갈색이다.

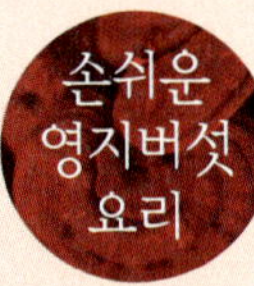

영지차

영지차는 만년차萬年茶라 할 정도로 건강과 장수에 효과적이다. 영지 5g을 커피잔 두 잔 정도의 물에 넣어 분량이 2/3가량 줄어들 때까지 끓인다. 영지차는 영지 특유의 씁쌀한 맛이 도는데, 대추나 감초 등 단맛을 내는 한약재와 함께 끓이면 쓴맛이 덜하다.

- **폐, 심장 질병으로 호흡이 곤란하거나 신경쇠약으로 잠을 못 이룰 때 :** 영지 12g에 물 100㎖를 넣고 달여 하루 2번 나누어 먹는다.
- **피로, 불면증, 어지럼증 :** 영지 12g을 물 200㎖에 달여 하루 2번 나눠 먹는다.
- **혈소판 감소, 혈액응고 기능의 이상, 혈관염 등이 원인인 자반병 :** 영지버섯은 혈소판, 적혈구, 혈색소 양을 늘리며 전신 강장작용을 한다. 잘게 썬 영지 15~20g을 물에 달여 하루 2~3번에 나눠 식후에 먹는다.
- **고지혈증, 동맥경화증 :** 영지버섯 가루를 끓인 물로 반죽해서 만든 알약을 한 번에 5~7g씩 하루 3번 복용하면 핏속의 콜레스테롤 양을 낮추고 혈압을 내려 동맥경화증을 낫게 한다.

- **저혈압 :** 영지버섯은 전신 강장작용과 강심작용이 있어 혈액성분을 늘여준다. 잘게 썬 영지 12g을 물에 달여 오전과 오후, 하루 2번 나누어 먹으면 저혈압으로 빈혈이 심할 때 효과가 있다.

가산 영지버섯 (충북 옥천군 답양리)

해발 200m 청정지역에서 재배되는 양질의 영지버섯을 비닐포트 재배법으로 생산, 최대 산지를 조성한 곳.

심장병과 암을 이기는
최고의 건강채소,
토마토

손님이 오시면 어머니가 새빨갛게 익은 토마토를 몇 개 골라 한 입 크기로 썰어 접시에 담아 내오시던 기억이 있다. 우리나라에서는 예로부터 토마토를 과일처럼 먹어왔다. 그러나 서양에서는 토마토를 각종 요리에 다양하게 사용한다. 지중해 연안이나 이탈리아에서는 토마토가 들어가지 않는 음식이 없을 정도로, 토마토는 서양요리의 중요한 테마이다.

토마토는 미국 「타임」지가 '몸에 좋은 10가지 식품' 으로 꼽았을 만큼 인체 건강에 미치는 효과가 뛰어난 채소다. 서양 속담에 "토마토가 빨갛게 익어갈수록 의사의 얼굴은 파랗게 변한다"는 말이 있을 정도다.

18세기 유럽에서는 토마토를 최음제로 취급해서 성욕을 자극한다는 의미로 러브애플loveapple, 즉 '사랑의 사과' 라는 별명으로 부르기도 했다. 청교도 혁명 후 금욕을 중시했던 크롬웰 공화국은 토마토를 정력제로 지목하여 사람들이 토마토를 먹지 못하도록 토마토에 독이 있다는 소문을 퍼뜨리고 토마토 재배 금지령을 내리기도 했다. 실제 토마토가 정력에 좋다기보다는 붉은 심장을 닮은 모습이어서 타오르는 사랑을 연상시켰기 때문이 아닐까 싶다.

 이미 미국의 법원에서 토마토에 채소의 수입관세를 적용함으로써 매듭지어졌다. 토마토가 과일처럼 덩굴식물의 열매인 것은 사실이지만, 디저트가 아니라 주로 음식 재료로 쓰이기 때문에 채소류로 보는 것이 합당하다는 이유에서였다. 토마토를 이용한 요리가 전무한 우리나라에서였다면 다른 판결이 나왔을 수도 있었겠지만, 여하튼 이때부터 토마토는 채소로 분류되었다. 한의학 이론 중에 '동기상구同氣相求'라는 말이 있다. 간을 먹으면 간이 좋아지고, 머리가 좋아지게 하려면 머리의 구조와 비슷하게 생긴 것을 먹어야 한다는 것이다. 토마토는 겉 모양뿐 아니라 잘랐을 때 모양도 심장 내부처럼 4개의 방으로 나뉘어져 있다. 한의학 이론에 따르면 토마토는 심장에 좋은 음식이다. 실제로도 여러 가지 실험을 통해 토마토가 심혈관계 기능을 높인다는 효능은 입증되고 있다.

한방에서는 토마토를 번가蕃茄라고 부르는데 달면서도 약간 시고, 찬 성질이 있어 갈증을 멎게 하고 소화를 돕는 음식으로 인식하고 있다. 『동의보감』에는 "양기陽氣가 부족하고 심장이 쇠약한 사람은 쇠고기 반근과 토마토 열 개를 함께 끓여 밥과 함께 먹으면 좋다"고 기록되어 있다. 선조들이 토마토의 효능은 자세히 밝히지는 않았지만, 그 형색기미形色氣味를 살펴보면 대강은 이해할 수 있다.

우선 토마토를 잘라보면 수분이 꽉 차 있다. 기氣가 냉하고 습기를 많이 가진 음식은 갈증을 멎게 하고, 많이 먹으면 변을 무르게 하는데, 토마토가 바로 그런 음식이다. 또한 소화를 촉진시키고 식욕을 돋우는 대표적인 맛이 바로 새콤달콤한 맛인데, 토마토는 신맛과 단맛을 함께 느

낄 수 있는 채소이다.

현재 토마토는 세계에서 가장 많이 생산되고 가장 많이 소비되는 채소이다. 토마토가 세계인의 이목을 끌게 된 가장 대표적인 이유는 붉은색을 내는 라이코펜 성분의 항암효과 때문이다. 라이코펜은 붉은 고추, 당근, 수박 등에도 풍부하지만, 200g짜리 토마토 1개에 대략 60mg의 라이코펜이 들어 있어서 음식과 함께 조리해서 다량으로 섭취할 수 있는 것으로는 토마토를 따라올 식품이 없다. 라이코펜은 뛰어난 항암제로 알려진 베타카로틴보다도 2배나 강력한 항암작용을 하며 노회 방지, 심혈관 질환 예방, 혈당 저히에도 효괴기 있다. 미국 히버드대 연구팀에서는 토마토를 일주일에 10회 이상 먹은 남성은 그렇지 않은 남성에 비해 전립선암이 발생할 확률이 45%나 낮았다는 임상결과를 발표하기도 했다. 중요한 점은 라이코펜은 열을 가하면 함량이 늘어나고 인체에 흡수도 더 쉬워지며, 지용성 색소이기 때문에 기름에

조리했을 때 더 잘 흡수된다는 점이다. 그러나 비타민 C가 파괴되지 않도록 하기 위해서는 푹 익히는 것보다는 살짝 익히는 것이 좋다.

토마토에는 라이코펜 외에도 강력한 항암물질인 P쿠마릭산, 클로로겐산 등도 함유되어 있는데, 사람이 섭취하는 음식 속에 들어 있는 암 유발 물질(니트로사인)이 만들어지기 전에 이것을 몸 밖으로 내보내는 역할을 한다.

붉은 토마토는 심혈관 질환에도 좋은데, 미국 하버드대학에서는 토마토를 주성분으로 한 식품을 일주일에 7번 이상 먹은 사람이 1.5번 이하로 먹은 사람에 비해 심혈관 질환의 위험이 30%나 낮았다는 임상 결과를 발표하기도 했다. 또한 토마토에는 다량의 칼륨이 함유되어 있어서 신진대사를 촉진시키고, 산성화된 혈액을 중화하며, 나트륨 배출을 촉진함으로써 콜레스테롤 수치와 혈압을 낮추는 효과가 있다. 토마토 속의 루틴 성분도 혈압을 조절하는 효과가 있으므로 고혈압, 동맥경화가 있는 사람은 매일 아침 공복에 토마토를 한두 개씩 먹는 것이 좋다.

토마토는 기름기가 많은 음식과 함께 먹으면 느끼함을 덜어주고, 육류와 함께 먹으면 산성을 중화시켜주며 소화를 촉진하고 위의 부담을 가볍게 한다. 서양 사람들이 육류 요리를 할 때 토마토를 곁들이는 것은 이러한 토마토의 효능을 이용한 것이다. 게다가 토마토는 식이섬유가 풍부해서 변비를 예방하는 효과가 있는데, 토마토를 삶아서 섭취

하면 섬유소가 더욱 풍부해진다. 환자들의 음료로 토마토주스를 추천하는 것은 자극성이 적고 소화가 잘되어 속이 금방 편해지기 때문이다.

토마토에 비타민 C가 풍부하다는 것은 널리 알려진 사실이다. 하루에 토마토를 2개만 먹으면 하루치 비타민 C 권장량을 채울 수 있다. 스페인 정복자들이 16세기 중남미에 분포하던 야생 방울토마토를 유럽에 퍼뜨린 뒤 괴혈병 환자가 줄어든 사실은 유명한 일화이다. 또한 토마토에는 각종 비타민과 미네랄이 듬뿍 들어 있어 피부를 아름답고 건강하게 유지하며, 콜라겐 생성을 촉진하므로 피부노화를 방지하는 데도 탁월한 효능이 있다.

토마토는 다이어트 식품으로도 최고다. 중간 크기 토마토 1개의 칼로리는 40kcal를 넘지 않는데, 밥 한 공기의 칼로리에 비해 7분의 1정도에 불과하다. 따라서 아침식사를 토마토로 대신하거나 식전에 토마토를 먹어 식사량을 줄이는 것은 효과적인 다이어트 방법이다.

토마토는 펙틴 성분 덕분에 위에 머무는 시간이 길어 포만감이 오래 가기 때문에 간식을 고를 때 아이스크림이나 과자 대신 토마토를 곁에 두고 먹는 습관을 들이는 것도 다이어트에 도움이 된다. 또한 토마토에 다량 함유된 사과산과 과당, 포도당 등은 근육의 피로를 유발하는 젖산이 생기는 것을 방지해주기 때문에 천연 피로회복제로 손색이 없다.

토마토는 노화를 막고 골다공증이나 노인성 치매를 예방하는 비타민 K와 칼슘, 칼륨 등의 미네랄이 함유되어 있을 뿐만 아니라, 수분의 대사를 좋게 하는 효과가 있기 때문에 신장 기능이 좋지 않은 사람이나 부종이 있는 사람에게 좋다. 특히 당뇨병이 있는 사람이 먹으면 갈증이 줄어들고 신진대사가 촉진된다.

토마토는 굽거나 찌는 조리과정을 거쳐도 영양성분이 거의 파괴되지 않는다. 조리된 토마토는 오히려 영양성분이 농축된다. 삶거나 구워서 먹으면 토마토의 풋내가 없어지고 단맛이 진해져서 먹기에 좋을 뿐 아

니라, 토마토의 찬 성질도 감소되므로 위장장애도 줄어들어 많이 먹을 수 있다. 토마토는 껍질을 벗겨서 요리해야 부드러운데, 껍질을 벗기는 요령은 토마토 꼭지부분에 열십자 칼집을 내고 포크나 젓가락을 꽂아 끓는 물에 잠깐 넣었다 꺼낸 뒤 찬물에 식혀서 벗기면 손쉽게 껍질을 벗길 수 있다.

우리나라에서는 식사 후 디저트로 토마토를 먹을 때 단맛을 내기 위해 설탕을 듬뿍 치는데, 달아서 혀끝은 만족할지 모르나 영양적으로는 좋지 않다. 비타민 K가 손실되기 때문이다. 토마토는 산이 많이 함유돼 있어 위산과다증인 경우 공복에 토마토를 먹으면 복통을 유발하기도 하므로 주의해야 하며, 성질이 차기 때문에 위장이 약한 사람이나 냉증이 있는 사람은 익혀서 먹는 것이 좋다.

TIPS • 몸에 좋은 토마토 활용법

토마토 활용법

고르기와 보관하기

토마토는 5월 중순경부터 9월까지가 제철이다. 토마토는 빨갛게 잘 익은 것이 영양가가 더 높다. 꼭지 절단 부분이 싱싱하고 색이 짙으며, 표면이 쭈글쭈글하지 않고 껍질이 약간 두꺼운 것이 좋다. 덜 익은 푸른 토마토를 샀다면 상온에 두고 붉은색이 될 때까지 익혀서 먹도록 한다. 토마토는 저온에 약하기 때문에 냉장고에 보관하면 금세 검게 변하고 물렁물렁해지므로 신문지에 싸서 그늘에서 보관해야 한다.

민간요법

- **구취, 구내염/토마토주스** : 토마토주스의 아놀린 성분은 입 냄새의 원인이 되는 황화합물 분자를 분해해 입 냄새를 없애준다. 또한 피로로 인해 입안이 헌 구내염 환자에게 영양을 보충하고, 피로를 풀어주는 건강음료이다.

- **과음으로 인한 위염/토마토사과주스** : 토마토와 사과를 4:1비율로 섞어 만든다.

- **당뇨병 예방/토마토수박주스** : 토마토수박주스는 신진대사를 촉진시켜 소변의 양을 조절하는 효과가 있다. 토마토 1~2개와 보통 크기의 수박 1/16을 적당히 잘라 믹서기에 함께 갈아 주스를 만들어 하루 한두 번 마시면 갈증이 해소되고 몸에 열이 나는 증상도 사라진다.

방울토마토 피클

밀폐가 가능한 유리병에 꼭지 뗀 방울토마토 50개, 레몬 썬 것, 양파 1개, 월계수 잎 5장, 바질 1개, 통후추 1큰술을 넣는다. 냄비에 물 3컵, 설탕과 소금을 각 1컵씩 넣고 끓이다가 식초 2컵을 넣고 다시 끓여 유리병에 붓고 밀폐한다. 6일쯤 지난 후 국물만 따라내 끓인 다음 식혀서 병에 다시 부어 밀폐해둔다. 열흘 정도 지나면 맛이 우러난다. 기름기가 많은 음식을 먹을 때 토마토 피클을 곁들이면 소화가 잘된다.

토마토 라이스

껍질 벗긴 토마토 4개와 당근, 옥수수, 파를 잘게 다진다. 냄비에 올리브 기름을 두르고 마늘을 볶다가 불린 쌀을 넣는다. 쌀에 끈기가 느껴질 때까지 볶은 다음 물과 다진 토마토를 함께 넣고 뚜껑을 열어둔 채 끓인다. 10분쯤 후 불을 약하게 해서 잘게 다져놓은 당근, 옥수수, 파를 넣고 뜸을 들여 완성한다.

브루스케타(이태리 전채요리)

잘 익은 토마토 1개를 껍질을 벗긴 후 꼭지와 수평이 되도록 가로로 3, 4등분을 해서 씨를 뺀다. 육질만 1cm 사각으로 썬 토마토를 체에 밭쳐 수분을 뺀다. 마늘 1개를 다지고, 바질 잎 3, 4장도 듬성듬성 다져 소금과 후추를 뿌리고 올리브유 레몬즙을 직당히 넣어 맛을 낸다. 바게트는 1.2~1.5cm 두께로 썰어 마늘을 문질러준 후 올리브오일과 파마산 치즈를 뿌려 오븐에 굽는다. 오븐토스터가 번거로우면 버터를 앞뒤로 바르고 백후추를 약간 뿌려 뜨거운 프라이팬에 구워도 좋다. 이제 토마토 준비한 것을 빵 위에 올려놓고 접시에 담으면 된다.

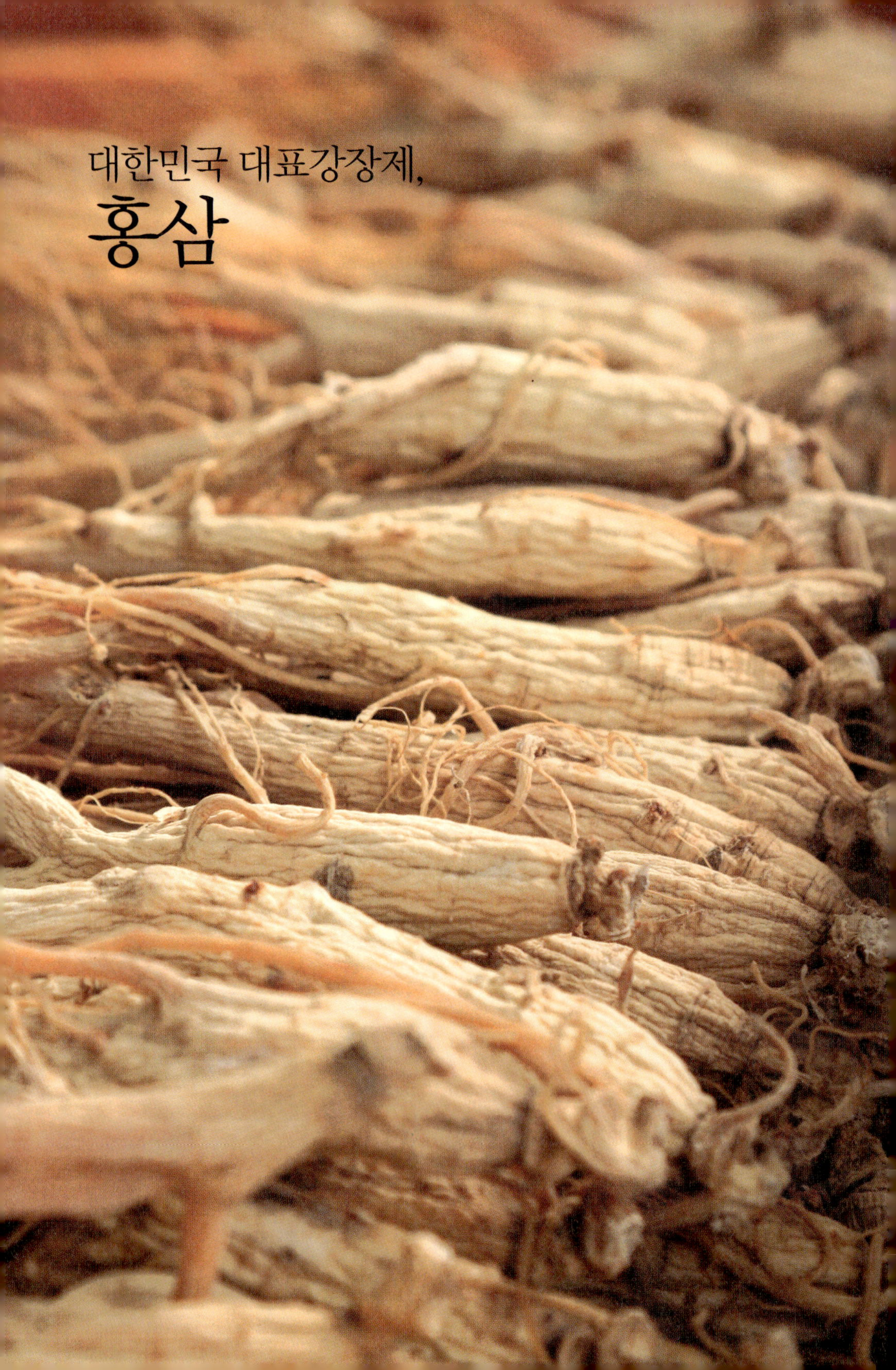
대한민국 대표강장제,
홍삼

고려인삼의 효능은 한국보다 외국에서 더 알아주는 듯하다. 외국 관광객들이 출국할 때 꼭 찾는 선물 중 하나가 바로 고려인삼이니 말이다. 고려인삼이 세계적으로 유명한 이유는 다른 식물에서는 볼 수 없는 특이성분인 인삼 사포닌ginsenoside을 비롯해 인슐린과 유사한 작용을 하는 성분, 노화를 방지해주는 항산화물질, 암세포 증식억제 성분 등이 들어 있기 때문인데, 다른 나라의 인삼에 비해 함유량이 월등하므로 효능 또한 뛰어나다.

인삼은 몸과 마음의 기운을 보충해서 허약한 체질을 개선하고 피로를 빨리 회복시킨다. 또한 혈액을 왕성하게 생성함으로써 혈액순환을 고르게 하여 신체의 기능과 발육을 돕는다. 마음을 편안하게 하고 정신을 안정시키며 심장의 기능을 강화하므로 신경쇠약, 노이로제, 스트레스 해소에도 효과적이다.

또 체액을 보충하여 갈증을 해소해주기 때문에 당뇨병에도 효과가 있고, 폐 기능을 보해 오래된 기침을 멈추게 하고 호흡기 질환의 예방과 치료를 돕는다. 뿐만 아니라 위장을 튼튼히 하여 식욕을 촉진하며, 설사를 멈추게 하고 위장 기능을 강화한다. 체내의 독을 제거하여 피부를 곱게 하고, 종기를 삭히며 저항력도 증진시킨다.

그러나 인삼은 혈압이 높거나 몸에 열이 많은 사람은 먹어서는 안 되며, 소양인이나 태양인처럼 양 체질의 사람이 먹으면 부작용이 있다고 알려져 있다. 밭에서 수확한 그대로의 인삼은 수삼水蔘(수분 75%), 수삼 말린 것은 백삼白蔘(수분 15%)이라고 하는데, 6년근 이상의 수삼과 백삼을 껍질째 수증기에 쪄서 말린 홍삼紅蔘을 복용하면, 체질에 크게 구애받지 않으면서도 더 다양한 효능을 얻을 수 있다.

다만, 홍삼이 체질에 크게 구애받지 않는 건강음식이긴 하지만 홍삼의 재료가 되는 인삼이 맞지 않는 양陽 체질의 사람은 홍삼도 장기간 복용하거나 한꺼번에 과량 복용하면 두통, 가슴 답답, 불면 등의 불편한 증상들이 생길 수도 있으니, 복용 전에 한의사에게 조언을 구해보는 것도 좋겠다.

인삼의 약효는 주로 사포닌 성분에 많이 들어 있다. 미국에서 생산되는 인삼에 들어 있는 사포닌 종류는 13가지인데 비해, 고려인삼은 종류가 22가지나 된다. 특히 홍삼은 인삼을 쪄서 말리는 과정에서 사포닌 구조가 변해 32가지의 사포닌을 갖고 있는데다, 특유의 붉은색을 내는 색소가 항산화 효과를 나타내는 것으로 알려져 있다. 2002년 한반도를 붉은 물결로 가득 메우게 했던 월드컵 대표선수들이 신체기능 활성화와 체력증진을 위

해 홍삼을 먹었다는 이야기는 잘 알려진 사실이다.

『신농본초경』에 따르면 "인삼은 오장五臟의 양기를 돋우며, 정신을 안정시키고 눈을 밝게 하며, 오래 복용하면 몸이 가벼워지고 장수한다"고 한다. 홍삼은 일반 인삼의 효능을 업그레이드한 제품으로 거의 '만병통치약' 수준이라고 할 수 있다. 홍삼은 수삼이나 백삼보다 조직이 더 단단하고 치밀해서 백삼에 비해 다섯 배나 저장기간이 길다. 또 홍삼을 끓이면 전분이 잘 우러나와 소화 흡수를 촉진하며, 수증기로 찔 때 열이 가해지는 과정에서 화학성분이 변화되어 수삼과 백삼에는 없는 특수한 약효 성분들이 생긴다.

홍삼 특유의 약효 성분이란 노화억제 성분, 암세포 증식억제 성분, 항종양 성분, 암세포 전이억제 성분 등을 말한다. 홍삼이 세계인의 주목을 받는 이유가 바로 홍삼의 이러한 항암효과 때문이다. 홍삼은 암세포를 죽일 수 있는 세포natural killer cell가 활발하게 활동을 할 수 있도록 도와준다. 또 항암제를 투여했을 때 백혈구가 감소되는 부작용을 줄여주

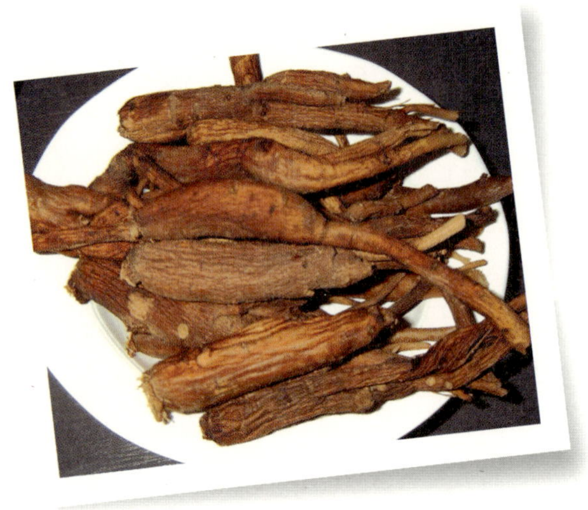

며, 종양이 악성으로 전이되는 것을 막고, 암 수술 후 재발을 방지하고 회복도 촉진한다. 흡연자가 홍삼을 먹으면 폐암, 구강암, 후두암, 간암 등에 걸릴 확률이 홍삼을 먹지 않는 사람보다 훨씬 낮다고 보고된 바도 있다.

홍삼은 성기능 장애 개선 및 강정強精의 효능이 있다. 긴장과 스트레스를 풀어주고 성호르몬의 생성을 촉진하며, 음경 내 혈류를 증가시켜서 발기부전을 근본적으로 치료한다. 기존의 발기촉진제 약품과 비교해도 효능이 훨씬 뛰어나면서 부작용도 거의 없다. 불임 남성 중 정자결핍증인 경우 홍삼을 꾸준히 복용하면 정자수가 증가하고 정자 운동량도 크게 늘어난다.

또한 홍삼은 지치지 않고 운동할 수 있게 하는 특별한 효능이 있다. 홍삼을 6주에서 12주 이상 장기간 복용하면, 높은 강도의 운동을 지속적으로 할 때 낮은 심박수를 유지할 수 있게 해주며, 운동 후에 심박수를 낮춰주는 효과가 있다. 또 운동할 때 근육 내 젖산이 쌓이는 것을 억제해 피로를 덜 느끼게 하고 간에 쌓인 피로물질도 금방 회복시켜주므로, 피로한 상태에서 운동을 했을 때 생길 수 있는 근육조직의 손상을 방지해준다. 운동 지구력을 향상시키는 데도 탁월한 효능이 있기 때문에 스포츠 애호가들에게 두루 유용하다.

홍삼은 당뇨병의 치료에도 유용하다. 당뇨 환자의 혈당량을 떨어뜨리거나, 인슐린 주사를 맞는 환자의 인슐린 양을 조절해준다. 특히 혈당수치가 올라감으로써 생기는 현기증, 어깨 결림, 갈증, 전신 피로감, 머리가 묵직한 증상 등이 개선된다. 단, 당뇨병 환자가 치료를 목적으로 홍삼을 복용할 때는 각자의 병력이나 혈당치 상승 정도에 따라 복용 양과 기간을 달리해야 하며, 적절한 식이요법과 체력에 맞는 운동을 하고 육류, 술 등을 금한다.

또한 홍삼은 두뇌 활동을 촉진해서 기억력 증진과 집중력을 향상시켜 학습능력을 높여준다. 홍삼이 중추신경에 작용, 기억력 및 식별능력을 높여 지적인 활동의 수행능력을 향상시키기 때문이다. 전문가들은 홍삼의 이러한 효능이 뇌경색으로 인한 치매의 학습행동 장애를 개선하는 데 도움이 될 것으로 보고 있다. 이외에도 고혈압 환자가 홍삼을 꾸준히 복용한 결과 혈압이 현저히 감소하고, 불면·갈증·피로감도 사라지며, 여성의 가벼운 갱년기 증후군(안면홍조, 심계항진 등)이 개선되고 여성호르몬인 에스트로겐 수치가 늘어났다는 보고도 있다. 또 환경호르몬인 다이옥신의 독성을 완화해준다는 연구결과도 나와 있다. 최근의 연구논문 중 특이할 만한 것은 에이즈 환자에게 홍삼을 꾸준히 복용하도록 한 결과 병이 더 이상 나빠지지 않거나 천천히 진행되었다는 점이다.

홍삼 곶감말이

홍삼(5뿌리)을 물에 넣어 끓이다가 물러지면 면 보자기로 싸서 물기를 제거한다. 곶감(5개)은 2등분해서 속의 씨를 제거하고 잣가루(5Ts)를 뿌린 다음 홍삼을 넣고 돌돌 말아 먹기 좋은 크기로 자른다.

홍삼꿀정과

홍삼(100g)을 우묵한 팬에 넣고 물을 조금 넣어서 약한 불에서 한소끔 끓인다. 홍삼이 물컹해지면 매실농축액(100g)과 꿀(1Ts)을 넣고 물기가 없어질 때까지 조린다.

- -

고르기

홍삼을 제품 등급별로 최상품부터 하품까지 나누면 천삼天蔘, 지삼地蔘, 양삼良蔘, 절삼切蔘 순이다. 천삼은 조직이 치밀하고 병을 앓은 흔적이 없으며 외형이 곧은 것으로, 내공과 내백이 거의 없이 내부조직이 매우 우수한 뿌리삼을 말한다. 각각의 등급은 또 최상품인 10지부터 하품인 40지까지 분류되는데, 예를 들어 천삼 10지는 최상품인 천삼 중에서도 최고급품으로 고가에 판매된다.

달이기

홍삼 20~30g을 거즈나 망사에 싸서 압력솥에 찐다. 부드러워지면 적당한 크기로 잘라 생강 한쪽(3g), 대추 3~4개(10g), 물 1.5ℓ 를 약탕기에 넣고 약한 불에서 탕액이 1/3~1/2 정도가 될 때까지 약 2시간 반 정도 서서히 달인다. 한 번 달여서는 다 우러나지 않으므로 세 번 정도 달여서 함께 혼합한 후, 하루 3~4회 한 컵씩(100cc정도) 섭취한다. 여름철에는 냉장고에 보관해두었다가 시원하게 마시면 더욱 좋고, 달이고 남은 홍삼뿌

리는 씹어 먹어도 된다. 섭취 횟수와 양은 조절이 가능하며 15세 이하의 어린이는 성인 섭취량의 절반 정도를 먹도록 한다.

부여의 홍삼뿔 축제

홍삼(정관장) 생산량의 92%를 생산하는 한국인삼공사 고려인삼창이 1951년 개성에서 부여로 이전하면서부터 부여는 '홍삼의 땅'으로 이름을 날렸다. 세계 유일 최대의 홍삼 제조공장이 운영되고 있으며 1996년부터 홍삼전매법이 폐지되면서 전국의 일반 민간기업에서 홍삼이 가공 생산되고 있긴 하지만, 홍삼을 독점 제조 판매해오던 시절부터 지금까지 부여 홍삼은 여전히 명성이 드높다.

삭힐수록 진가를 발휘하는,
홍어

잘 삭힌 홍어 한 점을 입 안에 넣으면 목구멍이 후끈거리고, 숨을 쉴 때마다 찌릿하고 매운 냄새가 코끝을 감돈다. 알싸한 홍어의 맛, 처음 먹을 때는 지리고 매운 냄새에 눈살을 찌푸리지만 일단 맛을 들이면 꼭 다시 찾게 되는 것이 바로 홍어이다.

예로부터 전라도 지방에는 "추울 때는 홍어 생각, 따뜻할 때는 굴비 생각"이라는 말이 있었다. 11월부터 2월까지, 홍어의 집산지인 흑산도는 산란기를 맞은 홍어들이 겨울을 나기 위해 몰려들면서 본격적인 홍어 어장이 형성된다. 홍어는 흑산도 앞바다에서 잡힌 흑산 홍어를, 요리는 나주 영산포에서 숙성시킨 것을 최고로 친다.

홍어와 흑산도-영산포의 관계는 고려 말 왜구 침략에 대비해 흑산도에서 가장 큰 섬인 영산도 주민들을 현재의 영산포로 강제 이주시킨 데서 비롯됐다. 당시 흑산도에 남아 있던 어부들이 영산포로 이주한 옛 이웃들에게 홍어를 팔러 갔는데, 운반 도중 홍어가 삭아 자연스레 남도의 진미 홍어회가 탄생했다는 이야기가 전해진다. 예전에는 갓 잡은 홍어를 껍질째 깨끗하게 씻어 대충 썰어 먹거나, 통째로 바싹 말려서 간장이나 기름장에 찍어 먹었고, 찜을 하거나 양념장에 무쳐 회로 먹기도 했다. 홍어회는 살이 차지고 부드러워 횟감으로 적당하다.

출처 : 테리아님의 블로그(blog.naver.com/pdu0601)

그러나 홍어의 참맛은 역시 삭혔을 때다. 홍어를 '코로 먹는 생선회'라고 부르는 이유는 코를 찌르는 독특한 냄새 때문이다. 홍어를 싫어한다면 필경 이 냄새 탓일 것이다. 어패류에는 몸 안의 수분이 바닷물로 빠져나가지 않도록 삼투압 조절을 하는 물질들이 들어 있는데, 홍어에는 포유동물의 오줌 성분인 요소가 특히 많아 톡 쏘는 맛이 생기는 것이다.

홍어를 발효시키면 요소가 암모니아로 바뀌고, 다시 찜을 하면 미처 바뀌지 않은 요소까지 암모니아로 바뀌게 되어 냄새는 더욱 고약해진다. 그러나 '부패'해서 나는 냄새와는 달리, 홍어의 냄새는 '발효'로 인한 것이기 때문에, 썩히는 것이 아니라 삭히는 것이라고 보아야 한다. 발효가 잘 되지 않는 추운 겨울철엔 홍어를 두엄자리에 묻어 발효시켰으며, 따뜻한 계절엔 옹기 항아리에 짚을 깔고 토막 낸 홍어를 넣어 발효시켰다.

삭히면 삭힐수록 홍어가 맛있는 이유는 다른 어류들은 암모니아가 단백질 분해과정에서 발생하지만, 홍어는 요소로부터 생성되기 때문이다. 오

출처 : 테리아님의 블로그(blog.naver.com/pdu0601)

히려 단백질은 그대로라서 오돌오돌 씹히는 느낌이 더 좋아지고, 발효 과정에서 다른 부패세균의 발육을 억제하기 때문에 식중독의 우려도 적다.

결국 홍어 맛의 생명은 코를 통해 곧장 올라와 뇌리를 쑤셔대는 암모니아 냄새인 것이다. 따라서 프랑스의 염소젖 치즈, 동남아의 두리안처럼 그 냄새를 즐길 수 있어야 진정한 맛의 세계로 빠져들 수 있다. 홍어가 발효식품이란 사실을 일찍이 발견한 우리 민족은 세계에서 유일하게 홍어를 삭혀서 먹고 있다.

홍어를 발효시킬 때는 몇 가지 주의할 점이 있다. 홍어는 물기가 닿으면 아취를 풍기며 썩기 때문에 조심해야 한다. 또 공기와이 접촉이 잦아도 맛이 변히므로 잘 삭은 홍어는 깨끗한 종이로 둘둘 말아서 보관해야 한다. 같은 홍어라도 숙성과정에서의 노하우에 따라 맛이 달라진다. 뚜껑을 열었을 때 눈이 매울 정도로 충분한 숙성과정을 거친 홍어를 마른 수건으로 깨끗이 닦아 부위별로 다듬어 특성에 따라 찜, 무침, 회, 탕 등으로 다양하게 조리한다. 특히 삭힌 홍어의 내장을 넣고 끓인 된장찌개는 여간해선 상에 내지 않을 만큼 진귀한 음식으로 통한다. 잘 익힌 홍어

는 묵은 김치처럼 오래 보관할수록 살이 단단해지고 싸한 맛이 더욱 깊
어진다.

홍어는 내장을 제외하면 콜레스테롤도 거의 없으며, 날것으로
먹을 때보다 삭힌 후에 먹는 것이 소화율도 더 높다. 삭히기 전에는 산성
(pH 6.54)인데, 삭힌 후에는 알칼리성(pH 9.52)으로 변하기 때문이다. 그러
나 너무 많이 삭히면 암모니아가 진해져서(pH 10.3) 위 점막을 손상시켜
세균감염을 일으킬 수 있다는 실험보고가 있으니, 홍어를 너무 오랜 기
간 숙성시키는 것은 바람직하지 않다. 홍어를 말할 때 홍탁삼합洪濁三合
을 빼놓을 수 없다. 삼합이란 묵은 김장김치에 삭힌 홍어회와 삶은 돼지
고기를 얹어 먹는 음식이다. 이 미묘한 음식의 궁합은 '세상에서 가장 소
화가 잘되는 음식' 이라고 할 만하다. 위장이 약해서 돼지고기를 먹으면
잘 체하는 사람이라도 묵은 김장 김치와 삭힌 홍어회를 함께 먹으면 배
탈이 나질 않는다.

　　또한 삼합은 야릇한 끝 맛이 매력적이다. 기름진 돼지고기와 매콤한

김치 때문에 처음에는 홍어의 꼬릿꼬릿한 냄새가 거의 느껴지지 않다가, 돼지고기가 목구멍으로 넘어가면 홍어 특유의 퀴퀴한 향이 날카로운 여운으로 남는다. 홍탁이란 홍어회에 잘 익은 막걸리를 함께 마시는 것을 말하는데, 막걸리의 유기산이 홍어의 톡 쏘는 맛을 중화시켜줄 뿐 아니라 홍어의 찬 성질과 막걸리의 따뜻한 성질이 어울려 맛이 조화를 이룬다.

흔히 홍어의 톡 쏘는 맛을 '일코, 이미' 라고 하는 데서도 알 수 있듯이, 홍어는 얼큰한 맛을 내는 물렁뼈가 들어 있는 콧잔등 살이 가장 맛있다. 그 다음으로는 육질이 쫄깃쫄깃한 꼬리와, 잔뼈가 잘근잘근 씹히는 날개가 맛있다. 그러나 홍어를 먹을 줄 아는 사람들 가운데는 내장, 특히 '애' 라고 부르는 간肝 맛을 일미로 치는 사람이 많다. 홍어 '애' 는 날로 먹어도 심해의 깊은 맛을 느낄 수 있지만, 홍어내장과 홍어살을 넣고 어린 보릿대, 파래, 톳, 시래기와 함께 된장을 풀어 끓이는 '홍어탕' 의 구수한 맛은 남도가 아니면 맛보기 어려운 진미 중의 진미이다. 알싸한 국물은 숙취를 없애주는 최고의 해장 음식으로 꼽힌다.

정약전의 『자산어보』에는 "홍어로 국을 끓여 먹으면 몸 안의 더러운 성분이 제거되며, 술의 기운을 없앤다"고 하였다. 찬 성질의 홍어는 특히 몸에 열이 많은 사람들이 여름을 날 때 먹으면 좋다. 또한 홍어는 소화를 촉진하고 장을 깨끗이 하며, 가래를 제거하는 데도 효과가 탁월해서 실제 소리꾼들이 가래를 없애기 위해 홍어를 즐겨 먹기도 했다.

홍어 껍질은 뱀에 물린 데에 직접 쓰일 정도로 해독작용이 뛰어나

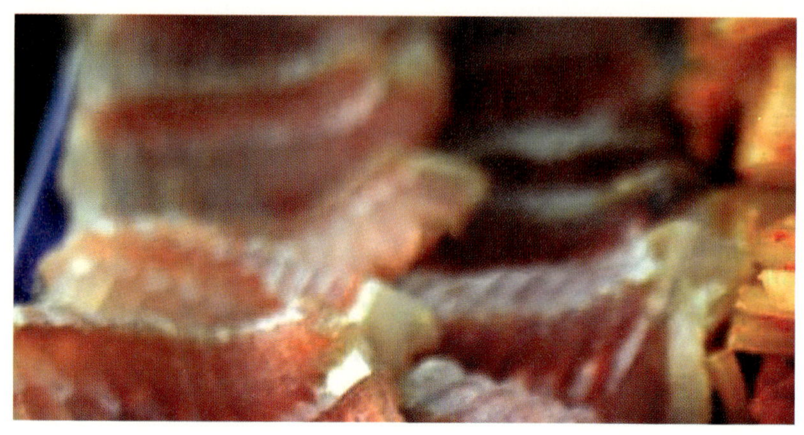

며, 홍어국은 소변색이 혼탁한 남성이나 소변을 볼 때 요도가 아프고 이물질이 나오는 사람에게 약효가 있는 것으로 알려져 있다. 홍어의 살과 간에는 불포화지방산이 많아 두뇌를 맑게 하고, 혈전 생성을 억제해 콜레스테롤 수치를 떨어뜨리는 기능을 한다.

관절염에 홍어가 좋다는 것은 오래전부터 전해 내려온 이야기다. 사람의 관절에는 뼈와 뼈 사이에 윤활유 역할을 하는 뮤코다당 단백질인 황산콘드로이친이 필요하다. 그러나 나이가 들면 황산콘드로이친이 자연적으로 감소하면서 뚝뚝 소리가 나고 걸리고 쑤시며 심한 통증까지 생긴다. 그런데 최근 연구결과, 홍어 연골에 황산콘드로이친 성분이 엄청나게 들어 있다는 것이 밝혀졌다. 홍어 외에도 가오리, 상어의 연골과 지느러미, 달팽이, 우렁, 녹용, 녹각, 돼지의 족발, 소의 도가니 등에도 황산콘드로이친 성분이 많다. 이들은 대부분 끓여놓으면 묵처럼 굳는 동물성 식품들이다. 관절염이나 류머티즘 환자는 하루에 한 끼씩 홍어나 가오리를 직접 요리해서 먹거나, 삶아서 말린 다음 가루로 만들어 하루에 10g씩 매일 아침 식후에 섭취하면 큰 효과를 볼 수 있다. 게다가

178

피부도 고와지고 주름살도 펴지며 검버섯이나 기미 및 주근깨에도 효과
가 있으니, 일거양득의 식품이 아닐 수 없다.

흑산 홍어가 마리당 수십만 원을 호가하는 귀한 물건이 되면서
언제부터인가 시중에 유통되는 홍어의 대부분을 수입홍어가 차지하게
되었다. 국산 홍어는 썰어놓은 살의 단면이 진홍색이고 표피에 윤기가
흐른다. 거뭇거뭇한 잔 점이 많고 냄새가 훨씬 구수하며 차진 기운이 강
한 것이 특징이다. 회로 떠놓으면 국산 홍어가 찰진 맛이 훨씬 강하며,
찜을 해서 먹어보면 국산은 질기면서 부드러운 감이 있지만, 칠레산은
씹을 때 고기의 결이 부서지는 느낌이 있다. 칠레산보다는 낮다는 평가
를 받고 있는 중국산 홍어도 껍질이 두껍고 맛이 다소 떨어진다. 그러나
대부분 국산으로 둔갑해서 팔리고 있는 것이 유감이다.

수컷 홍어는 크기가 작고 맛도 없다. 8kg이 넘는
암컷이어야 부위마다 각기 다른 홍어 맛을 느
낄 수 있는데, 암컷과 수컷은 가격에서도
큰 차이가 난다. 그래서 상인들이 좌판에
홍어를 진열하면서 수컷이 발견되면 즉시 두
갈래로 갈라 수컷의 심벌을 잘라내 버리고 암컷
이라고 속여 팔았기 때문에 '만만한 게 홍어×' 이라
는 재미있는 이야기도 나온 것 같다.

홍어찜

삭힌 홍어 한 토막을 깨끗이 닦은 후, 홍어 살결 길이 방향으로 4등분한다. 찜통에 김이 오르면 홍어를 담고(젓가락으로 홍어살을 푹 찔렀을 때 들어갈 정도로) 찜통에서 10~15분간 쪄낸다. 야채(미나리, 대파, 홍고추)와 양념(마늘, 진간장, 참기름, 물엿, 깨소금, 고춧가루, 설탕, 조미료)를 큰 그릇에 넣고 간을 맞추면서 버무린다. 접시에 상추를 놓고 데친 콩나물을 얹은 후 찐 홍어, 팽이버섯을 얹은 다음 버무린 양념 야채를 홍어 위에 얹는다.

홍어 내장탕

(삭힌)홍어는 회, 무침, 찜 등으로 먹고 남은 뼈 부위를 버리지 말고 내장탕에 사용한다. (삭힌)홍어 내장(냉동 보관된 것)은 칼로 토막 내어 잘 썬다. 냄비에 물과 된장을 넣고 끓이면서 거품은 자주 걷어내고, (삭힌)홍어와 내장, 미나리 줄기 썬 것, 대파 자른 것을 넣고 다시 끓인다. 완전히 끓었다 싶으면 홍고추와 풋고추 썬 것과 생강, 마늘 다진 것을 넣고 1~2분 정도 더 끓으면 식탁에 내놓는다.

● **신설홍어회집 02-2234-1644** : 냉장 숙성실 진열장에 늘어놓은 항아리가 특색 있다. 1200°고온에서 구워낸 청송옹기에 홍어와 지푸라기를 넣고 20여 일 동안 저온에서 삭혀 손님상에 내놓는다. 신설동에 위치.

출처 : 테리아님의 블로그(blog.naver.com/pdu0601)

- **여수식당 02-813-1952** : 홍어회에 관한 한 최고의 맛집으로 꼽는 곳 중의 하나. 씹을수록 우러나는 특유의 홍어회 향이 일품이다. 노량진 골목에 위치.
- **목포집 02-722-0976** : 홍어를 삭힌 정도에 따라 골라 먹을 수 있는 곳으로, 일주일 삭힌 것부터 완전히 삭힌 것까지 있다. 안국동에 위치.
- **금메달집 061-272-2697, 061-272-0606** : 남도 홍어 요리점의 자존심 이라 칭할 만하다. 목포시 용당동에 위치.
- **성우정 061-275-9003/우리 음식점 061-275-9030** : 홍어의 본고장, 흑산도에서 맛보는 홍어 요리.

흑산도와 나주 영산포

서해안과 남해안 등지에서도 홍어가 잡히지만, 유독 흑산도 홍어를 높이 쳐주는 것은 가장 맛이 좋은 '산란기 홍어' 들이 뻘이 많고 수심이 80m 정도인 흑산도 근해로 모여들기 때문이다. 그러나 웬만한 미식가가 아니고서는 비슷한 시기에 잡힌 흑산도 홍어와 다른 지역 홍어를 구별하기는 어렵다. 예전에 남도에서는 가을 잔칫상에 흑산 홍어가 빠지면 "별로 차린 것이 없다"는 말을 듣기 십상이었을 만큼 흑산 홍어가 많이 잡히기도 했다. 10월에는 나주 영산포 홍어 축제가 열린다. / 문의 : 나주시 문화공보실 061-330-8221,8542.

- 천년을 두어도 썩지 않는 영약, 꿀

- 늙을수록 달콤한 가을보약, 늙은 호박

- 화려한 주홍빛에 담겨진 건강의 비밀, 당근

- 선조들의 위대한 유산, 된장

- 하루 세 톨만 먹으면 보약이 필요 없는, 밤

- 못 생겨도 화끈한, 생강

- 가을을 간직한 천년의 삶, 은행나무

- 잃어버린 힘을 되찾게 하는, 잣

- 살아 있는 수십억 마리의 균과 효소의 힘, 청국장

- 젊음의 묘약, 고구마

Yellow,
성인병을 예방하자

노란색은 토土에 속하며 비장과 위장의 기능과 연관이 있다

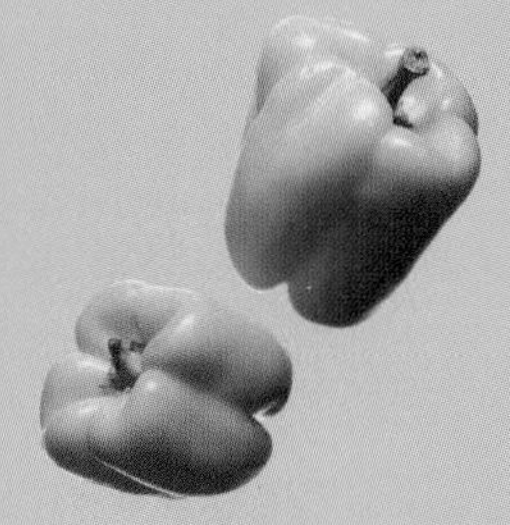

"노란색은 토土에 해당하며 비장과 위장의 기능과 연관이 있다"

따뜻한 느낌과 즐거움을 주는 색, 노란색은 신맛과 달콤함을 동시에 느끼게 해서 식욕을 촉진하며 시각적인 맛도 향상시키는 역할을 한다.

예로부터 황색黃色은 음양오행 중 중앙을 상징하는 '토土'에 속하고, 우주의 중심에 해당하는 고귀한 색으로 인식되었다. 그래서 황색 옷은 오직 임금만이 입을 수 있었다. 한의학에서는 노란색의 음식이 인체의 중심을 차지하고 있는 소화기관의 기능과 밀접한 관련이 있다고 보고 있다. 즉 소화력이 약한 사람에겐 노란 음식이 좋다는 이야기다.

토종닭, 늙은 호박, 벌꿀 등 노란색을 띠는 음식은 비장과 위장의 기능을 북돋아준다. 그래서 다이어트에는 피해야 할 색이기도 하다. 노란색의 음식은 소화기계의 질환을 비롯해, 영양의 공급 및 배설이 제대로 이루어지지 않아 면역력이 약화되거나 각종 성인병이 생기는 것을 예방해준다.

노란색의 과일과 야채에 들어 있는 카로티노이드 성분은 항암효과와 함께 노화 속도를 늦춰주는 효능이 있고, 소화 기능을 도와 위장을 보호하는 역할을 한다. 된장, 청국장 등의 콩 발효식품 또한 면역력을 강화해서 암을 예방하는 뛰어난 우리 고유의 전통음식이다.

YELLOW FOOD, 알면 알수록 그 매력에 빠져든다

천년을 두어도 썩지 않는 영약,

꿀

일벌들은 꽃의 꿀샘(밀선蜜腺)에서 꽃꿀(화밀花蜜)을 혀로 빨아들여 몸에 담고 벌집으로 운반한다. 벌집 속에 꽃꿀을 저장한 후 날개바람으로 수분을 날려 보내고, 몸속의 효소를 가해서 식량으로 오래 간직할 수 있도록 저장, 숙성한다. 이것을 우리 인간이 수집해서 건강식품으로 이용하는 것이 꿀이다. 인간은 꿀벌을 통해서 꿀뿐 아니라 화분花粉·프로폴리스 등의 식물체 수집물과, 밀납·로열젤리·벌의 독(봉독蜂毒) 등의 자체 분비물 같은 귀중한 생산물을 얻는다.

우리나라의 양봉養蜂의 역사는 고구려 태조 때 동양종 꿀벌Apis cerana을 인도로부터 중국을 거쳐 들여와 기른 것이 최초였으며, 이것이 '자연산 한봉(일명 재래봉, 토종꿀. 토종벌이 한자리에서 봄부터 가을까지 꿀을 모으는 재래 방법)'의 시작이다. 자연산 한봉을 하려면 나무와 꽃이 풍부한 깊은 골짜기가 알맞기 때문에, 한봉의 명맥을 이어오고 있는 곳은 모두 산세가 깊고 자연경관이 아름다운 곳이 대부분이다. 꽃을 좇아 벌을 이동시키며 꿀을 따는 서양종 꿀벌Apis mellifera 사육은 고종황제 때 독일인 신부가 일본에서 들여오면서부터 시작되었다.

벌꿀의 빛깔과 풍미는 원료인 꽃의 종류에 따라 다르다. 유채, 메밀, 싸리나무, 아카시아, 밤나무, 감나무, 밀감나무, 클로버, 자주개자리 등

꽃이 만발하고 벌의 활동이 왕성한 봄에 주로 꿀을 채취하며, 보통 1kg
의 꿀을 얻기 위해서는 560만 개의 꽃이 필요하다고 한다. 순수한 꿀은
거의 투명하고 미황색을 띠며, 하등품일수록 황적색 또는 암색을 띤다.

벌꿀은 예로부터 동서양에서 모두 불로장생의 영약으로 인정한
자연식품이다. 『동의보감』에는 "벌꿀蜂蜜은 오장육부를 편안하게 하고
기운을 돋우며, 비위를 보강하고 아픈 것을 멎게 하며 독을 풀 뿐 아니
라, 온갖 약을 조화시키고 입이 헌 것을 치료하며 귀와 눈을 밝게 한다"
고 했다. 신혼을 '허니문Honeymoon' 이라고 한 것은 스칸디나비아에서
신혼부부에게 한 달간 꿀을 먹게 한 데서 유래한 것이다. 꿀 속에는 사
람에게 필요한 미네랄과 비타민이 듬뿍 들어 있어, 피로를 금방 회복해
주고 노화를 방지하며 정력을 돋우는 효과가 있다. 아마 당시에는 신혼

부부를 위한 최고의 선물이 아니었을까 싶다.

꿀은 꽃가루 특유의 비타민, 단백질, 미네랄, 방향성 물질, 아미노산 등의 이상적인 영양성분 이외에, 효소를 지니고 있기 때문에 '살아 있는 식품'이라고 칭한다. 또한 꿀에는 노화를 방지하고 항암효과를 내는 항산화제 성분이 다량 함유되어 있다는 연구결과도 발표되었다. 꿀의 항산화 성분은 푸른 잎사귀 채소, 사과, 오렌지, 딸기 등에 들어 있는 항산화 성분과 거의 맞먹는 수준이며, 특히 짙은 색 꿀일수록 효과가 크다고 한다. 벌꿀에는 '피부 비타민'이라는 니코틴산이 함유되어 있어 마사지를 하면 피부에 윤기를 주며, 겨울철 거칠어진 피부나 기미 등에 효과가 있다.

벌꿀은 인체의 생리 기능에 전혀 해가 없는 감미료로서도 그 가치를 높이 평가받고 있다. 세계 선진국의 예를 보더라도 설탕 소비량은 감소하는 반면 식품으로서 벌꿀의 소비는 증가하고 있다.

벌꿀을 오래 두면 하얗게 굳는 경우가 있는데, 이런 현상은 벌꿀의 구성이 과당보다 포도당이 많을 때 일어난다. 하얗게 굳은 벌꿀은 품질에는 변화가 없지만 사용하기가 힘들다. 이럴 때 레몬을 한 조각 넣어주면 하얀 결정들이 녹는다. 아예 플라스틱 용기에 담아 냉동실에 보관해두면 굳지도 않고 물에도 잘 풀린다. 보관이 소홀해 이미 굳어진 꿀은 45°C 정도의 물에 꿀이 담긴 병을 넣어 중탕을 하면서 저어주면 서서히 용해된다.

최근에는 벌집에서 추출되는 천연물질인 프로폴리스propolis가 건강보조식품으로 부상하고 있다. 프로폴리스는 일벌이 나무껍질이나 꽃잎으로부터 수집한 끈적한 물질로서, 벌집의 틈을 막거나 지붕을 고정

하는 데 사용하는 일종의 밀봉제다. 일벌들은 여왕벌이 알을 낳기 전에 벌집이 세균에 오염되지 않도록 프로폴리스로 벌집 안을 깨끗하게 칠해준다. 그러면 벌집 안에는 병원균이나 박테리아가 침입하지 못한다. 프로폴리스는 39종의 박테리아 중 29종에 대해 강한 항균작용을 한다.

프로폴리스는 화상이나 습진과 같은 피부질환에 대해 항염증 작용이 있기 때문에 '천연 페니실린'이라고도 부른다. 또한 강한 항암작용도 있는 것으로 알려졌는데, 암세포를 잡아먹는 백혈구와 대식세포의 기능을 활성화시켜 면역력을 높임으로써 인체가 암을 비롯한 세균, 바이러스에 저항력을 갖게 한다. 노화를 촉진하는 유해활성산소를 억제해주는 효과도 있다.

YELLOW FOOD

고르기

벌꿀은 완숙 정도와 농도로 품질을 결정한다. 아카시아 꿀과 같이 물처럼 맑은 색깔water white의 꿀을 최고급으로 친다. 꿀의 색깔은 벌이 어떤 꽃샘에서 꿀을 따왔느냐에 따라 달라진다. 예를 들어 양봉의 경우 밤꿀은 진갈색, 아카시아꿀은 연녹색이며, 토종꿀은 대부분 짙은 먹물색이나 진갈색이다. 맛은 밋밋한 단맛 대신 씁쓸한 여운이 남는 것이 좋다.

흔히 물을 부으면 왕관처럼 퍼지거나 불이 붙어야 진짜 꿀이라고들 하는데 모두 속설에 불과하다. 따라서 초보자들은 농협 등에서 지정한 한봉마을(토종꿀을 재래방식으로 채집하는 마을)에서 구입하는 것이 현명한 방법이다.

인삼과 꿀

인삼은 씁쌀한 맛 때문에 흔히 꿀에 찍어 먹는다. 또 껍질을 벗긴 생삼을 어슷썰기 하여 꿀에 버무린 후 약한 불에서 조린 인삼정과도 인삼과 꿀을 이용한 음식이다. 인삼은 기를 보하는 약재이며, 꿀은 인삼의 열량을 보완해주고 인삼의 따뜻한 기운을 도와 지친 몸을 빨리 회복시키는 작용을 한다. 인삼과 꿀이 만나면 시너지 효과를 내는 것이다.

홍차와 꿀

홍차와 꿀은 궁합이 맞지 않다. 홍차에 단맛을 더하기 위해 설탕 대신 꿀을 타서 먹으면, 홍차의 떫은맛 성분인 타닌이 꿀에 포함된 철분과 결합해 인체가 흡수할 수 없는 타닌산철로 변하기 때문에 영양 손실이 생긴다.

배꿀찜

배에 꿀을 넣고 푹 쪄내는 것인데, 감기를 예방하는 겨울철 음료로 적당하다. 감기, 편도선 종통, 기침, 가래 증상을 완화시켜주는 효과도 기대할 수 있다. 크고 좋은 배를 골라 꼭지 부분을 가로로 잘라낸 뒤 씨 부분을 동그랗게 파낸다. 여기에 꿀을 채우고 잘라두었던 꼭지를 다시 덮어 찜통에서 1시간 이상 쪄낸 후 고여 있는 즙을 따라 마시면 된다.

- **심한 위염** : 백반과 꿀을 3대 1로 섞어 한 번에 3~5g씩 1일 3회 식후에 복용한다.
- **편두통** : 편두통이 있을 때는 벌꿀 한 숟가락을 먹는다. 1시간쯤 지나면 통증이 가라앉는 경우가 많다.

국내의 한봉마을 – 재래 토종꿀 생산 마을

아름답고 산세 깊은 곳에서 '토종꿀'의 명맥을 이어가는 한봉마을들. 서리가 내리기 시작하는 늦가을이면 한봉마을은 꿀 수확에 바쁘다. 마을 입구에 들어서면 달짝지근한 꿀 향기가 풍겨나고, 짚으로 만든 삼각형 지붕을 머리에 인 벌통 행렬도 볼 만하다. 10여 년 전만 해도 속이 빈 소나무 통을 사용했지만 요즘은 사각형의 나무벌통을 쓴다.

가인마을

전남 장성군 북하면 약수리 백양사 입구, 백암산에 위치한 가인마을은 단풍나무, 밤나무 꽃, 싸리꽃 등 온 천지가 꿀샘으로, 봄부터 가을까지 내내 꽃이 떨어지지 않는 최적의 한봉촌이다. 옛날부터 품질 좋은 토종꿀을 생산해왔으며, 현재 17가구가 700통의 한봉을 치고 있다. 이른 아침 연기를 피워 벌들을 밑으로 내려 보내 꿀을 따는 모습을 볼 수 있다.

- 한봉운 씨네 061-392-7740

장항마을

해발 700m 이상의 고지로 주변에 뱀사골, 노고단, 실상사, 구룡폭포, 백무동 계곡 등이 있다. 진달래, 산딸기, 싸리나무, 산국화, 당귀 등의 야생 꽃들이 많아 양질의 꿀이 생산된다.

- 지리산자락 남원시 산내면에 위치. 063-636-3073

미천골 밀봉원과 미천골농원

강원도 양양군 서면 미천리, 설악산 자락에 위치해 있어 피나무, 싸리나무, 엄나무 등 꿀 좋은 나무는 물론이고 당귀와 작약과 같은 약초가 풍성하다. 봄에 분봉한 꿀벌들이 가을까지 온 산을 다니며 귀한 약초와 꽃나무 등에서 꿀을 만들기 때문에 최상품으로 인정받는다.

- 미천골 밀봉원 033-673-3535, 미천골농원 033-672-3535

부연마을

진고개를 넘어 양양으로 가는 길의 오대산 기슭. 비포장길 8㎞를 달려야 닿을 만큼 오지로, 이곳 꿀은 맑고 달기로 이름이 높다. 강릉시 연곡면에 위치.

- 연곡농협 033-662-5044

늙을수록 달콤한 가을 보약,
늙은 호박

"호박이 넝쿨째 들어온다, 뒤로 호박씨 깐다, 호박씨 까서 한입에 털어넣는다" 등 호박은 콩과 더불어 우리 옛 속담에 가장 많이 등장하는 먹을거리 중 하나다. 신데렐라가 파티에 타고 간 마차도 사실은 호박이고, 할로윈 파티 때의 가면도 늙은 호박 속을 파낸 것이고 보면 서구에서도 호박은 꽤나 친숙했던 모양이다.

가을걷이가 끝나고 찬바람이 불기 시작하면, 어머니들은 잘 여문 묵직한 늙은 호박에 찹쌀과 강낭콩을 넣고 호박죽을 쑤었다. 겨울 내내 먹었던, 달착지근하면서도 긴 여운을 주던 호박죽은 그 무엇에도 비견할 수 없는 별미였다. 먹을 것이 넉넉지 못하던 옛날, 곳간에 보관해두었던 몇 덩어리의 늙은 호박은 겨울 내내 부족한 비타민을 공급하는 훌륭한 건강식품이었다.

호박은 대개 여름에 많이 나는데, 늙은 호박은 여름 내내 따지 않고 밭에서 그대로 익힌 것이다. 쨍쨍한 가을볕으로 호박의 영양분이 더 농익도록 기다렸다가 늦가을에서야 수확하는 것이다. 옛날에는 동짓날에 늙은 호박을 삶아 먹으면 1년 내내 무병한다고 할 정도로 늙은 호박을 훌륭한 영양식으로 평가했다. 그래서 어르신들은 '청둥호박' 이라고 부르던 늙은 호박을 '가을 보약' 이라고 했으며 민간요법으로도 다양하게 활용했다.

"오랑캐로부터 전해진 박과 비슷하다"고 해서 이름 붙여진 호박은 다른 채소에 비해 기르기 쉽고, 가뭄과 병충해에도 강해 농약이 거의 필요 없는 무공해 식품이다. 한방에서는 늙은 호박을 남과南瓜, 호박씨는 남과인南瓜仁이라는 이름의 약재로 사용했는데, "약성이 감미롭고 따뜻하며 보중補中, 자양, 강장의 효과"가 있다고 했다. 즉 허약한 소화 기능을 따뜻하게 보하고 영양을 보충하며, 기운을 나게 한다는 것이다.

늙은 호박은 버릴 것이 하나도 없는 음식이다. 과실로는 죽, 김치, 범벅, 차, 떡을 해먹고, 씨는 잘 말려뒀다가 겨울철 영양 간식으로 먹고, 잎으로는 쌈을 싸먹는다. 꼭지는 말려서 가루로 만들어 벌꿀과 함께 섞어 먹으면, 감기예방은 물론 고질적인 기침에도 효과를 볼 수 있다.

늙은 호박은 익을수록 껍질이 연초록색에서 누런색으로 변한다. 누렇게 잘 익은 호박일수록 맛도 좋지만 몸에 좋은 성분도 많이 들어 있다. 늙은 호박의 진한 노란빛은 카로티노이드carotenoid 색소 때문인데, 체내에 흡수되면 베타카로틴이 된다. 베타카로틴이 정상 세포가 암세포로 변화되는 것을 막으면서 암세포의 증식을 늦추는 등 항암효과가 있다는 것은 잘 알려진 사실이다.

최근 미국의 국립암연구소에서는 하루 반 컵 정도의 늙은 호박을 꾸준히 섭취하면 폐암에 걸릴 확률이 절반으로 줄어든다고 발표했다. 베타카로틴은 기름에 녹는 성질인 데다 열을 가해도 파괴되지 않기 때문에 호박에 식물성 기름을 살짝 곁들여 볶아 먹으면 맛도 더 좋아진다.

못생긴 여성을 호박에 비유하기도 하지만, 사실 호박만큼 다이어트와 피부미용에 도움이 되는 야채도 드물다. 호박은 열량이 쌀의 10분의 1

에 불과하며, 노폐물 배출
과 이뇨작용을 돕고, 지방
의 축적을 막아주기 때문
에 다이어트 식품으로 가
장 좋은 음식이다. 또한
노화방지에 효과적인 비
타민 E와 카로틴이 풍부해
서 고운 피부를 만드는 데
도 그만이다. 옛날부터 출
산 후에는 늙은 호박 속에
꿀을 넣어 쪄서 먹었는데,

이런 이뇨작용을 이용해 산모의 부기를 빼고 부족해진 영양분을 공급하
려는 의도였다.

호박은 늙을수록 당질의 함량이 많다. 호박의 당분은 소화 흡수가 잘
되면서도 당뇨나 비만에 나쁜 영향을 주지 않기 때문에 당뇨환자나 환
자의 회복식으로 좋다. 또한 위 점막을 보호하는 기능도 있어서 위장이
약하거나 위궤양으로 고생하는 사람에게도 효과적이다. 뿐만 아니라 호
박에는 비타민 A, B₂, C가 듬뿍 들어 있으므로 따로 비타민제를 챙겨먹
지 않아도 된다.

비타민은 감기 예방에 도움이 되는데, 특히 겨울 감기에 '특효'다. 물
론 호박에는 비타민 C를 파괴하는 아스코르비나제 효소가 있긴 하지만,
열을 가하면 파괴되기 때문에 비타민 C가 손상되지 않는다. 또 늙은 호
박에는 신경완화 작용을 하는 비타민 B₁₂가 들어 있어서 불면증에 시달

리는 사람에게 좋다. 그리고 호박씨에는 간을 보호해주는 양질의 단백질이 들어 있어 술안주로 알맞으며, 기침이 심할 때 호박씨를 구워서 꿀과 섞어 먹으면 효과가 있다.

호박은 남성에게도 더없이 좋은 식품이다. 호박의 셀레늄 성분은 정자의 생산성과 활동력을 증가시키고, 호박씨 기름의 스테롤은 전립선을 튼튼하게 해서 초기 전립선비대증에 효과가 있기 때문이다.

달고 영양이 풍부한 늙은 호박을 고르려면 진한 누런색으로 껍질에 윤기가 흐르면서 묵직하고 속이 꽉 찬 것, 표면의 골이 깊게 패이고 꼭지 부분이 함몰된 것을 골라야 한다. 또한 늙은 호박은 저장성이 뛰어나 겨울 내내 보관할 수 있지만, 달콤한 맛을 유지하려면 통풍이 잘 되는 10℃ 이하의 시원한 곳에 저장해야 한다.

그러나 빛에 약하기 때문에 가급적이면 햇볕을 피하는 것이 좋다. 썰어서 보관할 경우에는 호박을 반으로 잘라 씨와 속을 긁어내고 껍질을 깎아낸다. 주황색 속살을 적당한 크기로 썰어 채에 받쳐 햇볕에 널어 말린다. 완전히 마르면 바람이 통하는 망사자루나 대바구니에 넣어두고 먹는다. 이때 햇볕을 많이 받을수록 호박의 베타카로틴 성분이 강화되고 단맛도 증가해 맛이 더 좋아진다.

손쉬운
호박요리

호박죽

중간 크기의 늙은 호박 1/4개를 준비해 껍질을 벗기고 속을 파낸 뒤 얄 팍하고 잘게 썬다. 냄비에 밥 한 공기, 물, 호박을 함께 넣고 한소끔 끓인 다음 은근한 불에 밥이 퍼질 때까지 끓인다. 퍼진 밥과 호박을 믹서로 갈 아 다시 냄비에 넣은 후 약한 불에 은근히 끓이다가 죽이 되면 불을 끄고 우유 1컵을 넣어 잘 저어낸다.

호박꿀단지

중간 크기의 늙은 호박이나 큰 약호박의 꼭지 부분을 떼어내고 씨를 파 낸다. 꿀 1컵을 넣고 꼭지를 덮은 후 찜통에 넣어 2시간가량 찐다. 호박 꼭지 부분이 완전히 함몰하면 속에 괸 물을 따라내 그릇에 담고 속을 파 낸다(물과 속은 먹는다). 단, 꿀을 많이 넣으면 너무 달아서 먹기 어렵다.

호박범벅

늙은 호박 1/4개와 팥 1/2컵을 따로 푹 삶은 뒤 호박을 으깬다. 삶아 으 깬 호박과 팥을 밀가루와 함께 물에 풀어 넣고 다시 끓여낸다. 호박을 반 정도 섞어 만들기도 하는데, 늙은 호박으로 만든 죽과 범벅은 단맛 때문 에 어른이나 아이 모두 즐겨 먹을 수 있어서 좋다.

민간요법

- **천식** : 늙은 호박을 큰 것으로 골라 윗부분을 잘라내고 속을 모두 긁어 낸 다음 보리로 만든 엿을 가득 채운다. 뚜껑을 덮고 밀봉한 후 찜통 에 푹 찌면 액체로 변하는데, 하루 5~6회 정도, 1회에 한 숟가락씩 먹으면 좋다.
- **산후 부종** : 늙은 호박 삶은 물을 마시게 하면 푸석푸석하던 얼굴이 좋 아지고 부기가 빠진다.
- **산후 젖이 잘 나오지 않을 때** : 호박씨 30~50알 정도를 볶아 먹거나 호박 씨 달인 물을 먹으면 젖이 잘 나온다.

화려한 주홍빛에
담겨진
건강의 비밀,
당근

특유의 고운 빛깔과 은은한 향기로 유혹하는 당근은 효능 면에서 어떠한 과일이나 채소에도 뒤지지 않는다. 당근을 주기적으로 먹지 않고 가끔 식당에서 오이와 함께 나온 생당근을 쌈장에 푹 찍어 먹는 게 고작이라면, 또는 자녀가 김밥에서 당근만 골라내고 먹는 식습관을 가졌다면, 이 글을 유념해서 읽을 필요가 있다.

한방에서는 양기의 상징인 붉은색을 띤 당근이 인삼을 대신해서 스태미나를 강화하고 양기를 회복시켜주는 식품이라고 본다. 인삼을 재배할 수 없는 환경이던 일본에서는 오래전부터 당근을 인삼에 버금가는 귀한 음식으로 여겼다. 고대 그리스와 로마에서도 당근의 뛰어난 해독작용에 대한 기록이 남아 있다.

오래 끓여도 변하지 않는 선명한 빛으로 각종 요리를 화려히게 연출해주는 당근. 건강의 비밀은 바로 그 화려한 빛낄에 있다. 당근의 주홍빛 색소는 카로틴 때문인데, 당근에는 베타카로틴, 알파카로틴이라는 강력한 항암작용을 히는 항산회 성분들이 듬뿍 들이 있이 동시양을 믹론하고 사랑을 받아왔다.

카로틴은 몸속에 들어가면 비타민 A로 변하는 물질로, 강력한 항

산화제 가운데 하나이다. 발암물질 및 독성물질을 무력화하며, 몸속의 배기가스라 할 수 있는 활성산소가 체내 세포를 손상하는 것을 방지하여 청정한 상태를 유지해준다. 카로틴은 녹황색 채소에도 풍부하게 들어 있는데, 당근에는 녹황색 채소의 무려 열두 배가 넘는 카로틴이 들어 있다(100g당 7300㎎).

그런데 당근의 보배인 베타카로틴은 주로 껍질 부위에 몰려 있으므로, 당근을 먹을 때 껍질을 벗기고 먹는다면 보물은 버리고 쭉정이만 먹는 것과 같다. 또한 베타카로틴은 지용성 비타민으로, 생으로 먹을 경우 흡수율이 8%에 불과하지만 기름에 조리하면 60~70%로 껑충 뛰어오른다. 당근에 식초를 곁들이면 베타카로틴이 파괴되므로 피하는 것이 좋다. 즉 베타카로틴을 그대로 섭취하려면 당근을 껍질째, 식초는 사용하지 않고 기름에 조리하면 100% 효과를 볼 수 있다.

비타민 A가 부족하면 점막이 각질화하여 떨어지고 암에도 잘 걸린다

는 보고도 있다. 특히 담배를 많
이 피우는 사람은 비타민 A가
부족하면 폐암에 걸리기 쉽다.
미국 암연구소의 연구결과에
따르면, 매일 당근즙을 반 잔씩
마시면 폐암의 발생 위험이 절
반으로 떨어진다고 한다. 게다
가 베타카로틴의 하루 섭취량
이 많을수록, 혈중 농도가 높을
수록 폐암과 심장질환에 걸릴
확률이 낮다는 보고도 있었으

니, 세계의 암 환자들이 당근에 각별한 관심을 갖게 된 것은 결코 우연
이 아니다.

　비타민 A는 기관지 점막을 튼튼하게 하고 저항력을 갖게 하는 작용이
있어서, 기관지염의 예방과 치료에 효과가 있을 뿐 아니라 백일해나 해
수에도 도움이 된다. 이외에도 비타민 A는 야맹증을 예방하며 피부를
곱고 매끄럽게 해준다. 특히 당근은 비타민 A의 공급원으로서 동물의
간과 맞먹기 때문에 간을 싫어하는 사람에게는 비타민 A를 흡수할 수
있는 가장 좋은 자연식품이다.

당근은 성질이 따뜻하고 맛이 달고 매우며 독이 없어서 보온 작
용과 혈액순환에 도움이 된다. 따라서 여름철 냉방병 예방에 좋다. 끓는
물에 당근 2개를 갈아 넣은 뒤 물이 반으로 졸아들 때까지 약한 불로 달
인 다음 벌꿀을 약간 가미해서 먹으면 된다.

또 당근은 피를 보해주는 작용이 뛰어나 예로부터 여성들의 냉증과 빈혈, 저혈압 환자들의 민간요법에 감초 역할을 톡톡히 해왔다. 『본초강목』에 따르면 "당근은 피가 거꾸로 올라가는 증상을 내리게 하고, 흉부 및 위장의 활동을 촉진하며, 속을 편하게 하고 식욕을 증진시켜 이익이 많다"고 소개하고 있다.

이밖에도 살결이 거칠어지고 병균에 대한 저항력이 약해서 여드름이 돋는 증상이 있을 때 피부를 진정시켜 주는 효과도 있다. 여름철 강렬한 자외선에 노출된 후에는 당근을 강판에 갈아 꿀 한 숟가락, 밀가루 약간을 섞어 얼굴에 바른다. 15분에서 20분 정도 지난 후 물로 씻어내면, 피부가 맑고 깨끗해지고 탄력이 생긴 것을 느낄 수 있을 것이다.

한의학에서는 당근이 평平한 성질을 띠며 주로 건위작용이 있어서 소화불량·복부팽만·설사에 효험이 있으며, 늘 뱃속이 냉하거나 위염·대장염 등 염증성 질환을 가진 소음인, 태음인 체질에게 효과적이라고 본다. 특히 호흡기와 소화기 점막의 저항력을 길러 천식과 위궤양을 막아준다.

당근 씨와 잎은 한의학의 훌륭한 약재로 쓰인다. 당근의 잎과 씨는 뇌하수체를 자극해 성호르몬의 분비를 촉진한다. 또 콩팥을 통해 몸의 불순물을 제거하고, 방광염과 신장결석을 예방한다. 특히 당근 씨는 '남학슬'이라고 부르는데, 주로 장내 기생충으로 인한 복통과 소아들의 감적疳積을 치료하는 데 쓰이며, 이뇨작용이 있어 부종에도 사용한다. 그러나 당근을 과다 복용하면 피부의 황색변화carotinemia가 나타나기도 하는데, 몸에 해가 되지는 않으며 복용을 중지하면 금방 사라진다.

당근을 잘게 자르거나 문질러 으깨어두면 당근 속의 카로틴 성분이 급속히 산화되기 때문에 요리를 할 때는 당근을 마지막에 넣는 것이 좋다. 그리고 생당근은 비타민 C가 풍부한 야채와 함께 요리해서는 안 된다. 생당근 속에 들어 있는 아스코르비나제ascorbinase라는 물질이 비타민 C를 파괴하기 때문이다. 그러나 당근을 살짝 데치면 이 성분이 없어진다.

한편 당근과 가장 궁합이 잘 맞는 식품은 사과다. 사과와 함께 갈아 마시면 맛도 좋아질 뿐만 아니라 비타민의 효능을 더욱 상승시켜 완전식품을 기대할 수 있다. 이때 사과는 껍질이나 씨앗을 함께 갈아준다. 만약 단맛이 싫다면 레몬을 살짝 짜서 넣으면 단맛은 사라지고 보다 시원한 맛을 즐길 수 있다. 또한 당근의 독특한 냄새 때문에 당근요리가 꺼려진다면 당근을 물속에 이틀 정도 담가두거나 냉장고에 넣어두면 거짓말처럼 당근 냄새가 없어진다.

당근우유 주스

당근을 깨끗이 씻어 강판에 간 다음 같은 양의 우유를 잘 섞어서 매일 아침식사 전에 한 컵 정도 마시면 변비가 없어진다.

당근사과 주스

사과와 당근을 껍질째 갈아 아침식사하기 30분 전에 마시면 변비가 없어진다. 또한 당근과 사과를 절반씩 갈아서 마시면 시력 회복에 도움이 되고 눈이 피로할 때도 좋다.

토마토당근 주스

토마토 한 개와 당근 한 토막, 레몬즙 한 큰술을 믹서에 갈아 꿀 한 큰술을 넣어 잘 섞어 마신다.

바나나당근 주스

바나나 한 개와 당근 한 토막, 사과 1/3개, 레몬즙 약간을 믹서에 갈아 꿀 한 큰술을 섞어 마신다.

딸기당근 주스

당근 1/3 토막, 딸기 5개, 레몬 1/4개를 믹서에 갈아 마신다.

석류당근 주스

당근 반 개와 석류 열매 2개를 씨까지 함께 믹서에 넣고 물 약간을 섞어 간다. 아침저녁으로 마시면 여드름과 변비 치료에 도움이 된다.

당근잼

중간 크기의 당근 2개를 깨끗이 씻어 껍질을 벗긴 다음 얇게 썰어 그릇에 담는다. 랩을 씌워 물을 약간 부은 냄비에 넣고 중탕으로 익힌다. 젓가락으로 찔러보아 당근이 쏙 들어갈 정도로 익으면 오렌지 주스 한 컵과 함께 믹서로 간다. 다시 냄비에 붓고 설탕이나 물엿을 넣어 물기가 없어질 때까지 졸인 후 레몬즙을 약간 넣으면 당근잼이 완성된다. 단, 졸일 때 설탕을 너무 적게 넣으면 잼이 금방 상하므로 주의한다.

선조들의 위대한 유산,
된장

최근 세계의 영양생리학자들은 한결같이 콩과 콩 발효식품이 21세기의 건강을 지키는 영양식품이라고 입을 모은다. 된장은 서양에서도 '오리엔탈 건강 소스' 라고 부를 정도로 그 영양과 효능을 인정받고 있으니, 된장은 선조들이 우리에게 남겨준 최고의 음식이자 약인 셈이다.

한 해 동안 먹을 장을 잘 담그는 일은 여인네들의 가장 큰 행사 중의 하나였다. 음력 정월대보름부터 2월이 끝나기 전까지 된장과 간장을 담아서는, 마른날엔 독 뚜껑을 열어 말리고 행여 먼지가 앉을세라 정성스레 닦는 것이 커다란 일거리였던 시절이 있었다. 한국 음식은 거의 모두 간장·된장·고추장 등으로 간을 맞추고 맛을 내므로, 장의 맛은 곧 음식의 맛을 좌우하는 기본 요인이 된다.

그러니 '그 집의 음식 맛은 장 맛' 이라는 이야기는 일리 있는 말이다. 된장 맛이 집집마다 다른 까닭은 메주 발효에 관계하는 균, 효모, 곰팡이가 각각 수십 종인데다, 온도와 습도에 따라 각기 다르게 작용하기 때문이다. 특히 된장 특유의 고린내의 원인이면서, 한국 된장을 구별 짓는 대표적 메주 발효균인 바실루스도 집집마다 다르다.

확실한 시기는 알 수 없지만, 중국의 『동이전東夷傳』에 "고구려에서는 장양藏釀(장 담그기와 술 담그기)을 잘한다"고 기록된 것으로 보아, 삼국시대

이전부터 이미 된장을 먹어온 것으로 보인다. 조선시대 『구황촬요救荒撮要』와 『증보산림경제增補山林經濟』에는 콩으로 메주를 쑤는 법, 장 잘 담그는 방법 등이 자세히 나와 있다. 『삼국사기』에는 신문왕 때 왕비의 폐백 품목으로 장이 포함되었다는 기록이 있는데, 당시 장이 얼마나 중요한 먹을거리였는지 알 수 있다.

된장은 간장을 담가서 장물을 떠내고 건더기를 쓰는 '재래식 된장'과, 메주에 소금물을 알맞게 부어 장물을 떠내지 않고 먹는 '개량식 된장', 이 두 가지 방법을 절충한 '절충식 된장'으로 크게 나눌 수 있다. 그 밖에 계절에 따라 담그는 별미장으로는 봄철에 담그는 담북장과 막장이 있고, 여름철에 담그는 집장과 생황장, 가을철에 담그는 청태장과 팥장, 겨울철에 담그는 청국장 등이 있다.

전통된장에는 자연에서 사는 여러 복합균이 작용하고, 개량된장에는 배양하여 접종시킨 단일균이 작용한다. 모두 장단점이 있는데, 먼저 전통재래된장은 복합균, 곰팡이, 효소 등이 작용하다보니 각종 효능이 개량된장보다 훨씬 뛰어나다. 하지만 자연에 의존함으로써 균일한 제품을 만들기가 어렵고, 만드는 시기도 한정되어 있다. 이에 반해 개량된장은 곰팡이의 일종인 황국균aspergillus orizae만이 작용하기 때문에 효능은 떨어지지만 균일한 제품을 생산할 수 있어 일찍부터 산업화할 수 있었다.

물론 효능의 차이는 원료에 있다. 우리가 슈퍼에서 쉽게 사먹는 된장은 전통재래장과 일본된장의 장점을 섞어놓은 것이라고 보면 된다. 원료로는 콩, 쌀, 밀가루 등을 적정한 비율로 혼합한 뒤 완성된 콩메주에 코지균을 접종하여 개량된장을 만든 것이다. 요즘에는 인스턴트 장 소비가 크게 늘었지만 재래식 장의 맛과 영양과는 비교할 수가 없다. 그래서 재래메주나 개량메주를 구입해서 가정에서 장을 담그는 주부들이 늘고 있다.

재래메주나 개량메주를 구입한 후 깨끗이 말린 항아리에 메주를 넣고 앙금을 가라앉힌 소금물을 푼다. 이때 소금물의 염도는 염도계로 재었을 때 15~18도가 알맞고, 염도계가 없으면 날계란을 띄워보아 계란 윗면이 물 밖으로 동전 크기만큼 나오는 정도가 알맞다. 숯과 빨간 고추를 띄우고 양지바른 곳에 60~90일 놔둔 후 간장과 된장을 분리하는데, 간장은 100℃ 이상 끓여서 독에 붓고, 된장은 메줏가루를 섞어 버무린 후 웃소금을 얹어 보관하면 된다.

된장은 같은 콩 발효식품인 청국장과도 다르다. 된장은 소금을 사용하며 담그는 기간이 1년 이상 걸리는 반면, 청국장은 소금을 전혀 쓰지 않으며 2~3일 안에 발효할 수 있는 속성장이다. 또 된장의 맛은 짜면서 은근하지만, 청국장은 질박하면서 거칠고 냄새도 강하다. 청국장의 발효 균주는 바실러스균뿐이지만, 된장에는 다양한 미생물이 작용

한다. 된장은 고서에도 "성질이 차고 맛이 짜며 독이 없다"고 쓰여 있어 해독·해열에 널리 사용되었음을 알 수 있다. 이처럼 된장은 유해균이나 담배의 발암물질을 제거하고 독소를 제거해준다. 뱀에 물리거나 벌에 쏘였을 때 된장을 바르는 것은 널리 알려진 민간요법이고, 간의 독성을 제거해주어서 술병이 났을 때 우리 조상들은 된장국으로 속을 풀어주었다.

예로부터 된장에는 다섯 가지의 덕五德이 있다고 했다. 다른 맛과 섞어도 제 맛을 내는 '단심丹心', 오랫동안 상하지 않는 '항심恒心', 비리고 기름진 냄새가 없는 '불심佛心', 매운 맛을 부드럽게 하는 '선심善心', 어떤 음식과도 조화를 잘 이루는 '화심和心'이다.

된장은 발효식품 가운데서도 항암효과가 탁월한 것으로 알려져 있다. 대한암예방협회의 암 예방 수칙 중에 "된장국을 매일 먹어라"는 항목이 들어 있을 정도로, 국내외적으로 그 효과가 공식화되는 추세다. 된장은 암세포 성장을 억제시키는 효과도 있다. 죽염을 사용해서 만든 된장은 그 항암성이 더욱 증대되며, 암세포의 전이도 억제하는 것으로 나타났다. 이러한 된장의 암 예방효과는 생된장뿐 아니라 찌개나 국으로 조리하였을 때도 비슷하게 유지된다.

또한 된장 속에 들어 있는 미생물은 특수한 단백질을 분비해서 몸속의 혈전(피가 응고해서 뭉치는 것)을 분해한다. 혈관 내에 혈전이 과다하게 형성되면, 피 속의 영양소와 산소의 운반을 방해하며 뇌 혈전증이나 뇌출혈 등의 치명적인 질병을 일으키게 된다. 따라서 된장을 이용한 음식을 많이 먹으면 이러한 질병을 예방함과 동시에, 혈압을 낮추고 체내에 콜레스테롤이 축적되지 않도록 해주어서 혈액의 흐름을 원활하게 한다.

된장은 식욕을 돋우고 소화력도 뛰어난 식품으로, 된장과 함께 음식을 먹으면 체할 염려가 없다. 민간요법으로는 체했을 때 된장을 묽게 풀어 끓인 국을 한 사발 먹어서 체기를 풀어 내리는 방법도 알려져 있다. 된장의 풍부한 식이섬유는 대장에서 인체에 유익한 균을 잘 자라게 하고 장운동을 활발하게 한다. 된장 100g에는 약 1천억 마리의 유익한 효소가 있고, 이들은 몸속의 독소를 제거하는 '강력한 청소부' 역할을 한다. 따라서 몸속의 찌꺼기를 대변을 통해 시원하게 배출할 수 있어서 비만에도 도움이 된다. 특히 된장을 생으로 먹으면 미생물과 효소를 그대로 먹을 수 있으므로 된장을 이용해 쌈장을 만들어 먹는 것이 좋다.

된장찌개를 끓일 때는 된장의 전반은 처음부터 재료와 함께 넣어 팔팔 끓이고, 나머지는 불을 끄고 잠시 식힌 뒤 넣는 것이 좋다. 이렇게 찌개를 끓이면 된장의 풍미도 즐기면서 된장 속의 미생물과 효소도 살아 있는 채로 먹을 수 있다. 된장은 비린내를 없애는 교취矯臭 효과가 있는데, 이는 된장의 주성분인 단백질이 여러 냄새를 흡착하는 성질을 가지고 있기 때문이다. 비린내 나는 생선요리와 육류요리에 된장을 섞어 쓰면 특유의 냄새를 없애고 맛도 돋울 수 있다.

좋은 메주 고르기

집에서 된장을 담그기 위해 메주를 구입할 땐 곰팡이 색깔이 흰색이거나 노란색이 좋다. 파란색이나 검은색 곰팡이가 난 것은 썩거나 바람이 든 것으로 장맛을 떨어뜨린다. 또한 겉은 말라 있

고 색깔이 노르스름하며 눌러보았을 때 약간 말랑말랑한 것이 좋다.

고기 요리를 할 때

된장을 사용하면 고기 특유의 누린내를 없애주고 육질을 부드럽게 해주며 독특한 감칠맛을 낸다.

부침개를 부칠 때

소금 간 대신 반죽에 된장을 넣으면 구수하면서도 색다른 맛을 즐길 수 있다. 또 된장이 밀가루를 소화시키는 것을 돕기 때문에 부침개에 넣을 경우 위가 약해 밀가루 음식을 좋아하지 않는 사람들에게도 좋다.

맛 된장

된장 1/2컵을 쇠 조리에 거른다. 냄비에 다진 마늘 1작은술, 참기름 1큰술, 멸치가루 1큰술을 넣

어 볶다가, 어느 정도 볶아지면 걸러놓은 된장을 넣고 다시 볶는다. 그리고 물 1/2컵과 밀가루 1큰술을 잘 섞은 것을 넣어 끓인다. 다 익으면 불에서 내린다.

이때 되직한 것이 좋으면 밀가루를 풀 때 물을 1/4컵만 넣으면 되고, 매운맛을 원하면 만들어진 맛 된장에 고추장 1큰술을 넣으면 된다. 식힌 후 용기에 담아두고 풋고추를 찍어 먹거나, 된장찌개를 끓일 때 2~3큰

술 넣으면 간편하다.

애호박 된장부침

애호박(1개)은 깨끗이 씻어 물기를 닦은 다음 곱게 채 썬다. 홍고추(2개)는 씻어서 씨를 털어내고 송송 썬다. 채 썬 호박에 된장(3Ts)과 참기름(1/2Ts)을 넣어 고루 버무려 된장 양념이 배도록 한다. 준비한 재료를 잘 섞어 걸쭉한 부침 반죽을 만든다. 달군 팬에 식용유를 두르고 밀가루 반죽을 한 국자 떠 얹고 양념한 호박을 얹은 다음 그 위에 고추를 얹어 모양을 낸다. 마지막에 검은깨를 약간 뿌린다.

된장숙성 삼겹살찜

삼겹살(통삼겹살 500g)은 살 쪽에 1cm 간격으로 칼집을 내고 명주실로 단단히 묶는다. 볼에 된장(40g), 청주(30ml), 재래간장(15ml), 얇게 저민 통마늘(3쪽)을 넣고 잘 섞어 양념장을 준비한다. 양념장에 명주실로 고정한 삼겹살을 넣고 잘 버무려 냉장고에서 하루 정도 간이 배도록 숙성시킨다. 김이 오른 찜통에 기름 부분이 위로 올라오도록 삼겹살을 넣고 핏물이 나오지 않을 정도로 찐다. 찐 삼겹살을 1cm 두께로 썰어 상에 낸다.

하루 세 톨만 먹으면
보약이 필요 없는,
밤

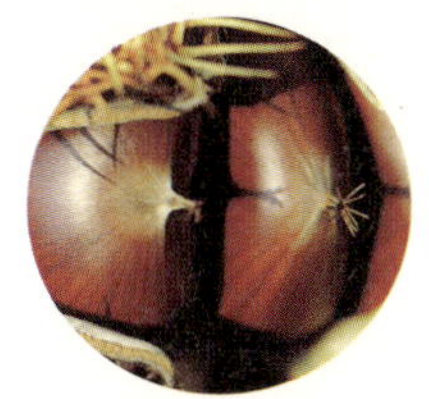

사계절이 뚜렷했던 예전에 비해 요즘은 봄과 가을이 짧아지는 것 같다고 볼멘소리들을 하지만, 시장에서 매끈한 갈색의 알밤을 보는 순간 가을을 물씬 느끼게 된다. 어릴 적 가을소풍 때 삶은 계란과 한 봉지의 찐 밤을 가방에 챙겨 넣었던 세대라면 감회가 남다를 것이다.

중국 진나라 때 편찬된 『삼국지』의 「마한」편에는 "마한에는 굵기가 배만한 밤이 난다"고 적혀 있다. '배만한 밤'이란 표현이 중국인 특유의 허풍이 아닌가 싶지만, 실제로 우리나라의 밤은 세계 최고의 품질이라고 해도 과언이 아니다. 이렇듯 밤의 품종이 우수해서인지 밤을 우리나라만큼 다양하게 요리에 활용하는 곳도 드물다. 서양에서는 빵과 케이크에 밤을 많이 사용하는데, 가장 대표적인 것이 프랑스의 과자 '마롱글라세marrons glaces'다. 무려 열흘에 걸쳐서 밤을 설탕시럽에 졸여 만드는데, 세계 3대 명과에 속할 만큼 명성이 드높다. 옛말에 "밤 세 톨만 먹으면 보약이 따로 없다"고 했듯이, 밤은 모든 영양소를 골고루 함유한 '천연 영양제'라고 할 수 있다. 9월 초순부터 10월께에 수확하는 햇밤은 탄수화물, 지방, 단백질, 비타민, 미네랄 등 5대 영양소를 고루 갖춘 완전식품이다. 밤 100g에 들어 있는 비타민 B_1의 함량은 쌀의 4배나 되며, 인체의 성장발육을 촉진하는 비타민 D의 함유량도 많다.

『동의보감』에는 "밤은 가장 유익한 과일로, 기를 도와주고 장과 위를 든든하게 하며, 신기를 보하고 배고프지 않게 한다"고 기록되어 있다. 한의학에서는 위장과 신장이 허약한 사람, 걷지 못하거나 식욕부진인 아이에게 밤을 회복식으로 처방했다. 지금도 민간요법에서는 소화기능이 약해 묽은 변을 자주 보는 사람에게 찹쌀과 밤을 섞은 밤경단을 먹이는 방법이 전해지고 있다. 밤은 껍질이 두껍고 전분이 영양분을 둘러싸고 있어서 가열해도 영양 손실이 적으므로 겨울철 영양 간식으로 적합하다. 비타민 C의 함유량은 토마토와 맞먹을 만큼 풍부한데, 대보름날 생밤을 오도독 씹어 먹고 부스럼이 나지 않기를 기원했던 풍습은 겨우내 부족했던 영양분과 비타민 C를 보충하는 의미도 있다.

생밤 10개를 먹으면 비타민 C 하루 필요량을 모두 섭취할 수 있다. 생밤은 피부미용, 피로회복, 감기예방 등에 효능이 있고, 밤의 당분에는 위장기능을 강화하는 효소가 들어 있으며, 성인병 예방과 신장 보호에도 효과가 있다. 배탈이 나거나 설사가 심할 때는 군밤을 천천히 씹어 먹으면 좋고, 신장이 약한 사람은 생밤을 장기복용하면 효과가 있다. 비타민 C는 알코올의 산화를 도와 숙취를 예방하므로 생밤은 술안주로도 그만이다. 밤을 부드러운 속껍질까지 벗겨내면 노란색의 속살이 나오는데, 밤의 속살이 노란색을 띠는 것은 카로티노이드라는 색소 때문이다. 항산화 물질인 카로티노이드는 피부를 윤택하게 하고 노화를 저지시켜준다는 것이 입증되고 있다. 또한 밤을 먹으면 젊어지고, 면역력을 높여 세균과 바이러스로부터 몸을 보호해 감기도 예방한다. 밤은 생활 속에서 구급약 역할도 한다. 차멀미가 심할 때 생밤을 씹어 먹으면 증상이 가라앉는다. 칼과 같은 날카로운 도구로 상처를 입거나, 피부병 및 벌레에게 물렸을 경우에는 생밤을 씹어서 상처에 붙이면 해독작용을 한다. 지혈성분과 함께 독소를 완화시켜주는 성분이 들어 있기 때문이다.

밤을 말려서 약용으로 쓸 때는 건율乾栗, 황률黃栗이라고 부르는데, 위장과 비장과 신장을 튼튼하게 해주며 혈액순환을 원활하게 한다. 뿐만 아니라 황률에 두충을 함께 넣고 달여 먹으면 훌륭한 정력제가 된다. 하혈이나 토혈을 할 때는 밤을 태워서 가루로 만들어 먹으면 좋고, 배탈과 설사가 심할 경우에는 군밤을 먹으면 도움이 된다. 이밖에 산모의 모유분비가 신통치 않거나, 만성 기관지염을 앓고 있을 경우에 밤을 꾸준히 먹으면 증상이 호전된다. 고운 피부를 갖고 싶은 여성들이라면 밤의 속껍질을 이용하라. 속껍질을 잘 말려서 곱게 가루를 낸 후에 꿀과 함께 섞어서 팩을 하듯 얼굴에 발라주면, 노폐물 및 각질을 제거해 피부가 고와지는 것을 느낄 수 있다. 그러나 밤에는 전분이 많아서 열량이 생밤 100g당 162㎉에 이를 정도로 높으므로 군살이 찌는 원인이 될 수 있다. 따라서 한꺼번에 너무 많이 먹는 것은 바람직하지 않다. 밤을 오래 보관하려면 밤을 속껍질까지 벗긴 후 하룻밤 물에 담갔다가 말려 냉동시키면 된다. 밤의 속껍질을 쉽게 벗기려면 밤을 삶아서 곧바로 찬물에 담가둔다. 달걀을 삶아서 찬물에 담그는 것과 똑같은 원리이다. 밤은 수분이 13% 정도가 되도록 말리면 당도가 더 높아진다. 밤을 꿀이나 설탕에 조리거나, 가루를 내어 죽이나 이유식을 만들고, 통조림·술·차 등으로 가공해서 먹기도 한다. 기름 함량이 적고 전분의 함량이 많아서 삶거나 구우면 날것으로 먹을 때보다 소화가 더 잘되기 때문에 빵이나 과자 등의 원료로도 널리 사용된다.

밤 고르기

좋은 밤은 알이 굵고 껍질이 깨끗하며 윤택이 난다. 밤은 단단한 것을 고르는 게 좋다. 손으로 눌러 들어가는 것은 너무 말랐거나 썩은 밤일 수 있다. 벌레 먹은 밤도 피하는 것이 좋다.

밤 영양밥

생밤 10알은 껍질을 벗겨 반으로 자르고, 차조 1큰술과 수수 2큰술은 씻어서 건져놓는다. 인삼 한 뿌리를 깨끗이 씻어 동글납작하게 썰고, 찹쌀은 씻어서 30분 정도 불려두었다가 체에 밭여 물기를 뺀다. 약간의 대추와 은행도 깨끗이 씻어 손질해놓는다. 솥에 찹쌀을 안치고 다른 재료를 얹은 후 밥물을 맞춰 밥을 짓는다.

밤초

밤은 껍질을 벗겨 물에 씻는다. 물 2컵에 밤을 데쳐 헹궈놓는다. 냄비에 물, 설탕, 소금, 치자를 섞어 끓이는데, 물이 끓기 시작하면 밤을 넣어 중불에서 끓인다. 이때 거품은 걷어낸다. 물이 반으로 줄면 물엿을 넣고, 물이 거의 졸아들면 꿀을 넣는다. 망에 밭여 여분의 시럽을 없앤 후 그릇에 담아 잣가루를 뿌린다.

밤 수프

양파 반 개, 밤 1개, 셀러리 1대를 얇게 썰어서 버터에 살짝 볶아둔다. 밤 250g도 껍질을 벗겨 얇게 썬 다음, 육수 4컵을 부어 뚜껑을 덮고 뭉근한 불에서 약 40분간 끓이다가 밤, 양파, 셀러리를 넣는다. 다 익으면 믹서에 갈아서 고운체에 거른 후 다시 끓이면서 크림 4큰술과 버터 $1\frac{1}{2}$ 큰술을 넣고 소금과 흰 후추로 간을 맞추면 된다.

밤탕

팬에 식용유를 두르고 뜨거워지면 껍질 벗긴 밤을 넣고 볶는다. 밤이 어느 정도 익으면 설탕 2큰술, 물엿 3큰술을 넣고 끓인다. 밤 한 톨을 들어 보아 끈적끈적한 실이 20~30㎝가량 생기면 다 익은 것이다. 쟁반에 기름을 얇게 발라 밤을 쏟아 붓고 하나씩 떼어 식힌다.

민간요법

- **옻, 습진, 두드러기** : 밤나무 잎을 진하게 달여 여러 번 씻거나, 탈지면이나 포布를 담가 습포로 사용하거나 입욕을 한다. 빠르게는 한 시간 전후, 늦게는 수일 내로 효과를 볼 수 있다.
- **허리와 다리에 힘이 없을 때** : 어린이가 3~4살이 되어도 걷지 못할 때 밤을 매일 5~7개씩 먹는다.
- **식욕부진** : 밤 가루를 혼합하여 쌀죽을 쑤어 먹는다.
- **생선뼈가 목에 걸렸을 때** : 밤의 속껍질을 태운 가루를 목에 빨아들이면 생선뼈가 내려간다.

산지여행

충남 공주시 정안면

정안 밤은 임금님에게 올렸던 진상품으로 옛날부터 맛이 좋기로 유명하다. 정안은 차령산맥의 영향으로 기온차가 크고 모래성분이 많은 토질 덕분에, 밤의 육질이 단단하고 당도도 높으며 저장도 용이하다. 가을이면 알밤 줍기 체험행사도 열린다.

- 문의 : 금정관광농원 041-858-6763, 정안면사무소 041-858-9312~3

못 생겨도 화끈한,
생강

지금은 흔하지만, 생강은 고려 현종 때 임금이 신하에게 내리는 하사품 중 하나였다는 기록이 있다. 생강이 얼마나 영험한 것이기에 임금님께 받는 특별한 선물로 대우를 받았을까.

생강의 원산지는 인도이고, 중국에서는 2천 5백여 년 전 처음 재배되었다. 어떤 것이나 마찬가지지만, 예전의 신문물은 거의 중국에 갔던 사신이 가져왔는데, 생강도 예외는 아니었다. 1천 3백 년 전 신만석이라는 사람이 중국에서 돌아오면서 생강을 얻어와 전라북도 완주에 심은 것이 시초가 되었다. 지금도 전라북도와 충남 서산은 생강의 주생산지이다.

생강은 음식의 감칠맛을 살리는 향신료로 널리 쓰이고 있을 뿐 아니라, 맵고 따뜻한 성질때문에 한약재로 두 많이 이용된다. 2천 년 전의 중국 의서에 이미 약제로 기록되어 있고, 고려시대 의서인 『향약구급방』에서도 생강을 약용 식물로 기록하고 있다. 대부분의 한약 처방에는 생강이 들어가는데, 생강은 약재의 기운을 흩어지게 하는 성질이 있어서 약물 효과가 빨리 전달되도록 한다. 또한 독특한 방향 성분으로 인해 약맛을 좋게 하고, 해독 작용도 있다.

생강을 찌거나 삶아서 건조한 것을 건강乾薑, 불에 구워 말린 것을 흑

강黑薑이라고 한다. 소화불량, 구토, 설사에 효능이 있고 혈액순환을 촉
진하며, 항염증 및 진통효과가 있다. 최근에는 아로마 요법의 하나로,
생강을 유칼립투스나 라벤더와 배합해서 그 증기를 흡입해 기관지염이
나 코염증을 완화시키는 약리적인 효능이 입증되면서 서양에서는 비상
한 관심을 보이고 있다.

한방에서 생강을 약재로 사용할 때는 뜨겁고 매운 약성을 이용
하기 위한 것이다. 생강이 들어간 약은 열을 발산하고 땀을 나게 하며,
소화기를 따뜻하게 해주면서 위산분비를 촉진하며, 식욕을 돋워주고 소

화를 돕는다. 또 위 속의
세균을 억제하고, 장운동
을 촉진한다.

이외에도 생강은 드링크
제 멀미약보다도 멀미를
진정시키는 효과가 뛰어
나다. 생강이 메스꺼움을
일으키는 뇌의 활동을 억
제하기 때문이다. 홍콩에
서는 배를 타는 사람들이
편강片薑(설탕에 절여 말린
얇게 저민 생강)을 씹고 있
는 모습을 쉽게 볼 수 있
는데, 차를 타기 30분~1
시간 전에 편강이나 생강

222

사탕을 먹으면 도움이 된다. 또는 생강분말을 물에 타거나, 생강을 잘게 썰어 잔에 넣은 뒤 끓는 물을 붓고 5분쯤 우려내어 마셔도 된다.

또 술 마실 때 안주로 편강을 먹으면 냉한 술기운을 중화시키므로, 다음날 속이 빨리 편해진다. 식중독 등으로 토하거나 물 같은 설사가 멎지 않을 때도, 생강을 굽거나 생강가루를 내서 먹으면 놀라운 효과가 있다. 생강가루를 만들려면 생강을 껍질째 사방 1cm로 썰어, 물에 적신 한지에 싸서 오븐이나 토스터에서 30분쯤 가열한 후, 그대로 식혀 빻으면 된다. 이것을 체중 10kg당 0.1g씩 하루 3회 핥듯이 복용하면 대개는 금방 가라앉는다. 딸꾹질을 오래할 때도 생강즙을 단숨에 마시거나, 생강과 감꼭지 말린 것을 함께 끓여 먹으면 뚝 그친다.

가정에서 생강을 약재로 먹는 가장 쉽고 간편한 방법은 감기 초기에 여러 가지 약재와 함께 끓여 꿀을 타서 마시는 것이다. 생강은 맵고 따뜻한 성질이 혈액순환과 체온을 증가시키기 때문에 오래전부터 발한, 해열약으로 이용해왔다. 현대인들에게 감기는 피로누적의 결과인 경우가 많다.

이렇게 몸이 허할 때 시작되는 감기는 해열제로 열만 내리려고 해서는 몸에 더 부담이 되므로, 생강으로 몸속을 따뜻하게 하고 혈액순환을 촉진해 땀이 자연스럽게 나도록 하는 방법이 더 효과적이다. 잠자기 전 생강 1개를 얇게 썰어서 물을 부어 10~20분 정도 달여낸 다음, 잠자기 전에 꿀을 타서 따뜻하게 1~2컵 마시면 좋다.

생선회를 먹을 때 생강 저민 것을 곁들이는 것은 상큼한 뒷맛을 지켜주는 이상의 의미를 갖는다. 생강의 매운맛 성분인 진저롤gingerol과 쇼가올shogaol이 여러 가지 병원균, 특히 티푸스균이나 콜레라균 등을 없

애는 살균효과를 발휘하기 때문이다. 미국 매사추세츠대학연구소는 생강에서 인간에게 해로운 박테리아를 박멸하는 성분을 추출하기도 했는데, 날것의 해산물에 들어 있는 비브리오나 리스테리아 등을 없애준다는 것이다.

최근 미국 마이애미의대 류머티즘 전문의인 레이 올트먼 박사는 의학전문지 「관절염과 류머티즘」 최신호에 생강이 관절염 통증을 가라앉히는 데 매우 효과적이라는 연구결과를 발표했다. 덴마크에서도 생강이 소염 및 진통효과가 우수해서 류머티즘 관절염이나 퇴행성 관절염 치료제로 좋다는 발표를 한 적이 있는데, 이는 생강이 통증을 유발하는 체내 물질인 프로스타그란딘의 생성을 억제하기 때문인 것으로 밝혀졌다.

정약용은 『다산방』에서 "중풍에는 생강즙을 먹어라"고 했고, 본초학자 이시진은 "신경통, 관절염, 동상 등에 생강즙이나 생강탕을 뜨겁게 하여 마사지하면 효과적"이라고 했던 것으로 보아 우리 조상들은 생강이 염증을 억제하고 진통에도 효과적이라는 것을 일찍이 알고 있었던 것으로 보인다.

무릎이나 팔꿈치 등의 관절이 붓고 열이 나며 통증이 있을 때는 토란과 생강을 갈아서 만든 찜질 약으로 아픈 부위를 찜질한다. 찜질 약을 거즈 위에 손바닥 두께로 바른 후, 거즈를 한 겹 더 덮고 아픈 부위에 붙인다. 찜질약이 마르면 다시 갈아서 붙이는 방법으로 찜질하면 통증이 완화된다.

생강은 체질상 몸이 냉한 사람들에게 아주 잘 맞는다. 생강을 날로 먹거나 즙을 내서 마시면 혈액순환에 좋고, 몸이 따뜻해지면서 내장 기능이 활발해진다. 냉대하가 있거나, 혈압이 낮고 생리주기가 긴 여성, 혹은 산후 하복통, 생리통, 수족냉증이 있는 여성은 매일 생강차를 한 잔씩 마시면 몸이 따뜻해지면서 불편 증상이 없어진다.

생강은 기관지와 성대 손상, 기침에도 효과적이다. 노인의 헛기침에는 생강과 흑설탕을 넣고 달여서 한 숟가락씩 자주 먹으면 좋고, 술마신 후에 노래를 많이 불러서 목이 쉬고 갈라질 때는 생강, 귤껍질, 더덕을 함께 달여 그 증기를 마시면 성대가 빨리 회복된다는 민간처방도 있다.

최근에는 자동차 매연과 담배연기에 의한 폐의 손상을 회복시키는 데에도 생강이 효과가 크다는 발표가 있었는데, 생강을 차로 끓여 마시면 매연의 주 성분인 이산화질소의 오염을 방지할 수 있다는 것이다.

또한 생강은 독특한 향기가 매우 강해서 다른 냄새를 없애는 효능이 있다. 액취증이 있을 때 생강 달인 물에 수건을 적셔서 겨드랑이에 대주면 효과적이다. 단, 자극이 강하기 때문에 피부가 약한 사람은 주의해야 한다. 돼지고기나 비린내가 강한 생선을 조리할 때도 생강을 넣으면 냄새도 없어지고 맛도 좋아진다.

"지나친 것은 미치지 못한 것과 같다"는 말이 있다. 평소 잘 흥분하고 얼굴이 벌겋게 잘 달아오르거나 혈압이 높은 사람이 생강을 많이 먹으면 해롭다. 또한 생강은 혈관을 확장시키기 때문에 치질이나 위, 십이지장궤양 등 출혈하기 쉬운 병이 있거나 불면증이 있는 사람은 조심해야 한다.

생강은 대개 9월에 출하가 시작되어 가을철 서리가 내리기 전에 캐내는 것이 가장 싱싱하고 영양가도 높다. 특히 우리나라는 서산 생강이 유명한데, 서산 특유의 해양성 기후와 황토에서 재배되어 최고의 품질을 자랑한다. 생강밭이 굵고 육질이 연하며 특유의 향과 개운한 맛을 지닌 것으로 평가받고 있다. 좋은 생강은 껍질에 상처가 없으며 표면이 매끄럽고 윤기가 난다.

손쉬운 생강요리

생강차

껍질 벗긴 생강을 씻어서 얇게 저며 물과 함께 약한 불에서 10~15분가량 끓인 후 꿀을 넣어 마신다.

생강 대추차

얇게 썬 생강과 대추에 물을 붓고 오래 달인 후 꿀을 타서 하루 2~3잔 마신다. 겨울철에 마실 수 있는 차로는 최고다. 손이 차거나, 속이 차서 음식을 먹으면 복통과 설사를 일으키는 사람의 위를 보호하고 소화를 돕는 효과가 탁월하다. 특히 겨울철 목이 칼칼하고 감기 기운이 있을 때 마시면 더욱 효과적이다. 감기 초기에 몸살 기운까지 있으면 파의 흰 뿌리도 함께 달여 마시면 좋다.

생강 찹쌀탕

생강을 얇게 썰어 3일 정도 말린다. 냄비에 말린 생강 3g, 찹쌀 9g, 물 2컵을 넣고 약한 불에서 끓인다. 물이 반으로 줄면 체로 걸러내고 물을 마신다. 냉증으로 인한 복통, 설사에 효과적이다.

민간요법

- **원형탈모증, 탈모, 비듬** : 생강즙을 짜서 바르거나 생강을 썰어서 두피에 하루에 2~3회 문지르면 효과가 있다.
- **개에 물린 데** : 생강즙을 마시면 독이 풀린다.
- **체했을 때** : 생강즙을 먹으면 생강의 매운맛이 위 점막을 자극, 위액의 분비를 촉진하기 때문에 체기가 내려간다.
- **감기로 인한 발열** : 생강차를 마시면 혈액순환과 체온을 증강시켜 땀이 나게 하며, 속을 따뜻하게 해주므로 감기가 물러난다.

가을을 간직한 천년의 삶,
은행나무

70, 80년대에 학교를 다녔던 사람이라면 운동장 주변에 떨어진 노란 은행잎을 주워 책갈피에 끼워두었던 추억이 있을 것이다. 온갖 액세서리가 넘쳐나는 요즘의 십대들에게는 촌스런 행동으로 비쳐지겠지만 당시엔 꽤 멋스런 가을 행사였다.

은행나무는 아무 데서나 잘 자라고 병충해에 강하며, 공해에 대한 적응력도 강해서 아황산가스나 납 성분을 정화하는 능력이 플라타너스보다 두 배나 높다. 또한 관리비용도 적게 드는 데다, 가을이면 도시를 노란색으로 물들여주기까지 한다.

중국에서는 은행나무를 공자의 행단杏壇에 주로 심었기 때문에 우리나라에서도 이를 본따 문묘, 향교, 사찰 경내에 많이 심었다. 현재 우리나라의 천연기념물 중에는 오래된 은행나무가 많은데, 수령이 4백~1천 1백 년까지 다양하다. 성균관대학 교내 문묘 앞의 400년생 은행나무는 중국을 왕래하던 선비들이 심은 것이며, 양평 용문산의 은행나무는 1천 3백 살로 추정되는 동양에서 가장 크고 오래된 나무다. 신라의 마지막 세자인 마의태자가 금강산으로 가는 도중 심었다고도 하고, 신라의 고승 의상대사가 짚고 다니던 지팡이를 꽂아놓은 것이라는 설도 있다.

서양에서는 은행나무를 '소녀머리 나무maiden hair tree'라고 부르는데, 가르마를 탄 처녀의 머리 모양이 은행나무 잎의 모양과 비슷하다는데서 나온 이름이다. 중국 사람들은 은행나무의 잎이 오리발같이 생겼다고 하여 압각수鴨脚樹, 씨앗이 은빛이며 살구나무 씨를 닮았다고 행자목杏子木, 열매가 손자 때나 열린다는 뜻에서 손자나무, 공손수公孫樹라고도 불렀다.

은행나무에는 살균과 살충 성분인 플라보노이드가 들어 있어서 벌레의 유충, 식물에 기생하는 곰팡이, 바이러스 등을 죽이거나 억제하고, 다른 식물의 씨앗이 발아하는 것도 억제한다. 그래서 은행잎을 집에 두면 바퀴벌레나 해충이 없어지는 것이다. 은행잎을 책갈피에 끼워두는 것도 단지 운치 때문만이 아니라, 책에 좀이 슬지 않도록 하기 위한 지혜이다.

은행잎은 오래전부터 약재로 이름이 높았는데, 심지어는 '나무에 달려 있으면 임산물, 땅에 떨어지면 의약품'이라는 말이 나올 정도였다. 은행잎에 대한 연구는 60년대 후반부터 독일, 프랑스 등 유럽을 중심으로 시작되어 최근에는 혈관 및 혈류장애, 심장질환, 류머티즘 등 성인병 치료에 효능이 있는 성분

들이 잇따라 추출되고 있다.

이렇듯 서방세계가 은행잎에 눈을 뜨게 된 것은, 중국의 모택동이 은행잎을 달여 복용함으로써 건강을 유지한다는 사실이 알려지면서부터였다. 당시 독일의 유명한 제약회사인 슈바베가 약품개발을 시도했고, 우리나라도 80년대 초반 의약품 개발에 성공한 뒤 지금은 거의 모든 제약회사들이 갖가지 제품을 만들어내고 있다. 특히 우리나라의 은행잎은 외국 것에 비해 유효성분이 10배 남짓이나 들어 있다는 사실이 입증되기도 했다.

은행잎에서 추출한 '징코민' 이라는 혈액순환 촉진성분은 혈관을 확장시키고, 혈액이 부족한 혈액조직에 활성산소를 보충하며, 혈소판이 응고되지 않도록 작용해서 혈액의 점도를 낮추기 때문에 혈류개선제로 인정받고 있다. 이 같은 작용은 혈액의 공급부족 때문에 생기는 심장병을 예방하고, 당뇨병으로 인해 피가 굳어지거나 흐름이 막혀 혈관과 조직에서 괴사가 일어나는 것을 방지한다. 이러한 혈전억제 효과는 아스피린에 견주어도 손색이 없어서, 천연물 제제의 평가에 인색한 양의학계에서도 은행잎의 약리 효과는 전적으로 인정하고 있다.

평소 혈압이 높은 사람은 음력 5월에 따서 그늘에 말린 은행잎 35g에 감초 15g을 넣고 달인 물을 수시로 마시면, 몸 안에 쌓인 독을 풀어주고 혈압을 내리는 데 상당한 효과가 있다.

은행잎 추출물은 화장품 원료로도 사용되고 있다. 우리나라는 은행나무가 풍부해 원료공급이 쉬운 데다, 국산 은행잎 추출물의 유효성분 함유량이 훨씬 많고, 피부 부작용도 거의 없어 화장품 원료로는 그만이다. 은행잎 추출물에는 혈액순환을 촉진하고 잔주름을 방지하는 효과가 있

는데, 특히 플라보노이드 성분은 피부 찌꺼기인 과산화지질의 생성을 억제해서 세포막을 보호하는 기능을 한다.

은행나무 열매는 살구와 비슷하게 생겼다고 해서 '살구 행杏' 자와, 속껍질이 희다는 뜻에서 '은빛의 은銀' 자를 합하여 '은행銀杏'이라는 이름이 지어졌다. 은행은 오래전부터 '백과白果'라는 이름으로 해수, 천식, 유정遺精, 소변백탁小便白濁을 치료하는 약재로 사용해왔고, 고급 한식 요리에 재료로도 사용해왔다. 살짝 볶은 것은 술안주로 먹기도 했다.

『본초강목』에는 "은행을 익혀서 먹으면 폐를 따뜻하게 하고 천식과 기침을 진정시킨다"는 기록이 있는데, 실제로 은행에는 기관지 점액분비 기능 개선효과와 기관지 평활근 이완작용이 있음이 확인되었다. 급성 감기로 기침 가래가 많을 때는 크게 도움이 되지 않고, 폐기肺氣가 허약해 나타나는 오래된 기침을 진정하는 데는 명약이다. 천식 발작으로 가래와 기침이 심할 때는 불에 약간 구운 은행 5~6알을 하루 한 번씩 복용하거나, 은행 깐 것을 밤꿀에 넣어서 재어두었다가 1티스푼씩 먹으면 증상을 완화할 수 있다.

또 은행은 강장强壯, 강정强精 효과가 있어서 여자들의 오줌소태와 냉증에 좋다. 옛날 중국에서는 여자가 시집가는 날 화장실에 덜 가도록 하기 위해 구운 은행을 많이 먹였다는 기록도 있다. 이는 은행이 방광을 따뜻하게 해서 요의를 억제하는 효과가 있기 때문이다.

일반적으로 몸이 차가워지면 방광의 근육들이 수축되어 요의를 더 느끼게 되는데, 실제 야뇨증 환자들 중 다수는 몸이 차고 복직근(배꼽 양쪽에 있는 세로줄의 근육)이 당겨져 있는 경우가 많다. 냉이 심한 여성은 은행과 마(산약)를 같은 분량으로 섞어 가루를 낸 뒤 밥을 먹기 전에 12g 정도씩 복용하면 효과를 볼 수 있다. 야뇨증이 있는 아이에게 먹이면 좋은 음식으로도 단연 은행을 꼽을 수 있다. 잠들기 3시간 전에 구운 은행 5~6개를 먹이면 효과가 있다.

그러나 은행에는 독이 있어서 날로 먹거나 한꺼번에 많이 먹는 것은 좋지 않다. 때로는 중추신경이 자극과 마비를 일으키게 되며, 많이 먹으면 구토, 설사, 발열, 경련 등의 중독中毒 증상이 나타난다. 날 은행에는 고유한 풍미를 내는 성분인 청산배당체가 많이 들어 있고, 계절적으로 맹독성 청산화합물이 생성되기 때문이다. 따라서 일반적으로 10알 이상 먹는 것은 금하는 것이 좋다. 다행히 청산배당체의 독성분은 익히면 없어지므로 먹을 때는 반드시 익히거나 구워 먹어야 한다.

중독현상이 나타날 때에는 사향을 한 스푼 따뜻한 물에 타서 마시거

나, 감초 달인 물을 마시면 바로 해독된다. 종이 우유팩에 은행알을 넣고 전자렌지에 1~2분 정도 익히거나, 후라이팬에 식용유와 소금을 약간 넣고 익혀 먹어도 된다. 은행은 겉껍질에서 고약한 냄새를 내는 '비오볼'이라는 독성물질이 들어 있으므로, 날 은행을 많이 만진 후에는 옻이 오른 것 같은 접촉성 피부염을 일으키게 되니 주의해야 한다.

손쉬운
은행요리

은행죽

기관지 질환에 좋은 은행과, 혈액순환 및 보혈강장 효과가 있어서 피부
미용에 좋은 용안육을 함께 넣어 끓인 약죽이다. 은행 4개, 용안육 7개,
쌀 80g을 함께 넣어 죽을 쑨다. 죽이 거의 다 쑤어졌을 때 설탕으로 간
을 해서, 하루에 한두 번씩 주식 대용 또는 간식으로 먹는다. 폐결핵, 만
성 기관지염, 오래된 기침, 알레르기 천식 등의 치료에 도움이 되며, 자
양·강장효과도 뛰어나 정력을 증강시키는 효과도 기대할 수 있다. 식
욕부진, 소화불량, 현기증, 빈혈, 신경쇠약으로 마음이 불안할 때 먹어
도 좋다.

은행술

은행 500g을 볶아서 껍질을 벗긴다. 뜨거울 때 껍질을 벗기면 속의 얇은
껍질도 잘 벗겨진다. 용기에 은행을 넣고 소주 1,800㎖를 붓는다. 얼음
설탕 5~20g을 넣고 밀봉한 다음 시원한 곳에서 1년 이상 보관한다. 숙
성되면 독특한 향기와 맛을 지닌 담황색 약술이 완성되는데, 숙성 후에
도 재료를 건져낼 필요가 없다. 달지 않게 담그고, 완전히 익힌 후 꿀이
나 설탕을 타서 마시는 것이 좋다. 기침을 재우고 가래를 멎게 하는 데
도움이 된다.

잃어버린 힘을 되찾게 하는,
잣

잣은 '해동 송자(동쪽 나라의 잣)' 라는 이름으로 옛날부터 고려인삼과 함께 우리나라의 특산품으로, 중국은 물론 서역 나라에까지 수출되었을 정도로 명성이 높았다. 명나라 때의 '신라 송자(신라 잣)' 는 가장 약효가 높아 『본초강목』에 기록되었을 정도였다. 송나라 때의 『개보본초』에도 "신라의 잣은 신선도를 닦는 사람들이 먹고 있으며, 신라에서 자주 진상하여온다. 중국산은 알이 작고 효력이 약하다"고 기록하고 있다.

『동의보감』에는 "잣은 자양강장 효과가 있으니 평소 잣죽을 자주 먹으면 더없이 좋다"고 하였고, "잣죽 3년이면 신선이 된다"는 말도 있었다. 예로부터 왕실에서는 왕의 기력보강을 위해서 잣으로 송자주, 백주를 담아 올렸다.

잣은 수나무과에 속하는 잣나무의 씨앗으로, 큰 솔방울처럼 생긴 잣송이 틈새에 수백 개의 잣알이 들어 있다. 송이를 말려서 두드리면 보석같이 탐스럽고 윤기 있는 잣알들이 쏟아지는데, 이를 해송자海松子, 백자柏子, 송자松子, 실백實柏이라고 불렀다. 잣 100g은 약 670cal의 열량을 내지만, 대부분이 불포화지방(74%)과 단백질(15%)로 구성되어 있어서 고소한 맛도 일품이지만 영양가도 만점이다. 음력 정월 대보름이면 잣, 호두, 밤 등의 딱딱한 열매를 깨무는 '부럼' 이라는 풍습이 있었는데, 그 속

에는 영양이 충분한 열매로 겨우내 부족했던 영양분을 보충하려는 선조들의 지혜가 숨어 있다.

잣의 가장 중요한 특징은 자양강장제 역할을 한다는 것이다. 잣에 들어 있는 우수한 불포화지방산이 피부를 아름답게 하고 혈압을 내려주며 스태미나를 강화시킨다. 특히 혈액 속의 콜레스테롤 양을 줄이므로 동맥경화증은 물론 각종 성인병을 예방하는 효과도 거둘 수 있다. 『동의보감』에도 "잣은 기혈을 보하고 폐 기능을 도와, 기침을 멈추고 내장 기능을 원활하게 한다.…… 허한 것을 보하고 여윈 것을 살찌게 한다"고 했다.

각종 비타민, 철분, 인, 칼슘 등이 풍부하게 들어 있어서 빈혈에 좋으며, 영양가가 아주 높아 허약 체질인 사람에게 좋다. 겨울철 피부가 건조해서 생기는 각질이나 피부 가려움증으로 고생하는 사람은 잣을 소량

씩 꾸준히 섭취하면 피부에 윤기가 흐르고 영양상태도 좋아지는 것을
느낄 수 있다. 한의학에서는 폐의 기능이 좋지 않으면 피부도 건조해지
는 것으로 보는데, 잣은 폐 기능을 튼튼하게 해서 피부 알레르기 개선에
도 제격이다.

양질의 불포화 지방산을 함유하고 있는 잣기름은 피를 맑게 해
서 혈압을 내려주고 힘을 북돋워주므로, 심장병을 예방하는 효과가 있
다. 잣은 노인이나 병자에게 좋은 영양식품이며 고혈압이나 중풍환자에
게도 효과가 있다. 잣에 들어 있는 양질의 지방 때문에 잣을 많이 먹을
경우 변비가 없어지고 배변이 부드러워지지만, 평소 대변이 묽거나 설
사가 잦은 사람은 잣을 많이 먹으면 설사를 하게 되므로 주의해야 한다.

국산 잣은 윤기와 광택이 있으며, 씨눈 덮개가 거의 없는 편이고, 겉
표면에 상처가 있거나 깨진 잣이 조금씩 섞여 있다. 가루가 없으며 잣을
냉장보관하기 때문에 제품의 변질이 적고 항상 신선하다. 잣나무 향과
송진향이 나며, 산지에서 잣을 수거해서 직접 가공 생산하므로 믿을 수
있다.

그에 반해 수입 잣은 윤기와 광택이 적으며, 씨눈 덮개가 붙은 잣이
1/3이 넘는다. 상처는 없으나 장기간 보관 시 진한 갈색으로 변색되는
것이 있다. 중국에서 수입된 것은 벌레나 변질을 막기 위해 농약 훈증을
하거나 방부제를 뿌릴 우려가 있다. 잣에 가루가 묻어 있거나 가루가 생
기며, 잣나무향이나 송진향이 없으며, 보따리 상인 등에 의해 들여와 재
가공을 해서 판매하므로 통관 시 농약성분 검사도 거치지 않고 비위생
적으로 처리될 우려가 있으니 유의해야 한다.

손쉬운
잣요리

잣차

잣을 향긋하게 볶아서 살짝 찧어 찻잔에 넣는다. 뜨거
운 물을 부은 후 잠시 뚜껑을 덮어두었다가 마신다.

잣국수

잣 1/2컵을 씻어서 믹서에 넣어 물을 붓고 간다. 팔팔 끓는 물에 국수를
넣고 끓어오르면 두세 번 찬물을 부어주면서 더 끓인다. 다 익으면 물에
헹궈서 체에 밭인다. 그릇에 국수를 담고 잣 국물을 부은 후 앵두나 석류
를 얹고 먹기 직전에 소금으로 간을 맞춘다. 소화 기능이 약한 노인, 장
시간 책상 앞에 앉아 있어서 변비나 만성피로가 있는 수험생, 건성 피부
인 사람들에게 특히 좋다.

잣죽

잣과 쌀을 1:3의 비율로 준비한다. 쌀을 불려 물을 적
당히 붓고 끓인다. 잣은 물을 약간 붓고 믹서에 곱게
간다. 쌀알이 약간 퍼질 때까지 끓인 후, 잣 갈은 것을
넣고 한 번 더 끓여 소금으로 간을 맞춘다.

잣 소스

잣 300g과 육수 2큰술을 믹서에 곱게 갈은 것에 식초 1큰술, 설탕 1큰
술, 레몬 2개, 소금 5g을 한꺼번에 섞어 버무린다. 양상추, 오이, 배추,
피망, 치커리 등의 야채를 한입에 들어갈 정도로 먹기 좋게 뜯거나 잘라
서 잣 소스로 버무려 먹으면 식감이 놀랄 정도로 살아난다. 야채의 싱싱
함과 함께 담백하고 고소한 맛이 조화를 이루기 때문이다.

우목봉 골짜기

잣나무는 가평군 자연경관의 일등공신으로, 상록의 상징이자 절개의 표상이기도 하여 1972년 가평군의 군목으로 지정되었다. 이곳에서 전국 잣 생산량의 40% 이상을 생산하는데, 매년 10월이 되면 산중턱에 있는 잣막에서 주민들이 밤을 새워가며 잣송이에서 잣을 털어낸다. 예전에는 나무에서 쏟아지는 금싸라기라고 할 정도로 잣 따기가 큰 돈벌이였으나, 요즘은 잣송이를 따낼 인력이 부족한 데다 청설모(청세)가 크게 늘어나 여물지 않은 잣을 먹어버리는 바람에 수확량이 줄고 있다. 가평읍 승안리와 북면 백둔리 사이에 위치.

살아 있는 수십억 마리의
균과 효소의 힘,
청국장

간장, 된장, 고추장 같은 전통발효식품이 몸에 좋고 우리 생활에 없어서는 안 되는 음식이라는 것은 한국 사람이면 누구나 다 인정하는 사실이다. 그러나 "청국장이 장이냐 거적문이 문이냐"는 말에서 보듯이, 청국장은 전통발효식품으로서 제대로 대접을 받지 못했다. 된장, 고추장과는 달리 오래전부터 청국장은 가정에서 직접 만들지 못해도 크게 흉이 될 것이 없는 분위기였으며, 특유의 냄새 때문에 눈치 보며 먹어야 하는 음식으로 천대받아왔다.

그러나 청국장의 가장 큰 특징은 그 특유의 자극적이고 퀴퀴한 냄새이다. 처음에는 코를 막던 사람도 한번 맛들이면 자꾸 찾게 되는 것이 바로 청국장이다. 추운 겨울, 온 가족이 둘러앉은 저녁 밥상 위에 보글보글 끓는 청국장찌개. 한 숟가락 먹었을 때 입 안에 퍼지는 그 구수함이란, 바로 어머니의 품이며 고향의 정감情感이다. 청국장은 지역에 따라 퉁퉁장(충청도), 담북장(경상도), 떼장(평안도), 썩장(함경도)으로 불렸다.

청국장의 역사는 고구려시대로 거슬러 올라간다. 고구려의 옛 영토인 지금의 만주 지방에 살던 기마 민족들은 손쉽게 단백질을 섭취하기 위해서 콩을 삶아 말안장 밑에 넣고 수시로 먹었다고 한다. 말의 체온(37~40℃ 정도)에 삶은 콩이 자연발효된 것이 바로 청국장인 것이다. 이것이 한반도로 내려와 서민의 유용한 단백질 공급원이 되었다.

『삼국사기』에 의하면 청국장은 '시'라는 이름으로 683년 처음 등장하며, 신라의 신문왕이 왕비를 맞을 때 폐백 품목이었다. 조선 영조 때 유중림의 『증보산림경제』에는 청국장을 의미하는 '전국장'에 대한 설명이 나온다. "대두를 잘 씻어 삶은 후 고석(볏짚)에 싸서 따뜻한 방에 사흘간 두면 실이 난다"며 청국장 만드는 법을 상세히 기술해놓았다. 청국장은 우리나라뿐 아니라 실크로드를 따라 중국의 서역 지방까지 전해졌고 네팔, 태국, 인도네시아, 부탄, 아프리카까지 퍼져나갔다. 일본에서는 '나또natto'라는 이름으로 불렸고, 동남아시아는 청국장 음식문화권이 형성되었다.

청국장의 어원에 대해 청나라에서 유래되었다는 의미로 '청국장淸國醬', 또는 청나라의 누룩麴과 같다는 뜻의 '청국장淸麴醬'이라는 주장이 있다. 바쁜 전시에 전장에서 빨리 만들어 먹을 수 있는 장이라 해서 '전국장戰國醬'이라고 불렀다고도 하는데, 명확한 근거는 찾을 수 없지만 모두 일리 있는 주장이다.

청국장을 겨울철에 주로 즐겨 먹었던 데는 두 가지 이유가 있다. 하나는 햇콩이 나오는 시기가 10~11월 초겨울이고, 두 번째는 청국장을 띄울 때 온돌방의 따뜻한 아랫목이 필요했기 때문이다.

메주콩을 10~20시간 더운물에 불렸다가 푹 삶아낸 다음, 식혀서 대나무 소쿠리에 담고 콩 사이사이에 볏짚을 넣은 뒤 따뜻한 아랫목에 둔다. 담요나 이불로 덮어 45℃로 보온하면 맛있는 청국장이 된다. 된장은 여섯 달은 족히 걸려야 먹을 수 있으나, 청국장은 삶은 콩을 발효시킨 지 2~3일 후면 먹을 수 있다. 또한 전통 장류 중에서는 유일하게 소금

을 첨가하지 않고 고온에서 속성으로 발효시킨 식품이다.

청국장은 볏짚에 붙어 있는 고초균bacillus subtilis이 번식해서 발효가 된다. 고초균이란 볏짚이나 말린 쑥 등의 마른 식물체에서 주로 분리되는 균으로, 사람에게 위해를 끼치는 독성물질을 전혀 생산하지 않는 안전하고 유익한 균이어서 옛날부터 발효식품 생산에 사용되어왔다.

이 고초균이 생산하는 효소 때문에 청국장 특유의 맛과 냄새가 나고, 회백색으로 색깔이 변하며, 끈적끈적한 실이 나오는 것이다. 이 균은 40~45℃에서 잘 자라며, 단백질 분해효소나 당화효소 등의 효소가 있어서 소화율이 높다.

청국장은 고초균으로 인해 원래의 재료인 콩에는 없었던 새로운 물질, 즉 항암효과가 있는 끈적끈적한 점질물질polyglutamic acid, 면역증강 효과가 있는 고분자 핵산, 항산화물질인 갈변물질, 혈전용해 효과가 있는 단백질 분해효소 등 각종 생리활성 물질이 만들어진다.

즉 청국장을 먹는다는 것은 결국 수백억 마리의 청국장 발효균주, 각종 효소, 생리 활성물질을 먹는다는 것과 같은 의미이다. 콩을 이렇게 유익한 청국장으로 변화시키는 고초균은 콩에 존재하는 단백질을 분해해서 작은 조각의 아미노산으로 만들어주기 때문에 인체 소화흡수율도 대단히 높아지게 한다. 또한 장내 부패균의 활동을 약화시키고 병원균에 대한 항균작용을 한다. 부패균의 활동을 억제함으로써 부패균이 만드는 발암물질, 암모니아, 인돌, 아민 등 발암촉진 물질을 감소시키는 효과도 인정받고 있다.

뿐만 아니라 이런 유해물질을 흡착하고 배설시키기도 한다. 대개 유해물질은 간에서 해독되지만 청국장에 의해 유해물질의 생성이 줄어들면, 간의 부담이 가벼워져 피로회복이나 피부가 거칠어지는 것을 막는 효과가 커진다. 특히 풍부한 비타민 B_2는 간의 해독 기능을 높여서 술이나 담배에 시달린 간을 보호해주는 힘이 있다.

최근에는 볏짚을 사용하지 않고 고초균만으로 발효시키는 개량식이 개발되어 냄새 없는 청국장도 시판되고 있다. 게다가 건강식품으로서의 청국장의 효능이 알려지면서 청국장을 건강식으로 즐기는 사람들이 늘고 있는데, 냄새 때문에 기피하던 젊은층이나 여성들까지도 다이어트와

변비 해소에 좋다는 사실을 알고 앞 다투어 찾게 되었다.

청국장, 특히 생청국장을 먹어본 사람들이 이구동성으로 말하는 효능이 바로 강력한 정장효과, 즉 변비나 설사가 없어졌다는 것이다. 생청국장 한 숟가락(약 15g)에는 살아 있는 각종 효소와 약 15억 마리의 고초균이 존재한다. 이것은 야쿠르트 등과 같은 젖산균 음료 약 15g 속에 150만 개의 균밖에 없는 것과 확실히 비교되는 엄청난 양이다. 장내 생존율도 유산균은 30% 미만인데 비하여 고초균은 70%에 육박한다. 하루 한 숟가락의 생청국장을 섭취하는 것이 야쿠르트 수천 개를 한꺼번에 먹는 것과 맞먹는다. 단, 찌개로 끓여 먹으면 미생물과 효소의 활성이 파괴되므로, 청국장은 '생' 으로 먹는 것이 가장 좋다.

생청국장에 들어 있는 '제니스테인' 이라는 물질은 암에 탁월한 효과를 나타낸다. 암은 세포의 유전자가 손상되는 단계와 세포분열이 빨라지는 단계로 나뉘는데, 제니스테인은 세포분열이 빨라지는 것을 억제하기 때문이다. 따라서 유방암을 비롯해 결장암, 직장암, 위암, 폐암, 전립선암 등을 예방하는 효과가 있다.

생청국장에 들어 있는 사포닌도 암 예방에 큰 역할을 한다. 암 발생과정에서 생기는 DNA 부가물의 성장을 억제해서 암 발생촉진 인자를 감소시켜줄 뿐 아니라, 유해성분이 장 점막과 접촉하는 시간을 줄이고, 유해성분을 흡착해서 독성을 약하게 한다. 음식물이나 뱃속에 생긴 발암물질을 희석해 단시간에 배설되도록 하기 때문에 대장암에 걸릴 가능성도 낮춰준다. 또한 청국장의 끈끈한 실의 주된 구성성분인 점질물질은 항암물질의 운반에 관여할 뿐만 아니라, 그 자체로도 항암능력을 지니는 것으로 알려져 있다.

이외에도 단백질 분해효소(프로테아제)의 작용으로 고혈압을 예방하며, 각종 비타민이 많아 신진대사가 촉진되므로 비만을 막아준다. 레시틴은 악성 콜레스테롤을 혈액 속으로 녹여서 몸 밖으로 배설하여 동맥경화나 고혈압 등의 성인병을 예방하고, 내장의 독소들을 신장으로 보내 소변으로 배출시키거나 간으로 보내 분해하는 역할을 한다.

또 청국장에 들어 있는 갈변물질(멜라노이딘), 비타민 B_2, 섬유질은 인슐린 분비를 촉진시키므로 당뇨에 효과적이다. 비타민 B_2는 알코올 분해를 촉진시켜 간의 기능을 좋게 하므로 숙취해소에도 도움이 된다. 따라서 과음했을 때 생청국장을 두 숟가락 정도 먹으면, 청국장 속의 비타민과 풍부한 아미노산들이 작용해서 어떤 숙취해소제보다 탁월한 효과를 경험할 수 있다. 비타민 E와 플라보노이드류는 우리 몸속에서 지방이 산화되는 것을 막아주므로 노화나 주름살을 방지하는 데 유용하다.

청국장은 살아 있는 청국장균을 섭취할 수 있기는 하지만, 청국장균이 살아서 번식활동을 계속하기 때문에 장기간 보존이 불가능한 단점이 있다. 생청국장은 더운 날씨에 상온에서 이틀 이상 방치할 경우 심한 암모니아 악취가 나기 시작하고, 냉장실에 일주일 정도 보관하면 곰팡이가 생긴다.

청국장은 5분 이상 끓이면 청국장 속의 미생물과 인체에 유용한 효소가 완전히 파괴되기 때문에 주의해야 한다. 미생물과 효소의 사멸을 최소화하면서 청국장을 찌개로 끓여 먹는 방법은 일단 재료를 모두 끓여놓고 불을 끈 뒤 청국장을 넣어 먹으면 된다. 그러면 처음부터 청국장을 넣고 끓인 것과 맛의 차이를 거의 느끼지 못하면서 생청국장의 미생물과 효소를 고스란히 섭취할 수 있다.

최근 생청국장이 건강에 좋다는 인식이 널리 퍼져 생청국장을 선호하고 있으나, 전통적으로 가정에서 담요를 덮어서 띄운 청국장은 생으로 먹을 경우 배탈이 날 수 있다. 주로 겨울철 별미로 즐겨 먹어오던 찌개용 양념으로는 훌륭하지만, 잡균이 함께 번식하기 때문이다.

시판되는 청국장을 그대로 먹는 것도 좋지 않다. 시판되는 청국장은 발효시킨 청국장에 소금과 고춧가루 등을 넣고 으깬 것인데, 이럴 경우 곰팡이 균이 침투하기 쉽다. 따라서 청국장을 생으로 안전하게 먹으려면 특수하게 제작한 발효기에서 익힌 콩에 청국장 균주를 분사해 외부의 잡균에 노출되지 않도록 위생적으로도 발효시킨 청국장을 가공하지 않고 먹는 것이 좋다.

가공되지 않은 청국장은 냉장실에서 1개월을 두더라도 변하지 않는다. 청국장을 만들어 그늘에서 바싹 말린 후 믹서에 갈아 분말로 만들어두면 더 오래 보관할 수 있다. 요즘에는 청국장 제조업체에서 아예 보관기간에 여유가 있도록 건조 청국장이나 분말 청국장을 만들어 팔기도 한다. 기호에 따라 커피에 타서 먹거나, 생식 혹은 선식과 섞어서 먹을 수 있어 학생이나 직장인들이 선호하는 편이다.

가정에서 청국장 만들기

메주콩을 20시간 정도 물에 담가 불린 후, 콩이 연한 갈색으로 변하고 먹기에 좋을 정도로 부드러워질 때까지 삶는다. 열탕 소독한 항아리나 그릇에 삶은 콩을 담은 뒤 볏짚을 구해 콩 위에 얹는다. 볏짚을 구하기 어려우면 시중에 파는 청국장을 구입한 뒤 삶은 콩 위에 소량을 넣어 섞어도 된다.

발효에 적절한 온도는 37~45도 안팎, 습도는 80% 정도이다. 온도 유지를 위해 전기장판 위에 올려놓고 이불로 말아놓는다. 2~3일쯤 지나면 퀴퀴한 냄새가 나고 콩의 표면이 발효돼 갈색이 진해지고 하얀 실이 생기는데, 젓가락으로 콩을 떴을 때 실이 많이 생길수록 제대로 발효된 좋은 청국장이다. 청국장의 발효와 부패를 분간하려면 콩이 갈색으로 변해 실이 생기는지를 확인하면 된다.

청국장찌개

쌀뜨물에 머리와 내장을 뺀 멸치를 넣고 국물을 우려낸다. 김치는 속을 털어내고 2㎝ 길이로 자른다. 두부는 2㎝ 크기로 깍둑썰기를 하고, 팽이버섯은 밑을 자른 후 다시 반으로 자른다. 고추와 파는 어슷썰기하고, 고추는 물에 넣고 흔들어 씨를 뺀다. 멸치국물이 우러나면 멸치를 건져내고 김치를 넣어 한소끔 끓인 후 두부를 넣고 간을 맞춘다. 팽이버섯, 고추, 파를 넣은 뒤 불을 끄기 직전에 청국장을 풀어 잠시 섞은 뒤 불을 끈다.

청국장쌈장

작은 냄비에 청국장 1/2컵, 참치통조림 50g, 고추장 1큰술, 다진 양파 2큰술, 다진 마늘 1큰술, 다진 파 2큰술, 깨소금 1큰술, 참기름 1큰술, 멸치국물 1/2컵을 넣고 살짝 끓인 후 되직해지면 그릇에 담아 야채와 함께 상에 올린다.

맛집

- **전주청국장 02-541-3579** : 냄새가 강하지 않은 청국장을 맛볼 수 있다. 특히 젊은이들에게 인기가 많다. 서울 잠원동 소재.
- **진주청국장 02-785-6918** : 청국장에 바지락을 넣어 구수하면서도 시원한 맛이 한결 강하다. 서울 여의도 국회의사당 건너편에 위치.
- **하나로 식당 02-733-0678** : 청국장 특유의 냄새와 맛이 그대로 살아 있어 중년층 이상의 손님들이 많다. 서울 종로구 청진동 소재.
- **향나무 세 그루 02-720-9524** : 15년간 식사 메뉴는 청국장 단 한 가지, 시골에서 띄운 청국장을 가져다 쓴다. 서울 삼청동 총리공관 건너편에 위치.
- **다래식당 02-812-4156** : 소박한 청국장 맛과 주물럭을 맛볼 수 있는 밥집으로, 20년 역사를 자랑한다. 서울 상도동 소재.
- **토속집 031-374-4984** : 30년이 넘은 식당으로 3대가 영업하고 있다. 군불 지핀 온돌방에 전통방식으로 띄운 청국장에다 소금만으로 간을 한다. 청국장 정식이 유명하다. 경기도 화성시 동탄면 장지리 소재.
- **장단 콩마을 031-953-7600** : 파주 장단콩 영농조합법인에서 직영으로 운영하는 곳으로, 민통선 안에서 재배된 국산 콩만 사용해서 직접 전통방식으로 청국장을 만든다. 파주시 군내면 백연리 소재.
- **양수면옥 031-975-2267** : 짙은 풍미의 걸쭉한 청국장이 별미. 집에서 끓여 먹을 수 있도록 직접 띄운 청국장을 팔기도 한다. 고양시 일산구 일산역 앞에 위치. 풍동 분점 031-901-3377.

젊음의 묘약,
고구마

보릿고개를 넘기 힘들고 먹을거리가 없었던 때 허기를 채우던 음식이었던 고구마가 요즘은 건강식품으로 제대로 대우를 받고 있다. 그도 그럴 것이 젊어지는 식품에다 항암식품, 그리고 혈관을 깨끗하게 하는 식품이라는 설명 모두가 바로 고구마 하나를 두고 하는 말일 정도니, 그 가치가 얼마나 어마어마한 건지 상상할 수 없을 정도다. 어느 누가 고구마의 이런 인식의 변화를 두고, '촌스런' 고구마의 '달콤한' 재발견이라고 표현해놓은 것을 본 적이 있는데, 이런 표현은 전혀 부풀린 것이 아니다. 게다가 웬만한 식품은 가열하면 영양파괴가 심한데, 고구마는 가열해도 영양성분의 파괴가 적은 대표적인 식품이어서 여러 가지 요리로 응용하는 데 부담이 적고, 고구마의 영양소는 고구마 자체뿐 아니라, 잎과 줄기에도 아주 풍부하고, 오히려 비타민 A와 C 그리고 E는 뿌리인 고구마보다 잎과 줄기에 더 많이 있으니, 고구마는 잎에서 뿌리까지 버릴 것이 없는 건강 채소다. 최근 미국 항공우주국NASA에서 우주시대 식량자원으로 훌륭한 탄수화물 공급원이자 비타민 등 영양성분이 풍부한 고구마를 선택했다는 뉴스가 있기도 했는데, 그만큼 고구마는 한 끼 식사로 먹을 수 있을 만큼 영양도 풍부하고 잎과 줄기까지 모두 활용이 가능한 가치를 현대에서 인정받은 셈이다.

고구마의 원산지가 멕시코라는 사실을 아는 사람은 많지 않은 것 같다. 그만큼 우리의 인식 속에는 고구마가 너무나 한국적이고 정감 있는 음식이기 때문일 것이다. 게다가 예로부터 대부분의 식품이 서구에서 중국을 거쳐 한국에 들어왔던 것과는 다르게, 고구마는 일본을 거쳐 한국에 전해진 식품이다.

한의학에서는 고구마가 비장과 위를 튼튼히 하고 혈액을 편안하게 하며 따뜻하게 하는 효능이 있고, 오장을 튼튼하게 하며, 이질과 음주 후 설사, 어린이의 영양부족과 만성 소화불량에 좋다고 보고 있다.

고구마는 젊어지게 하는 항산화 효과가 많은 식품이다. 특히 껍질 속에 있는 보랏빛 색소에 항산화 물질인 폴리페놀 화합물(안토시아닌 성분)이 노란 속살보다 훨씬 많이 포함되어 있어서 젊어지는 효과를 보려면 고구마를 껍질째 먹는 것이 효과적이다. 고구마의 껍질 색깔이 흰색, 노랑색, 주황색, 보라색 등으로 다양한데, 보라색 고구마가 다른 색깔의 고구마보다 항산화 능력이 4~7배 많은 월등한 항산화 능력을 가지고 있다. 또한, 보라색 고구마에서 추출된 안토시아닌은 적채, 포도 껍질, 엘더베리, 보라색 옥수수 등에서 추출한 안토시아닌보다 강한 항산화 능력을 지니고 있기 때문에 다른 식품을 먹는 것보다 보라색 고구마를 통해 섭취한 안토시아닌 성분이 훨씬 강력한 효과를 발휘한다. 즉, 젊어지는 식품으로 고구마를 섭취하려면 겉은 보라색, 속은 노란색의 고구마를 껍질째 먹는 것이 요령이다. 항산화 효과란 성인병의 원인이 되는 활성산소를 없애주는 것을 말하는 것이니, 항산화 식품이란 늙지 않는 식품이라는 말과 일맥상통한다.

고구마는 '최고의 항암식품'이다. 고구마의 발암 억제율은 최대

98.7%로 가지, 당근, 셀러리 등 항암효과가 있는 채소 82종 중 단연 1위다. 그 이유는 고구마에 함유된 식이섬유가 다른 식품의 식이섬유보다 흡착력이 훨씬 강해 각종 발암물질과 대

장암의 원인으로 보이는 담즙 노폐물, 콜레스테롤, 지방까지 흡착해서 체외로 배출시키기 때문이고, 또 다른 이유는 고구마의 보랏빛 껍질에 함유돼 있는 베타카로틴 성분이 세포를 노화시키는 활성산소를 잡아주어 피부나 장기를 둘러싸고 있는 상피조직의 세포가 딱딱하게 변질되는 것을 막아주기 때문이다. 베타카로틴은 비타민 C와 함께 있을 때 효과가 더 커지는데 고구마에 함유된 비타민 C는 조리할 때 열을 가해도 70~80%가 남는다. 또한 폐암에 대한 연구에서 고구마는 폐암을 잘 예방하는 3대 적황색 채소인 고구마, 호박, 당근 중의 하나로 뽑혔는데, 이들 세 가지 야채를 합하여 하루에 반 컵 정도의 즙만 마셔도 폐암의 가능성을 절반으로 줄일 수 있다.

고구마는 혈압을 낮춰주는 효능도 있다. 고구마는 콩, 토마토와 함께 칼륨이 많은 대표적인 채소(100g당 460mg)여서 긴장이니 스트레스, 무력증 등에 좋은 식품이다. 나트륨을 많이 섭취하면 고혈압을 일으키는데, 칼륨은 나트륨의 배설을 촉진히어 혈압을 내리게 한다. 칼륨이 많이 함유된 고구마는 나트륨 과잉섭취 국가인 한국인에게 더없이 좋은 식품이다. 그래서 고구마를 김치 등과 같이 먹는 것은 조상들의 지혜가 엿보이는 좋은 음식 궁합이 된다.

이외에도 고구마는 혈중 콜레스테롤을 낮추는 약인 콜레스티라민과 유사한 효과를 나타내는 성분이 들어 있어서 콜레스테롤을 낮춰 혈관을 젊게 하는 식품이다. 그리고 익히지 않은 생고구마 상태로 섭취할 때는 혈당을 낮추는 작용도 탁월하다. 그리고 고구마에는 섬유질뿐만 아니라 수지배당체인 하얀 수지성분(고구마를 자르면 하얗게 나오는 진)이 배변을 도와주는 역할을 하기 때문에 변비를 예방하고 치료하는 효과가 크다. 그리고 고소하고 달콤한 향미를 자랑하는 고구마는 밥보다 칼로리는 낮으면서 보다 오랜 시간 위장에 머물러 있기 때문에 포만감이 크다. 이런 이유로 최근에는 다이어트 식품으로도 각광받고 있다.

단, 고구마를 먹을 때 주의점이 있다. 하나는, 고구마에 섬유질이 많고 아마이드라는 성분이 있어 세균번식이 쉬워서 창자 안에서 발효가 일어나 가스가 발생하기 쉽다는 점이고, 또 하나는 고구마의 항산화 성분인 폴리페놀 화합물은 주로 수용성이기 때문에 튀기는 것보다는 쪄서 먹는 것이 좋고 열량이 높은 편이라 하루 1~2개 정도 먹는 것이 바람직하다는 점이다.

고구마 맛탕

고구마(300g)는 껍질을 제거한 후, 적당하게 썰어놓는다. 냄비에 기름을 넣고 180도로 가열한 후 고구마를 튀긴다. 팬에 식용유(15g)와 설탕(50g)을 넣고 설탕이 녹을 때까지 열을 가하면서 잘 저어주면서 시럽을 만든다. 튀겨놓은 고구마를 시럽에 넣고 빨리 버무린 후 접시에 담는다(접시에는 미리 기름을 발라서 달라붙지 않게 해야 한다).

고구마 샐러드

고구마(400g)는 찜통에 넣고 쪄서 준비한다. 가래떡(50g)은 작게 깍둑썰기를 한 다음 기름을 두른 팬에 볶는다. 구운 고구마를 뜨거울 때 으깨어 마요네즈(15g), 플레인 요구르트(40g), 머스터드(30g), 꿀(5g), 소금(3g)을 넣고 버무려준다. 건포도(30g)와 볶은 가래떡과 호두가루(25g)를 넣고 으깬 고구마와 함께 버무린다.

고구마 스프

고구마(150g)를 삶은 후 껍질 제거하고 꼭지를 잘라낸 후 대충 잘라 우유 한 컵과 함께 갈아준다. 우유에 간 고구마를 냄비에 붓고 우유를 반 컵 정도 더 붓고 부드럽게 섞어준 후 버터(20g)와 슬라이스 치즈(2장)를 넣고 다시 끓여준다. 주걱으로 흘려봤을 때 주르르 흐르면서 부드럽게 걸쭉한 상태가 되면 불을 끄고 소금으로 간을 맞춘다.

YELLOW FOOD

- 더 남성답게 더 여성스럽게 만들어주는, 굴

- 천연소화제, 배

- 나물 반찬으로만 먹기엔 너무 아까운, 도라지

- 섹스 미네랄이 풍부한 스태미나 대표식품, 마늘

- 작지만 대단한 생선, 멸치

- 피부에 보약-먹는 화장품, 오이

- 삶을 새콤하게 만드는, 식초

- 벗겨도 벗겨도 영양은 그대로, 양파

- 장을 살리는 살아 있는 유산균, 요구르트

- 기적을 낳는 살아 있는 쌀, 현미

White,
콜레스테롤을 줄이자

하얀색은 금金에 속하며 폐장과 대장의 기능과 연관이 있다

"하얀색은 금金에 해당하며 폐장과 대장의 기능과 연관이 있다"

청결, 순수, 순결, 신성, 정직을 의미하는 하얀색. 예전에는 아이가 태어나서 돌이 되기 전까지 부정을 쫓는 의미에서 백색의 옷만을 입히는 풍속이 있었다.

한의학에서는 흰색을 음양오행 중 폐肺의 기능과 배속시켜, 흰색이 호흡기의 기능과 관련 있다고 본다. 실제로 도라지, 무, 콩나물 등의 흰색 식품은 폐와 기관지에 좋은 식품으로, 환절기 감기를 예방하고 호흡기가 약한 체질을 가진 사람에게 도움이 된다. 음식에서 흰색을 내는 색소에 들어 있는 안토크산틴, 플라보노이드 성분은 체내 산화작용을 억제하여 유해 물질을 체외로 방출시키고, 몸속에 들어오는 균과 바이러스에 대한 저항력을 길러준다.

특히 마늘과 양파 등에는 알리신이 함유되어 있는데, 자극성이 강한 것이 특징인 알리신은 강력한 항암작용을 하며, 혈중 콜레스테롤 수치를 내려주어 고혈압과 동맥경화를 예방한다. "요리해서 먹는 페니실린"이라 불리는 마늘, 기름진 음식과 육류가 중심인 중국인들의 콜레스테롤을 조절해주는 양파 등 **WHITE FOOD**를 즐기다보면 어느새 건강해진 자신을 발견할 수 있을 것이다.

더 남성답게
더 여성스럽게
만들어주는,
굴

보통 11월부터 살이 오르기 시작해 1,2월을 거치면서 살집이 도톰해지고 뽀얀 우윳빛을 띠는 굴. 짭조름하면서 씹히는 듯 입 안에서 녹는 맛도 좋지만, 신선한 바다 내음이 고스란히 배어 있는 향기가 일품이다. 탐스럽게 자란 싱싱한 굴을 껍질을 까서 그대로 초장에 찍어먹는 굴회, 굴을 넣고 보슬보슬하게 지은 굴밥, 독특한 향기가 가득한 굴전, 무를 채 썰어 넣고 버무린 굴젓 등 어느 것 하나 나무랄 데가 없다. 날것을 즐기지 않는 서양 사람들도 굴만큼은 날것으로 먹는데, 반각에 올려진 생굴에 레몬즙을 뿌려 먹는 프랑스의 최고급 요리는 세계적으로도 유명하다.

동서양 어느 곳이든 선사시대의 조개무덤에서 굴 껍질을 발견할 수 있다. 아마 수렵이나 고기잡이조차 없었던 시절에 굴은 인간에게 중요한 영양 공급원이었을 것이다. 고대 로마의 황제들두 굴을 즐겨 먹었다는 기록이 있는데, 17세기 프랑스 루이 14세 때는 파리 시내에 굴 판매점이 2천 곳이나 있었다고 한다. 나폴레옹은 치열한 전투현장에서도 식탁에 굴이 올라야 비로소 식사를 했다고 하며, 19세기 소설가 발자크는 한 번에 1천 개 이상의 굴을 먹을 정도의 '굴 마니아'였다. 독일의 '철혈 재상' 비스마르크도 한 자리에서 175개의 굴을 먹어 주변 사람을 놀라게 했다는 일화가 있다. 요즘 미국에서는 굴 전문점인 'Oyster bar'가 유행의 최첨단으로 대접받으며 젊은이들로부터 큰 인기를 끌고 있다.

"굴을 먹어라. 그러면 오래 사랑하리라 Eat Oysters, Love Longer"라는 서양 속담이 있을 정도로 굴은 예로부터 최고의 '천연 정력제'로 각광을 받아왔다. 에너지원인 글리코겐과, 정액을 구성하는 주요성분인 아연이 많이 들어 있으므로, 굴을 먹으면 에너지가 넘치고 테스토스테론이란 남성호르몬이 활성화되면서 섹스 시간을 연장할 수 있다는 것이다. 희대의 바람둥이 카사노바는 여자들을 유혹할 때 굴을 먹었다고 하며, 고대 유대인 등 금욕생활을 하는 사람에게 굴은 금기 식품이기도 했다.

굴은 여성에게도 아주 이롭다. 굴에는 멜라닌 색소를 분해하는 성분과 비타민 A가 풍부해서 살결을 희고 곱게 만들어준다. 『동의보감』에서는 "굴은 바다에서 나는 음식 중 가장 귀한 것이며, 먹으면 향기롭고 피부를 아름답게 하며 안색을 좋게 한다"고 했고, "배 타는 어부의 딸은 얼굴이 까맣고, 굴 따는 어부의 딸은 하얗다"는 옛말이 있을 만큼 굴은 하얀 살결을 원하는 사람에게 효과적인 식품이다.

굴은 빈혈로 고생하는 여성들에게도 반가운 식품이다. 조혈효능이 있는 철분, 아연, 인, 칼슘이 고루 들어 있어 피로회복에도 효과적이다. 그러나 단지 콜레스테롤이 많다는 이유로 굴을 외면하는 사람도 적지 않은데, 돼지고기나 마요네즈보다 콜레스테롤 함량이 많은 것은 사실이다. 하지만 몸에 이로운 단백질 식품들이 거의 그렇듯 굴의 콜레스테롤은 불포화지방산이다. 즉 동맥경화증을 유발하는 포화지방산과는 달리,

오히려 굴은 약알칼리성 식품이라서 피를 맑게 해준다.

굴은 흡수율이 높고 소화가 잘되기 때문에 어린이나 노약자에게 부담을 주지 않고, 환자의 체력 회복에도 좋아 '바다의 우유' 라는 별명에 딱 맞는 완전식품이다. 단백질 함량은 오히려 우유(3%)보다 높다(10%). 겨울철 부족하기 쉬운 각종 비타민과 철분, 요오드, 칼슘, 망간 등의 무기질이 풍부하며, 대부분이 글리코겐으로 구성된 굴의 당질은 '동물성 녹말' 이라고 부를 만큼 소화흡수가 빨라 금방 칼로리로 변하기 때문에 지친 몸에 활력을 불어넣는다.

그러나 굴의 높은 영양과 맛에도 불구하고 아무 때나 함부로 먹는 것은 위험할 수 있다. 우리나라에서는 "보리가 피면 굴을 먹지 말라"고 했고, 영국에는 "R자가 없는 달(5~8월)에는 굴을 먹지 말라"는 속담이 전해진다. 싱싱함을 생명으로 하는 굴은 그만큼 상하기 쉽기 때문에 날씨가 따뜻하면 쉽게 부패한다는 말이다. 산란기인 5~8월엔 '베네

르빈'이란 독성분이 나와 식중독의 염려가 있다.

또한 굴에는 수분이 많아 식중독 균이 번식하기에 좋으며, 자가 효소를 많이 함유하고 있어서 시간이 지나면 성분 변화를 일으켜 맛이 금세 변하는 단점도 있다. 이럴 때 레몬즙을 사용하면 굴의 부패를 어느 정도 막을 수 있다. 레몬의 강한 신맛이 굴의 나쁜 냄새를 제거해주며, 레몬에 함유된 구연산이 강력한 살균작용을 하기 때문이다. 레몬의 새콤한 맛과도 잘 어울려 싱싱한 굴에 레몬즙을 넣으면 상큼한 향취가 미각을 자극한다.

최근에는 굴 알맹이만 빼내 냉장 상태에서 유통하기도 하지만, 생식할 경우에는 석화(껍질에 붙어 있는 상태)가 좋다. 껍질에서 떼어냈을 때 빛깔이 밝고 선명하며 유백색에 광택이 있어야 싱싱한 굴이다. 또 둘레가 오돌토돌하고 손으로 눌러봤을 때 탄력이 있는 것이 좋다. 살 가장자리에 검은 테가 또렷하게 나 있는 것이 껍질을 간 지 얼마 되지 않은 것이다.

굴은 큰 것보다 작은 것이 더 깊은 맛이 있다. 보통 먹기 좋은

크기로 자라기까지는 2~3년 걸리지만, 요즘은 양식 덕분에 재배기간이 8개월 정도로 짧아졌다. 양식산은 알이 굵직하고 색이 밝지만 향과 맛이 덜하며, 자연산은 알이 작지만 향과 단맛이 양식과 비교할 수 없을 정도로 뛰어나다.

굴을 씻을 때는 반드시 차가운 물에 소금을 삼삼하게 풀어 가볍게 흔들어 준 뒤, 껍질과 잡티를 골라내고 헹구듯이 가볍게 두세 번 씻어서 소쿠리에 건져놓으면 된다. 만약 맹물에 씻으면 몸이 풀어지고 단맛이 빠져나가 민숭민숭하게 되고 수용성 영양분도 손실된다. 생굴은 씻지 않은 상태로 섭씨 4℃ 정도의 냉장실에 보관하고, 냉장실에 보관한 지 5일이 지나기 전에 먹어야 한다.

손쉬운 굴요리

굴찜

고소한 맛의 굴을 즐길 수 있는 요리. 생굴을 흐르는 물에 잘 씻은 다음 가열한 중탕 냄비에 10분가량 찐 뒤 한쪽 껍데기를 제거해 접시에 담으면 된다. 칠리소스나 칵테일소스와 잘 어울린다.

굴조림

굴은 소금물에 씻어 딱지를 없앤 다음 살짝 데쳐서 채에 밭여 물기를 뺀다. 간장 3큰술, 설탕 2큰술, 청주 1큰술을 굴 데친 물에 섞어 끓인다. 물이 끓으면 굴과, 어슷하게 썰어 씨를 털어낸 고추를 함께 넣어 조린다.

굴무밥

굴 50g을 씻어 껍질과 티를 없애고 채반에 건져 맑은 물에 헹군다. 무 100g은 껍질을 벗겨서 연필 굵기 정도로 채 친다. 돌솥에 무를 깔고 불린 쌀을 얹은 후 물을 붓고 밥을 짓는다. 뜸이 들면  밥을 한 숟가락 떠낸 다음 패인 곳에 굴을 넣고, 밥을 다시 덮어 뜸을 푹 들인다. 밥이 다 되면 양념장(달래 썬 것 1/2컵, 풋고추와 다홍고추 1개씩을 송송 썬 것, 간장 3큰술, 설탕 1작은술, 깨소금 1큰술, 참기름 2큰술)을 만들어 굴밥과 곁들여 낸다.

맛집

- **피맛골 열차집 02-734-2849** : 두툼한 생굴에 계란반죽을 입혀 노릇노릇하게 부쳐낸 굴전.
- **정원순두부 02-755-7139** : 얼큰하고 시원한 굴순두부. 서울 중구 서소문동 소재.
- **향토집 055-643-4808** : 굴밥, 굴죽, 굴정식, 굴떡국, 굴전, 굴회, 굴찜, 굴구이 등. 통영 소재.

- 굴사랑 굴 식당 체인점(잠실점 02-425-1221) : 굴정식, 굴밥, 생굴회, 굴무침, 굴튀김.
- 풍년명절 02-375-8007 : 굴밥. 서울 응암동 소재.
- 안동장 02-2266-3814 : 을지로에 있는 중국음식점. 굴짬뽕.

간월도

충남 서산 천수만의 기름진 개펄에 자리 잡은 간월도는 예로부터 유명한 굴 생산지로서, 손 하나 안 대고 가끔씩 쓰레기 청소만 해주면 저절로 알이 차고 자라는 자연산 굴 양식장이다. 특히 생굴에 소금, 고춧가루, 조밥 등을 버무려 열흘가량 삭혀 만드는 어리굴젓은 감칠맛과 얼큰한 맛이 일품인데, 무학대사가 간월암에서 수도할 당시 조선 태조 이성계의 수라상에 올리면서부터 진상품으로 각광을 받았다. 지역에 따라서는 멸치젓국, 배, 생강, 파를 곁들이기도 한다. 간월도에서 잡힌 굴은 몸에 잔털이 많기 때문에 양념이 고루 묻어 발효가 잘되고 특유의 맛을 낸다고 한다.

천연 소화제,
배

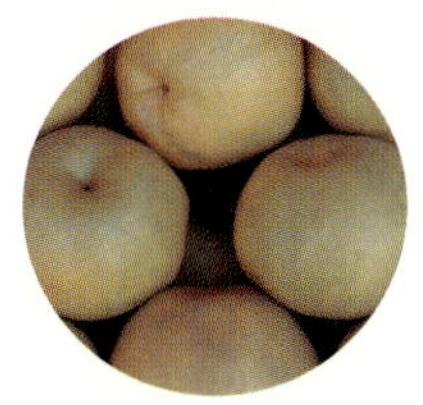

배는 과일이긴 하지만, 우리 문화에서는 생과일로 먹기보다는 갈거나 굽고, 쪄내거나 다른 음식과 섞어서 음식에 활용한 예가 많았다. 지금도 배숙, 배즙탕, 배 오미자 화채, 배꿀찜 등 배를 이용한 음식들을 주부들이 많이 해오고 있는데, 예부터 "이(梨:배)는 이(利)가 된다"는 말도 있을 정도로 배는 건강에 매우 유익한 과일로 여겨져 왔다.

　우리나라에서 배를 과일로 먹었다는 기록은 삼국시대 이전 문헌에서도 있으며, 조선 성종 때는 임금님 진상품으로 상납했다는 기록도 있다. 현재와 같이 개량품종이 재배되기 시작한 것은 1890년경에 외국 선교사들이 몇 그루씩 심은 것을 그 시초로 보고 있다. 서양에도 배가 있긴 하지만 우리나라 배의 살캉살캉하고 시원한 맛과는 다르게 맛이 물컹하고 달다. 프랑스에서는 서양 배를 와인에 졸여 차게 식혀서 디저트로 내기도 하는데, 우리나라도 배를 후식으로 즐기는 문화는 비슷하다. 한방에서는 해소, 천식, 변비, 이뇨, 갈증, 음주 후 조갈증, 원기회복에 도움이 된다고 보는데 특히 호흡기 질환을 다스리는 데에는 더할 나위 없이 좋다고 보고 있다. 영양학적으로도 배는 칼륨, 식이섬유, 솔비톨, 폴리페놀 등의 성분을 함유하고 있어서 당뇨병의 예방효과, 변비, 콜리스테롤 상승을 억제하며 비만 및 변통을 좋게 하기 때문에 대장암 예방에도 도움을 주는 과일이다.

배의 효능 중 가장 일반적으로 많이 알고 있어서 약으로도 다양하게 사용하고 있는 예가 기침이나 천식 등의 호흡기 계통 질환이다. 기침이 심할 때 배와 무를 2:1의 비율로 간 다음 꿀을 타서 그 즙을 마시는 이청음梨靑飮이라는 처방이 대표적이며, 호흡기(목, 기관지, 폐 등)가 약한 사람은 배의 속을 비우고 과육과 꿀을 채워서 찐 것을 먹는 방법이 있다. 특히 목을 혹사하는 교사나 성악가, 가수들에게 배나 배즙을 이용한 음식은 성대를 보호하고 기관지의 피로를 회복시켜주는 귀한 약이 된다. 기침, 가래를 삭이기 위해 배를 이용할 때는 생강을 곁들이면 효과가 더욱 좋다. 예를 들면, 배즙에 생강즙과 꿀을 타서 먹으면 담이 나오는 기침이 가라앉고, 배즙과 무즙을 각각 반 홉 정도 섞고 생강즙을 4~5스푼 넣으면 담이 많으면서 숨이 찬 증상에 도움이 된다. 이강주라는 술도 소주에 배즙, 생강즙, 꿀 등을 넣고 중탕해서 만드는 전통주로 배와 생강의 각별한 찰떡궁합을 응용한 것이다.

또한 배는 단백질(돼지고기, 쇠고기, 닭고기 등)에 대한 분해효소가 아주 풍부하고, 뛰어난 해독작용과 지방분해효능을 지니고 있어서 고기를 잴 때 배즙을 넣으면 육질을 연하게 하고 소화를 돕는다. 그래서 갈비찜, 갈비양념, 불고기, 각종 냉채를 만들 때 배는 없어서는 안 되는 식재료로 인식되고 있다. 또한 배에는 식이섬유와 석세포가 많아서 식후에 입가심 겸 양치의 효과도 있으며, 육회에 배를 썰어 넣거나 고기를 먹은 후 후식으로 배를 먹어도 소화가 잘 된다. 고기를 먹고 체했을 때 배술을 마시는 것도 이런 이유에서다.

최근에는 배를 먹으면 체내 발암물질을 배출하는 효과가 아주 크다는 발표가 있었는데, 특히 흡연, 매연, 태운음식(구운 고기, 치킨, 튀김) 등에서 유래된 발암물질인 PAHs을 체내에서 신속하게 배출시킨다는 연구보고여서 의학계에서도 주목하고 있다. 쉽게 말하면, 조리하면서 탄 음식에서 생기는 발암물질이 배를 먹으면 6시간 안에 오

줌과 함께 몸 밖으로 나온다는 이야기다. 그러니 고기를 구워 먹고 나면 꼭 후식으로 배를 먹는 것이 좋은 이유가 여기에 있다.

또한 배를 익혀서 먹거나 즙을 내어 먹으면 세포의 돌연변이를 억제하고 면역을 증진할 수 있는 세포 분열을 촉진하는 효과가 있다는 연구 발표도 최근에 있었는데, 우리 선조들은 이미 예부터 배의 속을 파내고 꿀을 채워 익혀 먹는 배 중탕의 효능을 경험적으로 알고 있었던 것 같다.

배는 갈증을 없애고 숙취를 해소하는 일등 공신이다. 배는 간의 활동을 촉진시켜 체내의 알코올 성분을 빨리 해독시켜 주독을 일찍 풀어준다. 이 뿐 아니라, 배는 과일 이외에 잎이나 껍질도 그 뛰어난 해독작용 때문에 애용됐는데, 갑자기 토하고 설사가 심하게 오는 경우 급한 배탈 등에 마른 잎 10g을 달여서 4~5회에 나누어 마시면 효력이 있다

단, 배를 먹을 때 주의점이 있는데, 배의 성질이 워낙 차갑기 때문에 체질적으로 몸이 냉한 사람이나, 평소에 소화불량이나 설사 등으로 고생하는 사람은 너무 많이 먹지 않는 것이 좋으며, 이런 사람이 배를 먹을 때는 생과일로 먹는 것보다는 즙을 내어 따뜻하게 마시는 것이 좋다.

목이 자주 마른 사람이나 술을 많이 먹는 사람

배즙을 평소에 꿀에 달여서 놓았다가 수시로 더운물이나 찬물에 타서 마시면 좋다. (꿀 대신 옛날식으로 만든 조청을 이용해도 무방하다).

자주 목이 쉬는 사람

배를 얇게 썰어 약한 불로 달인 후 식혀서 물을 1~2컵 부은 후 2~3시간 뒤 배는 버리고 우러난 물만을 마신다.

기침 감기, 오래된 해소, 천식

배 속과 껍질을 제거하고 믹서에 갈아 즙을 만들어 꿀을 적당히 섞어 약한 불에 은근히 고운 뒤 수시로 복용한다.

부스럼, 옴이 오른 경우

배나무 껍질을 달여 마신다.

종기의 근을 빼낼 때

생배를 썰어서 환부에 붙이면 근이 빠지면서 종기가 아문다.

- -

육회

쇠고기(200g)는 결 반대방향으로 곱게 채 썰어 설탕을 약간 뿌려 핏물을 빼둔다. 배(200g)는 곱게 채 썰어 설탕물에 담갔다가 물기를 빼고 깻잎을 깐 접시에 돌려 담는다. 마늘(30g)은 0.3cm 두께로 편으로 썰어둔다. 잣(15g)은 곱게 다져 놓는다. 쇠고기에 양념(설탕5g, 소금 3g, 참기름 12g, 다진 파, 깨소금, 다진 마늘)을 넣고 무쳐 배채 위에 얹고 가장자리에 마늘 편을 두른 다음 잣을 고루 얹는다.

배숙

생강(50g)은 껍질을 벗겨 얇게 저며 썬 후 냄비에 물(10컵)과 함께 약한 불에서 은근히 끓인다. 30분 정도 끓으면 체에 거즈를 받쳐 생강을 건져 생강물을 만든다. 배(1개)는 깨끗이 씻어서 1.5cm 두께로 자른 다음 꽃모양의 틀로 찍어 가운데 통후추를 박는다. 생강물에 배와 설탕을 넣고 끓이다가 끓어오르면 불을 약하게 줄이고 도중에 생기는 거품은 걷어내고 배가 투명하게 될 때까지 끓인다. 차게 식힌 후 그릇에 배와 국물을 함께 담은 후 잣을 띄워 낸다.

배 해파리냉채

해파리(200g)는 물을 넉넉히 붓고 3~4번 주물러 깨끗이 씻는다. 4시간 정도 찬물에 담가 짠맛을 뺀 후 식초(1Ts)에 30분 정도 더 담근다. 끓는 물에 해파리를 넣고 살짝 데친 다음 찬물에 2~3번 헹군다. 해파리의 물기를 뺀 후 설탕, 식초(1Ts), 레몬즙(1ts)에 버무려 맛이 배도록 한다. 배(2/3개)는 껍질을 벗기고 가늘게 채 썰어 설탕물에 담갔다 건지고 오이(1/2개)도 가늘게 채 썰어 찬물에 담갔다 건진다. 배즙소스(배즙, 설탕, 식초 3Ts, 다진마늘, 레몬즙, 간장, 소금)에 해파리, 배, 오이를 넣고 무친다.

나물반찬으로만
먹기엔 너무 아까운,
도라지

제사나 명절 상에 빠지지 않고 오르는 것이 바로 도라지나물이다. 살짝 데치거나 볶은 뒤 조물조물 각종 양념에 무치면 쌉싸래한 맛의 도라지나물이 된다. 숙주나물처럼 잘 쉬지도 않고 미각을 자극하기 때문에 갖가지 나물의 천국인 우리나라에서 선호도가 높은 나물이다.

한방에서는 도라지를 '길경桔梗'이라고 불렀는데, 길경으로 만들 수 있는 한약 처방의 종류는 『동의보감』에 기록된 것만도 무려 278종이다. 그만큼 약효가 뛰어나고 독성이 없어 두루 사용하기에 충분하다는 뜻이리라. 한여름이면 보라색 예쁜 꽃봉오리를 피우는 도라지는 예전엔 산이나 들에서 야생하는 것을 식용이나 약용으로 이용해온 귀한 식물이었다.

흔히 도라지는 뿌리만 먹을 수 있는 것으로 알고 있지만, 어린잎과 줄기까지도 데쳐서 먹을 수 있다. 또 당분과 섬유질은 물론 칼슘과 철분이 많은 매우 우수한 알칼리성 식품이다.

특히 도라지는 태음인에게 좋다. 태음인은 다른 체질에 비해 신천적으로 호흡기가 약하기 때문에 감기에 걸리지 않아도 괜히 가슴이 답답하고 마른기침을 하게 되는 경우가 많다. 이런 경우 도라지를 잘 이용하면 태음인의 고질병인 호흡기 질환을 예방하는 데 도움이 된다.

"10년 넘은 도라지가 산삼보다 낫다"는 말이 있다. 도라지의 평균수명은 3년 정도로, 보통 3~4년이 지나면 뿌리가 썩어 그 땅에서 재배하기가 힘들어진다. 인삼의 수명이 6년, 장뇌 12~18년, 산삼 50년 이상인 것에 비하면 매우 짧은 편이다. 그만큼 단시간에 땅에서 많은 영양분을 빨아먹는다는 얘기도 된다.

그래서 10년 이상 된 장생長生도라지를 얻으려면 3년에 한 번씩, 3번 이상 황토밭에 옮겨 심어야 한다. 10년 이상의 시간과 황토밭의 지기地氣는 도라지를 산삼에 버금가는 약초로 둔갑시킨다. 장생도라지에는 면역력을 증강시키는 10여 종의 사포닌, 통증을 가라앉히는 플라티코딘 platycodin, 암세포의 전이를 억제하는 이눌린 등이 풍부하다. 따라서 폐나 호흡기질환을 오래 앓았거나 면역력이 크게 약화된 경우, 암이나 오래된 천식, 당뇨, 심장병 등에 좋다.

도라지의 약효를 한마디로 표현하면 '사포닌의 효과'라고 할 수 있다. "일ー 인삼, 이二 더덕, 삼三 도라지"라는 말이 있으니, 이들 식품은 생김새뿐만 아니라 약효도 비슷한데, 공통된 주성분이 바로 뿌리껍질 속에 들어 있는 '사포닌'이다. 도라지가 오래전부터 진해, 거담제로 사용되어 왔던 것도 이 성분 때문인데, 특유의 쌉싸래한 맛을 내는 사포

닌 성분이 호흡기내 점막의 점액 분비량을 두드러지게 증가시켜 가래를 삭이는 효능을 발휘한다. 기침과 가래 약으로 유명한 '용각산'의 주재료가 바로 도라지인 것을 보아도 그 약효를 알 수 있다.

약리 실험 결과에서도 도라지는 일정한 진해 작용과, 염증이나 궤양을 억제하고 면역기능을 항진하는 효과가 있는 것으로 밝혀져 목감기, 인후염, 급만성 기관지염, 편도선염, 천식 등의 호흡기 질환에 광범위하게 사용할 수 있는 좋은 약재로 인정받고 있다. 재배종보다 야생종이, 흰 꽃보다 보라색 꽃이 피는 쪽이 약효가 더 좋다. 사포닌의 쓰고 아린 맛 때문에 흔히 껍질을 벗기고 먹지만, 약재로 사용할 때는 껍질을 벗기지 말고 그대로 사용해야 한다.

나물반찬으로 먹을 때는 쌀뜨물이나 소금물에 담가두면 아린 맛이 줄어들어 약효도 유지할 수 있고 맛도 좋아진다. 단, 도라지는 돼지고기나 굴과 상극이므로 함께 먹으면 부작용이 일어날 수 있기 때문에 주의를 요한다.

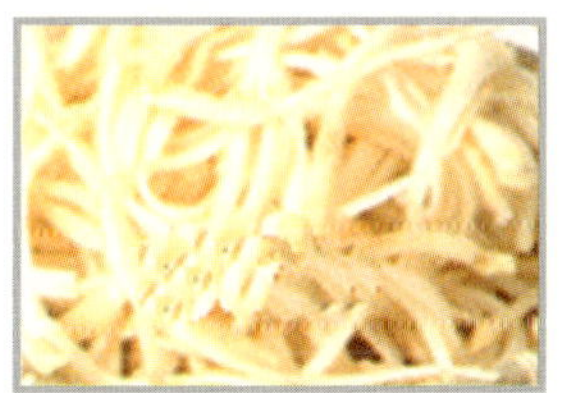

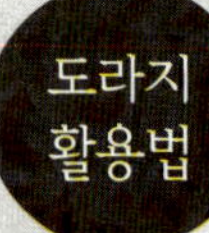

도라지 고르기

도라지는 흙에서 캐낸 그대로의 통도라지와, 요리하기 좋게 껍질을 벗겨 가늘게 다듬은 찢은 도라지의 두 가지 형태가 있다. 통도라지는 대부분 2~3년근으로 국산 토종은 가늘고 짧으며, 잔뿌리가 많이 붙

어 있고 원뿌리도 2~3개로 갈라진 것이 많다. 수확한 지 얼마 되지 않은 것은 겉에 흙이 많이 묻어 있다.

반면 수입도라지는 토종에 비해 겉에 흙이 묻어 있지 않으며, 굵고 길면서 잔뿌리가 거의 없고 원뿌리도 1~2개로 매끈하다. 다듬은 도라지 역시 토종은 길이가 짧은 반면 수입산은 길다. 토종은 수분 함유량이 많아 다듬은 상태에서도 둥그렇게 말리는 정도가 덜하고, 단단한 섬유질이 적어 먹어보면 부드럽다.

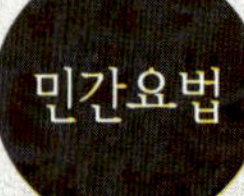

- **숙취** : 말린 도라지와 말린 칡뿌리를 반반씩 넣어 끓여 그 물을 마시면 빨리 회복된다.

- **치통, 설사, 복통** : 도라지 뿌리의 껍질을 벗겨낸 다음 속을 쌀뜨물에 담가 두었다가 볶아먹으면 좋다.

- **폐결핵 환자, 폐나 기관지가 약한 사람, 먼지를 많이 마시는 사람, 담배에 의한 니코틴 중독, 가래 기침으로 고생하는 경우** : 도라지 40g과 감초 80g을 1.5ℓ의 물에 넣어 끓인 뒤 냉장보관하면서 음료 대용으로 계속해서 마시면 큰 효과를 볼 수 있다. 목이 아프거나 편도선염이 심할 때는 입에 머금고 입 안을 헹구는 것을 겸하면 좋다.

- **마른기침이나 오래된 기침** : 말린 도라지에 생강과 율무를 넣고 끓여 그 물을 마신다.

- 감기로 음식을 삼킬 수 없을 정도로 목구멍이 붓고 열과 통증이 계속될 때 : 도라지와 감초를 같은 용량으로 달여 마시거나, 입 안에 물고 있다가 서서히 삼킨다.
- 기관지 천식으로 숨을 몰아쉬고, 숨쉴 때마다 목에서 소리가 크게 나는 증상 : 도라지 60g을 잘게 썰어 달인 물을 마신다.
- 감기를 앓고 난 뒤 가슴이 답답하고 옆구리가 심하게 결리며 숨쉴 때 통증이 가시지 않을 때 : 탱자와 도라지를 같은 용량으로 달여 마신다.
- 성대보호 : 감초 20g, 도라지 12g, 물 두 사발을 한 시간 정도 달여 물의 양이 반으로 줄어들면 냉장고에 보관하면서 하루 2회씩 마신다.

도라지 김치

도라지 1kg를 껍질을 벗겨 칼로 쪼갠 후 소금을 넣어 1시간 동안 절였다가, 물에 여러 번 주물러 씻어 쓴맛을 뺀다. 통마늘 4통을 다듬어 절반으로 저미고, 쪽파 100g을 씻어서 썬다. 생강 20g은 곱게 다지고, 고춧가루 1컵을 따뜻한 물에 섞어 불려놓는다. 넓은 그릇에 불린 고춧가루, 멸치젓 1/2컵, 찹쌀풀 1/2컵, 생강을 넣고 양념을 만들어서 도라지, 파, 마늘, 흑임자 3큰술과 함께 버무린 후 항아리에 눌러 담는다.

도라지나물

통도라지 200g을 반으로 쪼개서 껍질을 벗긴 다음 소금물에 삶는다. 머리 윗부분을 잘라내고 길이 6cm 정도로 썰어 3~4쪽을 낸 후 찬물에 담근다. 쓴맛을 빼낸 도라지를 건져 물기를 짜내고, 식용유를 넉넉히 두른 번철에 볶다가 소금, 다진 파(흰 부분), 다진 마늘을 각각 2작은술씩 넣어 다시 볶는다. 참기름과 깨소금을 2작은술씩 넣고 무쳐서 맛을 더 낸다.

섹스 미네랄sex mineral이
풍부한 스태미나 대표식품,
마늘

"심장은 튼튼하게, 정력은 왕성하게." 마늘의 효능을 한마디로 정확히 표현한 말이다. 마늘은 미국 국립암연구소가 발표한 가장 효과적인 항암식품이자, 미국의 시사주간지 「타임」이 선정한 '몸에 좋은 식품 10가지' 중 하나이다.

마늘은 5천 년 전부터 널리 사용해온 음식 재료로, 뛰어난 약리작용과 효능에 대한 언급은 동서고금을 막론한다. 이집트의 피라미드 벽에는 피라미드를 만든 노예들의 체력유지를 위해 무, 양파와 함께 마늘을 먹였다는 기록이 있다. 고대 올림픽에 출전했던 선수들은 스태미나 증진을 위해 마늘을 먹었으며, 서양의 의성醫聖 히포크라테스와 철학자 아리스토텔레스는 마늘을 근육이완제, 이뇨제, 설사와 피부병 치료제로 사용했다고 한다.

한의학에서는 "마늘은 냄새를 빼고는 100가지 이로움이 있다"고 하여 '일해백리一害百利' 란 별칭을 붙였다. 『동의보감』에는 "마늘이 오장육부를 튼튼하게 하고 종양을 없애며 복통, 냉통, 급체, 토사곽란을 다스린다"고 기록하고 있으니, "마늘을 매일 먹으면 무병장수 한다"는 옛말이 그냥 나온 말은 아니다.

한약재로는 '대산大蒜' 이라 부르는 마늘은 맵고 따뜻한 성질을 지니

고 있으며, 육류와 곡식을 소화하
는 효능이 탁월하고, 해독 능력
도 뛰어나 종기를 낫게 한다. 또한
기생충을 죽이는 살충작용이 있으며, 주
로 비위脾胃가 찬 사람의 복통, 이질, 설사에
효과가 있다고 알려져 있다.

최근에는 마늘이 강한 항암작용을 하고 콜레스테
롤을 낮춘다는 사실이 보고되면서 전 세계적으로 관심
이 집중되고 있다. 사스sars(중증급성호흡기증후군)가 기승을 부릴
때 우리나라가 무풍지대나 다름없었던 이유가 마늘에 있다는 추측도 나
왔을 정도이다.

마늘은 향신료로서의 본래 역할 외에도 쓰임새가 많다. 가장 주
목할 만한 효과는 정력증강과 스태미나 보강, 즉 강정強精과 강장強壯 작
용이다. 마늘은 야채 중에서 콩 다음으로 에너지를 많이 발생시키고, 피
로를 막아주는 비타민 B_1 성분이 풍부하다. 손기정 선수가 마늘을 즐겨
먹는다는 소문이 돌고부터 세계 마라토너들이 마늘 먹기에 열을 올렸다
는 일화가 있을 만큼 피로회복과 체력향상에 특효가 있다.

특히 마늘에는 아연이 다른 식품에 비해 월등히 많이 들어 있는데, 아
연은 남자의 고환에 집중되어 있는 물질로 서양에서는 '섹스 미네랄sex
mineral'로 불리는 성분이다. 실제 쥐 실험에서 마늘을 먹인 쥐의 정자
수가 증가했다는 연구결과가 발표되었으며, 마늘을 장기 복용한 결과
폐경 후의 여성이 다시 월경을 시작했다는 연구보고도 있었다. 또 마늘
은 전립선염과 방광염에도 효과적이라고 한다.

282

이런 이유로 마늘은 최음제로 알려져 왔는데, 호르몬 분비샘을 자극해서 남성의 정자와 정액의 양을 증가시켜 말초혈관계의 노폐물을 제거해 발기력 증강에 도움이 되기 때문이다. 수도자에게 마늘을 먹지 못하게 하는 것은 마늘이 자극적인 이유도 있지만 정력증강 효과 때문이기도 하다. 스태미나 음식으로 섭취하려면 마늘즙을 우유에 섞어 마시면 된다. 간편해서 자주 섭취할 수 있고, 맛도 깔끔하고 위장도 쓰리지 않아 스태미나 향상에 도움이 된다.

마늘이 심혈관계에 미치는 효능도 놀랄 만하다. 경남 남해, 전남 고흥, 경북 의성, 경남 의령 등 마늘 주산지는 인구 100명당 75세 이상 노인이 6.76명으로, 도시 지역의 장수노인 비율(100명당 1.7명)보다 훨씬 높은 것으로 조사되었다. 또한 영국 옥스퍼드대학 연구에 따르면, 마늘 섭취 후 몇 시간 내에 혈액의 섬유소 용해작용이 일어난다고 한다. 즉 마늘이 피가 엉기고 굳어지게 하는 혈전(피딱지)을 막아준다는 것인데, 대부분의 심혈관계 질환은 혈소판이 뭉치면서 혈관을 막기 때문에 생긴다.

마늘은 이처럼 혈관이 좁아지고 막혀서 올 수 있는 고혈압, 동맥경화, 협심증, 심근경색, 뇌졸중 등 각종 심혈관계 질환에 모두 효과적이다. 즉 마늘이 현재 심장병 치료 및 예방을 목적으로 사용하는 아스피린과 같은 작용을 한다는 것이다. 기름진 음식을 먹으면 다음날 아침에 혈류가 떨어지고 혈액이 끈적끈적해지지만, 마늘은 이를 막아주는 역할을 한다. 육류를 먹을 때 특별히 마늘을 더 챙겨 먹어야 콜레스테롤 수치가 높아지는 것을 방지할 수 있다는 점을 기억하자.

「타임」지는 마늘에 들어 있는 알리인, 스코르진, 알리신 등이 페니실

린보다 강한 항생물질이라고 소개했다. 이 성분들이 식중독, 결핵, 티푸스 등 질병을 퍼뜨리는 미생물에 대항한다는 것인데, 특히 결핵균에 대해 강력한 살균 및 항균 작용을 하고 체력을 증강시킨다. 알리신 1㎎은 페니실린 15단위의 살균력을 가지고 있다. 즉 마늘의 알리신을 12만 배로 묽게 희석해도 결핵균, 디프테리아균, 이질균, 티푸스균, 임균 등에 대한 항균 작용이 가능하다는 얘기이다. 그래서 고기를 보존할 때 마늘을 같이 넣으면 오랫동안 보관할 수 있는 것이다.

또한 감기의 원인균인 인플루엔자 바이러스를 죽이거나 약하게 하는 항바이러스 작용도 가능하다. 마늘즙 속에서는 여성 냉증의 원인균인 곰팡이균도 자라지 못하며, 장티프스균은 5~6분 만에 사멸하고, 포도상구균도 성장발육이 중단된다. 따라서 감기, 기관지염, 소장염, 대장염 외 염증 질환 등을 예방하려면 마늘을 먹는 것이 좋다.

마늘의 강력한 항암 작용은 세계 의학계의 연구결과가 증명해주고 있다. 마늘은 인체 세포의 활성을 촉진하는데, 이것이 정상세포가 암세포를 이겨나가기 위한 힘이 되어 암세포의 증식을 억제한다는 것이다. 암의 억제와 예방에 도움이 되는 성분은 마늘의 유기성 게르마늄, 셀레늄, 디아릴 디설파이드diallyl disulfide 성분으로, 실제 실험에서도 전립선암, 유방암, 위암과 결장암 등에서 암세포의 증식을 억제하는 것이 입증되었다.

단, 항암효과를 위해 마늘을 먹을 때는 생마늘을 통째로 그대로 먹는 것이 가장 효과적이고, 음식에 넣어 열을 가할 때는 마늘을 자르거나 찧어서 10분 정도 두었다가 가열하는 것이 항암효과가 높다. 마늘을 자른 뒤 10분 정도 기다리면 마늘에 있는 효소가 화학반응을 일으켜 항암작용을 하는 알릴설퍼화합물allyl sulfur compounds을 생성하기 때문이다. 그러나 마늘을 다진 후 바로 가열하면 이 효소가 작용을 못하고 날아가 버려 항암성분이 만들어지지 못한다.

마늘을 먹을 때는 주의할 점이 있다. 마늘은 혈액이 응고되지 않도록 하기 때문에 위궤양이나 위출혈이 있는 사람은 조심해야 한다. 지나치게 많이 먹으면 마늘의 자극적인 성분에 의해 위 점막이 자극을 받아 위장병 증상이 심해질 수 있다. 특히 출혈의 위험이 있는 경우는 섭취하지 말아야 한다.

또한 공복에 생마늘을 많이 먹으면 위점막을 자극하고 속이 쓰린 불편 증상이 생기므로 삼가야 한다. 그리고 몸에 열이 많아 얼굴이 자주 달아오르거나 눈, 혀, 입 등에 염증이 자주 생기는 사람은, 마늘을 생으로 먹기보다는 굽거나 열을 가해 마늘의 맵고 열한 성분을 누그러뜨린 후 먹는 것이 좋다. 하루 권장량은 어른 기준으로 생마늘 1쪽 또는 익힌 마늘 2쪽 정도가 적당하다.

이와 같은 마늘의 유익한 효능에도 불구하고, 그 특유의 냄새는 치명적인 약점이다. 이는 '알리신'이라는 휘발성 단백질의 작용 때문인데, 알리신은 입으로는 물론 심한 경우 체취로까지 냄새를 풍긴다. 오죽하면 중세 스페인의 카스티야 왕국 알폰소 11세는 마늘을 먹은 기사는 왕궁에 들어올 수 없고, 4주 동안 외국인과 대화해서는 안 된다는 법을 만들었을까.

마늘 특유의 냄새를 없애고자 할 때는 마늘을 굽거나, 식초에 담그거나, 간장에 절이는 조리과정을 거치면 된다. 유명한 마늘 요리 전문 레스토랑에서는 마늘의 껍질을 벗기고 소금에 1시간 동안 절여두었다가 흐르는 물에 깨끗이 씻어낸 다음 하루 정도 냉장고에 보관하거나 올리브오일에 절여둔다고 한다. 150℃ 오븐에서 3시간 동안 굽거나, 마늘을 곱게 갈아서 물을 자주 바꿔가며 2시간 정도 물에 담가두는 방법도 동원한다. 마늘을 손질한 후 손가락 끝에 밴 마늘냄새는 식초를 몇 방울 떨어뜨린 후 씻으면 없어지며, 식사 후에는 녹차 잎을 조금 씹은 다음 블랙커피나 우유를 마시면 냄새가 싹 가신다.

5월에 출시되는 마늘은 기온이 따뜻한 남쪽지방에서 나는 난지마늘인데, 마늘 쪽수가 많고 매운맛이 적다. 난지마늘은 장기보관이 어렵고, 김장을 담아도 이내 물러터지며, 매운맛이 잘 풀어지지 않아 익혀 먹는 용으로도 적당하지 않다. 따라서 한꺼번에 많이 구입하는 것은 삼가는 게 좋다.

한지마늘은 저장마늘, 육쪽마늘이라고 부르는 재래종이다. 저장성,

내병성, 살균력이 강하고 즙액이 많으며, 오래 두고 먹는 김장김치도 무르지 않게 하는 등 장점이 많다. 또 마늘 고유향이 뛰어난 데다 알이 단단하고 굵으며, 가지런해서 껍질을 벗기기 좋은 마늘이다. 6월 중순쯤부터 산지에서 소비지로 반입되기 시작하는데, 경북 의성에서 생산되는 양이 전국의 약 40%에 이른다.

6월 중순 이전에 한지마늘이라고 판매하는 마늘은 십중팔구 난지마늘이 둔갑한 것이 많으므로 신중을 기해야 한다. 저장마늘을 구입하는 시기는 하지가 지난 6월 하순쯤이 적기다. 마늘은 한 접이 두 단, 100통이다. 일단 구입한 마늘은 그늘에 펴놓고 보름 정도 말렸다가, 바람이 잘 통하는 자루에 담아서 그늘에 보관해야 오래 두고 먹을 수 있다. 또 마늘대를 바짝 자르면 마늘의 생명력이 떨어져 잘 썩기 때문에 마늘대는 4~5cm 정도 남겨놓고 잘라내는 것이 좋다.

마늘 잼

물을 넉넉히 부은 냄비에 마늘 200g을 넣어 데친 후 체에 밭인다. 새 물을 넣어 데치기를 3번 반복해 마늘의 매운맛을 뺀다. 마늘을 우유 2컵에 넣고 꿀, 소금, 후추로 간을 해서 믹서로 간다. 꿀, 소금, 후추를 더 넣어 입맛에 맞추고, 냉장고에 보관한다.

마늘꿀탕

마늘이 으깨어지도록 푹 삶은 다음 살짝 데운 꿀과 함께 유리병에 담는다. 2~3일이 지난 후 아침저녁으로 한 스푼씩 복용한다. 변비에 효과적이며, 술을 마시기 전에 먹으면 알코올 분해가 촉진되며, 혈액순환 장애로 손발이 찬 사람들이 먹어도 좋다.

초마늘

껍질을 깐 마늘을 주둥이가 넓은 유리병에 넣고 마늘이 잠기도록 식초를 붓는다. 유리병을 꼭 닫아 냉장고에 열흘 정도 보관한다. 매운맛이 우러난 유리병의 식초를 버리고 다시 새 식초로 붓는다. 식사 때마다 1~2쪽씩 먹는다. 초마늘은 마늘의 지독한 냄새가 없어서 편하게 먹을 수 있고, 식초의 이로운 성분과 작용이 더해져 식욕 촉진, 소화 촉진, 혈액순환 원활 등에 도움이 된다.

- **배탈, 설사** : 껍질을 벗기지 않은 통마늘을 오븐이나 가스렌지에 구워 껍질을 벗겨 먹으면 통증과 증세가 완화된다. 어린이의 배탈 설사에도 효과가 있다.
- **무좀, 백선, 내형, 탈모증** : 마늘의 생즙을 짜서 환부에 바른 후 마늘즙이 마르면 씻어낸다.
- **치질** : 마늘을 한 쪽씩 떼어내 속껍질을 벗기지 말고 알루미늄 호일에

싸서 구운 후 환부에 찜질하면 통증이 줄어든다.

- **감기** : 마늘을 석쇠에 구워 간장이나 고추장에 찍어 먹거나, 우유 한 컵에 마늘을 잘게 갈아 넣고 데워 마시면 감기를 쉽게 물리칠 수 있다.
- **초기 위염** : 마늘을 강판에 곱게 갈아 생수에 희석한 생마늘즙은 초기 위염을 치료하는 데 효과적이다.
- **혈액순환이 원활하지 않아 늘 손발이 찬 저혈압 환자** : 통마늘을 끓는 물에 15분 정도 삶은 후 하루 한 번씩 2쪽가량 먹으면 큰 도움이 된다.

맛집

- **매드 포 갈릭**Mad For Galic 02-783-5296 : 마늘요리 전문 레스토랑으로, 마늘과 와인을 주재료로 만든 40여 가지의 이태리 음식을 맛볼 수 있다. 여의도 소재.
- **클로브**Clove 02-514-9532 : 거의 모든 요리를 마늘을 주재료로 한 레스토랑. 신사동 소재.
- **마늘나라** | 02-584-8008 : 국산 토종마늘을 120일간 발효시켜 매운맛을 제거해 사용하는 한식 메뉴. 방배동 소재.

작지만 대단한 생선,
멸치

손가락 하나보다 작은 멸치, 그러나 쓰임새가 참 많다. 칼칼한 풋고추와 함께 기름에 달달 볶다가 간장과 설탕으로 감칠맛을 내는 멸치볶음은 우리 식단의 영원한 밑반찬으로 한껏 입맛을 돋워준다. 또 조리거나 젓갈로 담아 먹기도 하고, 고추장에 푹 찍어 그대로 먹어도 훌륭하다. 맛도 좋고 영양도 만점이라 세계적으로 멸치를 많이 먹을 것 같지만, 주요 소비국은 한국과 일본 정도다. 다만 일본은 한국의 볶음용 멸치보다 더 작고 가는 '지리멸치(세멸)'를 주로 먹는 것이 다르다.

멸치는 이름도 여러 가지여서 『우해이어보』에는 '멸아', 『자산어보』에서는 '멸어', 한자어로는 '추어'라 했으며, 『물보』와 『전어지』에서는 '몃'이라 불렀다. 멸치의 어원은 '뱀 모양의 물고기'란 뜻으로 '미르蛇+치魚'가 며르치→멸치의 순으로 음운축약된 것이다.

멸치의 주산지는 남해안 일대로, 진동직으로 품질 좋은 멸치가 많이 나는 곳은 통영과 완도다. 경남 사천이나 남해 등지에서 나는 일명 '죽방멸치'는 '멸치의 왕중왕'으로 꼽히는데, 값이 비싸시 '귀족 멸치'라는 별칭도 있을 정도다. 죽방멸치를 일반 멸치와 구분 짓는 것은 잡는 방식의 차이로, 죽방멸치는 멸치의 길목을 막아 스트레스를 적게 받도록 해서 잡은 것이다.

반면 배 2척이 그물을 끌면서 잡는 일반 멸치는 이리 저리 뒤섞이기 때문에 품질이 약간 떨어진다는 평이다. 동해안 멸치는 잘 알려져 있지 않았지만, 요즘은 수온이 상승해 경북 포항 등지에서도 잡힌다. 그러나 이 멸치는 남해안산에 비해 마르고 색깔도 약간 검은 편이라 당연히 상품성이 떨어져서 식당용으로 많이 팔리며 값도 남해산의 절반 수준이다.

멸치는 우유와 함께 오랫동안 우리들의 뼈를 지켜온 대표적인 칼슘 음식으로, 산간벽지에서도 동물성 단백질을 가장 손쉽게 섭취할 수 있는 수단이 된다. 특히 통째로 먹을 수 있기 때문에 천연 칼슘 덩어리라고 할 수 있으며, 식물성 칼슘보다 흡수가 잘되므로 어린이들의 성장 발육, 갱년기 여성들의 골다공증 예방, 태아의 뼈 형성, 산모의 뼈 성분 보충에 멸치만한 식품이 없다.

멸치 100g에 칼슘이 1,964㎎이나 들어 있어 5마리만 먹으면 하루에 필요한 칼슘을 충분히 보충할 수 있으므로, 멸치를 싫어하는 아이들에게는 멸치를 갈아서 다른 음식과 섞어 먹이더라도 하루에 조금씩 섭취할 수 있도록 해야 한다.

멸치에 함유된 칼슘은 뼈를 튼튼하게 하고, 몸을 구성하고 있는 세포를 활성화하는 역할을 한다. 칼슘 공급은 고혈압과도 관계가 깊다. 사람의 피 속에 있는 칼슘은 그 농도를 항상 일정하게 유지해야 하는데, 칼슘이 부족해 혈중 칼슘 농도가 낮아지면 뼈 속의 칼슘이 피 속으로 녹아나와 부족한 칼슘을 보충한다. 그러면 혈관의 압력이 세지면서 고혈압의 원인이 된다.

멸치의 칼슘이 인체에 미치는 또 다른 효능은 신경안정 효과이다. 인체에 칼슘이 부족해지면 신경이 불안정해져서 불안, 초조, 우울증에 시달리기 쉽고 불면증까지 일으킨다. 혈액이 산성화돼도 비슷한 증상이 나타나는데, 이럴 때 마른 멸치는 음식 이상의 효과를 발휘한다. 왜냐하면 멸치에 함유된 칼슘이 혈액의 산성화를 막아주고 신경 전달을 원활하게 해서 불안한 마음을 가라앉혀주기 때문이다. 특히 신경이 날카로워지고 정서적으로 불안해지는 임산부, 체질적으로 신경이 예민하고 스트레스를 많이 받는 사람들도 멸치를 즐겨 먹는 것이 좋다.

흔히 고등어, 꽁치, 참치 등의 등 푸른 생선에 DHA가 많은 것으로 알려져 있는데, 멸치에도 DHA가 많다. DHA는 뇌세포의 성장과 뇌 부피를 증가시키는 필수지방산이어서 임산부가 멸치를 자주 먹으면 머리 좋은 아이를 낳는다는 임상연구도 있었다. 요즘은 아이들이 많이 먹는 간식, 우유, 치즈 등에 DHA를 첨가해서 판매하는 것이 유행인데, 천연

DHA로는 단연 멸치가 최고다.

봄 멸치는 표면이 푸르스름하고 투명하며, 손가락 굵기 정도여서 젓갈로 만들기도 하지만 잡자마자 회를 뜨거나 구워 먹어도 맛있다. 가을 멸치는 7월~10월에 햇멸치가 잡히는데, 크기가 작아서 주로 말려 먹는다. 마른 멸치는 크기에 따라 용도가 다르며, 구입요령도 다르다. 크기가 가장 작은 잔멸치는 주로 볶을 때 사용하며, 흰색이나 파란색이 살짝 도는 투명한 것이 좋다. 목포, 진도, 완도 등지에서 생산된 것이 상품 上品으로 꼽힌다.

졸여 먹거나 고추장에 콕 찍어 술안주로 먹는 중간 멸치와, 다시용 큰 멸치는 고르는 법이 비슷하다. 금빛이 나고 맑은 기운이 돌며, 완도 청산 해역에서 난 것을 최고로 친다. 중간 크기 이상의 멸치는 푸른색이 돌수록 싱싱하지 않은 것이 많다. 또 멸치색이 검거나 붉은 것, 한눈에 보아 기름기가 도는 것은 소위 '기름치'라고 하는 최하품이다. 맛이 없는 것은 물론이고 기름지고 떫고 쓰고 비린내가 나기 십상이다.

멸치를 고를 때는 가능하면 냄새와 맛을 확인해보는 것이 좋다. 일단 짜지 않은 것을 고르는 것이 요령이다. 좋은 멸치는 은근한 단맛이 느껴져야 하며, 비리거나 떫은맛이 나는 멸치는 구입하지 말아야 한다. 또 냄새를 맡아봤을 때 비타민 C와 같이 새콤한 냄새가 나는 것은 한물 간 멸치라고 보면 된다. 멸치의 품질에 대해 말할 때 "멸치는 오사리 참멸치가 최고"라는 말이 있는데, 오사리 멸치란 오사리 철(8~9월)에 잡은 멸치를 가리킨다. 오사리 멸치가 유독 맛있는 이유는 이 시기가 연중 가장 많은 멸치가 잡히고 기온도 알맞기 때문이다.

멸치는 다량의 수분을 함유하고 있기 때문에 구입한 즉시 냉동보관하는 것이 가장 좋다. 아니면 햇볕에 잠깐 말려 가루를 내서 병에 담아두고 천연 조미료로 이용하는 방법도 있다.

멸치조림 쌈밥

은근한 불에 끓인 멸치조림을 쌈에 얹어 먹는 경상도식 음식. 끓는 물에 무를 넣고 3분의 2 정도 익으면 시래기, 고춧가루, 간장, 설탕, 다진 마늘, 후춧가루를 넣는다. 끓을 때 생멸치를 넣고 불을 줄여 약한 불에서 은근하게 조리면 국물도 구수한 멸치조림이 만들어진다.

일반 쌈장에 마늘, 고춧가루, 설탕, 후춧가루, 물엿을 섞으면 매콤달콤한 쌈장이 완성된다.

천연 멸치 조미료

멸치를 곱게 가루를 내서 국 끓일 때 한두 수저씩 넣어주면 감칠맛도 나고 영양도 풍부해진다. 따뜻한 밥에 멸치가루를 뿌려 먹어도 좋고, 각종 야채무침에 뿌리면 훌륭한 조미료가 된다.

멸치 회 비빔

갓 잡은 싱싱한 멸치의 뼈를 발라내고 깨끗이 손질한다. 초고추장에 다진 마늘을 듬뿍 넣고 양파즙이나 레몬즙을 넣는다. 사과, 당근, 양배추는 채 썰고, 미나리는 잎을 완전히 떼고 줄기만 다듬어놓는다. 멸치와 야채에 양념장을 붓고 버무려서 통깨를 뿌려내면 멸치 회 먹을 일만 남았다.

대변항 멸치회

멸치잡이 항구로 유명한 대변항은 국내 최대 산지로, 동해와 남해가 만나는 곳에 위치해 바다의 물살이 빨라서 멸치의 운동량이 많고 물도 깨끗해 맛이 좋다. 대변항은 유일하게 멸치회를 먹을 수 있는 곳으로, 전국 유자망 멸치 어획량의 60%를 차지한다. 조선시대 임금님께 진상했다는 대변항 멸치는 다른 지역의 멸치보다 크면서 맛이 고소하다. 2월 중순부터 6월초까지 봄 멸치를 잡으며, 5월에 잡은 멸치는 멸치살이 부드럽고

알도 많으며, 좁쌀만한 잔새우를 많이 먹은 기간이라 멸치젓을 담그면 가장 맛있다. 매년 5월 중순에 멸치축제를 연다. 부산 기장 소재.

- 수협어판장 옆 공주식당 055-867-6728
- 삼현식당 055-867-6498

죽방멸치

죽방멸치란 좁은 수로에 V자 형태로 대나무를 엮어 막은 뒤 밀물과 썰물에 회유하는 멸치를 가두어 잡은 멸치를 말한다. 대나무로 막아 잡는다고 죽방竹防이라고 했는데, 대나무발을 원통형으로 세워 멸치를 그 안에서 놀게 한 후 떠담아 올리는 방식이다. 수심이 10m 내외로 너무 깊지도, 얕지도 않은 남해군 삼동면 지족리 앞바다는 이런 조건들에 딱 들어맞는 곳이다.

맛집

- **압구정동 충무상회 02-515-6395** : 통영에서 매일 직송되는 멸치로 회무침을 내는 곳. 단, 토요일과 일요일엔 멸치가 안 올라와 판매하지 않으며, 평일에도 대개 저녁에만 맛볼 수 있다.

피부에 보약 – 먹는 화장품,
오이

오이는 아삭하게 씹히는 맛과 특유의 향, 그리고 보기에도 시원스러운 색깔 등으로 오이냉국, 오이무침, 오이소박이, 오이지, 오이피클 등 여름이면 밥상에 여러 가지 요리법으로 늘 올라오는 친근한 채소다. 예전에는 오이가 밥상에 오르면 여름이 온 것을 느낄 수 있었지만, 지금은 사계절 먹을 수 있게 되었다. 그러나 역시 오이는 아직도 초여름 오이가 제일 맛이 있다.

오이는 인도 북서부가 원산지로 3000년 전부터 재배되었으며, 중국을 거쳐 우리나라로 도입된 것으로 추정되는 박과에 속하는 일년생 채소다. 한방에서는 오이를 호과胡瓜 또는 황과黃瓜라고 하며, 성질이 차고 맛이 달며, 열을 내리고 소변이 잘 나오게 하며 해독하는 효능이 있어 빈길, 목구멍이 붓고 아픈 증상, 동통, 화상을 치료하는 데 사용해오고 있다. 『동의보감』에도 "오이는 이뇨 효과가 있고, 소회기관과 장을 이롭게 하며, 소갈을 그치게 한다"고 하였는데, 이런 효능들은 흔히 '조선오이' 라고 하는 백오이에 훨씬 많다. 오이는 수분이 많고 성질이 차기 때문에 열이 많은 소양인이나 태양인에게 잘 맞는다.

오이는 성질이 차고 수분이 많아서 열을 내리고 갈증을 풀어주는 효능이 가장 크다. 등산과 같이 땀을 많이 흘리는 경우 수분이 증발되면서 함께 물 안에 있던 무기질, 즉 나트륨, 칼슘, 마그네슘 등도 빠져나가게 되고 그러면 탈진과 함께 갈증도 더 느끼는 악순환이 생기게 되는데 이때 물은 마시면 갈증을 더 느끼게 되므로 오이를 준비하여 물 대신 먹어주면 좋다. 오이에는 수분이 95%가량이나 들어 있고 무기질도 골고루 들어 있어 갈증을 멎게 하는 효과가 매우 크기 때문이다. 무더운 여름철의 오이냉국은 더위로 인해 잃은 식욕을 되돌리는 작용이 있어 여름철 밥상에 자주 오르는 반찬이다. 또한 따가운 햇볕에 장기간 노출되어 생긴 일사병에 오이생즙을 복용하면 좋은 효과가 있다.

오이는 '먹는 화장품'이라고 해도 손색이 없을 정도로 피부 미용에 좋은 식품인데, 이는 오이 속에 피부를 맑게 하고 미백과 보습효과가 있는 엽록소와 비타민 C가 풍부하게 함유되어 있기 때문이다. 열을 진정시키는 효과가 있어서 여드름이나 뾰루지 예방에도 좋고, 콜라겐 성분이 다량 함유되어 있어서 피부 노화방지 성분으로도 적합하니, 얇게 썰어서 얼굴에 붙이는 오이 팩을 굳이 하지 않더라도, 먹는 것만으로도 촉촉하고 깨끗한 피부를 만들어준다. 그래서인지 피부미용을 위한 천연 재료로서 오이를 이용해서 화장수, 비누, 로션 등 다양한 미용 용품이 시중에 나와 있는데, 이는 오이에 포함된 무기질이나 칼륨이 체내에 들어가서 나트륨을 많이 배설시켜서 몸속 노폐물과 중금속을 탁월하게 제거하는 효능을 살린 제품들이다. 실제로, 여드름이나 주근깨가 많이 생긴 부위에 시원하게 보관해두었던 오이를 얇게 저며서 아침, 저녁으로 붙여주면 피부의 열이 식어 진정되고 미백효과까지 있어서 깨끗해진다. 또, 땀띠가 났을 때도 오이를 갈아 나온 생즙을 땀띠 난 부위에 발라주면 땀띠가 금세 가라앉는다. 천연화장품을 만들 때 화장수로 가장 인기

300

있는 것이 바로 오이화장수다. 그만큼 피부를 맑고 깨끗하게 해주고, 투명하게 유지시켜주는 효능이 뛰어나기 때문이다. 또한 화상치료에도 효과를 발휘하는데, 끓는 물이나 불에 데었을 때뿐 아니라 바닷가에서 햇볕에 지나치게 그을려 발갛게 달아오를 때 오이를 갈아 마시거나 환부에 붙이면 열독이 사라지고 피부가 살아난다.

또한 오이는 비타민 C가 풍부하게 함유되어 있는데, 오이 한 개에는 10mg 정도의 비타민 C가 들어 있다. 오이 속의 비타민 C는 신진대사를 원활히 하며 피부와 점막을 튼튼하게 하고 미백효과가 있으며 신진대사를 원활하게 하고, 감기를 예방하며, 피로와 갈증을 풀어주는 효과도 크다. 한 가지 주의할 점은 비타민 C는 산화효소를 함유하고 있으므로 오이를 다른 채소와 섞어 주스를 만들어 먹지 않도록 해야 한다.

오이는 영양가가 풍부히지는 않지만 칼륨의 한량이 높은 알칼리성 식품으로서 산성 식품을 중화시키는 징점이 있어서 몸이 산성화되는 것을 막아준다.

또한 오이에는 칼륨이 많이 들이 있다. 칼륨은 몸속에 쌓인 나트륨과 함께 노폐물을 밖으로 내보내는 역할을 한다. 특히 나트륨은 소금의 성분으로, 짜게 먹는 사람에게는 오이가 더 없이 좋은 식품이다. 그래서 신장기능이 약한 사람에게 특히 좋으며 간경변증 환자에게 복수, 부종

이 왔을 때 물 대신 오이 즙을 사용하는 것도 좋다. 몸속에 칼륨이 부족해지는 저칼륨혈증이 되면, 몸이 무거워지고 활동력이 무뎌지게 된다.

오이는 술을 많이 먹어 생긴 숙취를 없애는데 이는 주독을 없애는 작용이 있기 때문이다. 콩나물만큼이나 숙취해소에 좋은 오이는 아스코르빈산 함량이 높아 몸 안의 알코올 분해를 쉽게 하고 분해된 알코올 성분을 이뇨작용을 통해 배출한다. 과음 후 속이 아프거나 구토·두통 등에 시달릴 때 오이즙을 마시면 거뜬해진다.

또한 오이의 꼭지 부분에는 쿠쿠르비타신A, B, C, D가 있는데, 그 중 쿠쿠르비타신C는 암 세포의 성장을 억제하는 효과가 있고, 쿠쿠르비타신B는 간염에 효과가 있다고 알려져 있다. 또한 오이에 들어 있는 카로틴은 항암작용을 하는 것으로 알려져 있는데, 카로틴은 암의 원인이 되는 활성산소를 무독화하는 작용을 통해 암세포 발생을 억제하는 항산화작용을 한다. 꼭지 부분의 쓴맛을 내는 쿠쿨비타신이라는 물질은 암세포의 성장을 억제하고 간염에 효과가 있으니 건강을 생각한다면 쓰더라

302

도 버리지 말고 먹어보자.

90% 이상이 수분으로 이루어진 오이는 두말 할 필요 없는 다이어트 식품이다. 수분과 비타민, 각종 미네랄로만 이루어져 있어 칼로리가 전혀 없기 때문에 아무리 많이 먹어도 살찔 걱정 없는 대표적인 다이어트 식품이다.

그러나, 속이 冷해 설사를 자주 하는 소음인의 경우에는 오이를 많이 먹으면 오히려 더웠다 추웠다 하는 증상이 생길 수 있고, 소아의 경우도 많이 먹으면 설사가 생기며 몸이 마르는 증상을 보일 수 있으니 주의해야 한다. 그리고 오이는 비타민C를 파괴하는 효소인 아스코르비나제가 들어 있기 때문에 다른 채소와 함께 먹지 않는 것이 좋다. 다른 채소와 조리할 때는 식초나 레몬즙을 조금 넣으면 아스코르비나제의 활동을 억제할 수 있다. 또한 성질이 차기 때문에 위장이 차고 약한 사람이 너무 많이 먹으면 설사를 하거나 한기가 들 수 있고, 곤약과 함께 먹으면 복통을 일으킬 수도 있으므로 주의하는 것이 좋다.

화상

오이를 강판에 갈아 상처에 붙이면 응급처치 효과를 볼 수 있다.

자외선 화상

아침, 저녁으로 오이를 잘라서 마사지한다.

땀띠

오이를 잘라서 자른 면에 소금을 묻혀 땀띠가 난 곳에 문지른다.

온몸 부종

매일 오이즙을 작은 잔으로 한 잔씩 마신다.

숙취

술 마신 다음날 오이 한 개를 갈아먹으면 숙취가 풀리고 구토증이 가라
앉는다.

여드름

매일 아침저녁으로 빈속에 오이를 2개씩 갈아 마신다. 꾸준히 먹으면 위
의 열이 빠지고 여드름이 없어진다.

아토피성 피부염

오이 생즙을 바르면 가려움이 가라앉는다.

오이무침

오이(조선오이 420g) 는 4등분하고 다시 8등분으로 막대모양으로 썰어 소금에 10여 분간 살짝 절여놓았다가 물에 씻어 물기를 빼놓는다. 부추(30g)는 4cm 크기로 잘라놓는다. 양념(고춧가루 30g, 설탕15g, 식초15ml, 멸치액젓 20ml, 깨, 생강즙을 모두 한데 섞는다)에 오이, 부추를 넣고 살살 버무린다. 마지막으로 깨를 뿌려 버무린다.

오이냉국

오이(300g)는 소금으로 문질러 씻어 어슷하게 썬 후 가늘게 채 썬다. 대파(35g)는 흰 부분을 곱게 채 썰고 홍고추(10g)는 0.3cm로 어슷하게 썬다. 썬 오이에 고루 양념해서 숨이 죽을 때까지 잠시 절인다. 끓여서 식힌 물에 식초를 타서 양념한 오이에 붓고 재래간장과 소금으로 간을 맞추고 차게 식힌 유리그릇에 담고 홍고추를 얹는다.

오이피클

먼저 오이피클 담을 병을 깨끗이 씻어 말려둔다. 오이(조선오이 15개)는 씻어 5㎜ 정도 두께로 자르고, 양파(2개)도 잘라서 함께 병에 담는다. 생수에 소금과 설탕을 넣고 잘 저어준 다음 식초를 넣어 새콤달콤하게 간을 맞추고 불에 올려 팔팔 끓인다. 끓는 물을 오이와 양파를 썰어 담아 놓은 병에 붓는다(끓는 물을 바로 병에 부으면 병이 깨질 수 있으므로 젓가락이나 숟가락 등을 병 밑바닥에 낳노록 꽂은 나음 부으면 열이 먼저 쇠붙이에 전달돼 병이 깨지지 않는다). 병마개까지 끓인 물을 붓고 식으면 뚜껑을 닫아 냉장 보관하면 된다. 물의 양은 오이가 잠길 정도가 적당하다(끓는 물을 바로 부어야 아싹아싹 씹히는 오이의 맛을 즐길 수 있다).

삶을 새콤하게
만드는,
식초

우리 조상들은 '소염다초少鹽多酢'라 해서 소금을 적게, 식초를 많이 먹는 것을 건강과 장수의 비결로 꼽았다. 짜게 먹는 것이 건강에 좋지 않다는 것은 많이 알고 있을 테지만, 식초를 많이 먹으라는 말은 도무지 이해가 되지 않을 것이다. 그러나 입맛이 없고 피로가 쌓일 때 새큼한 식초가 든 음식을 먹으면, 입맛이 돌고 피로가 가시는 것을 느껴 본 적은 있을 것이다.

몸에 좋은 식초에 관한 연구는 노벨상을 세 번이나 받았을 정도이다. 1945년 핀란드의 바르타네 박사는 "식초의 성분인 초산이 음식물을 소화 흡수해 에너지로 만드는 과정에 주동적인 역할을 한다"고 밝혔다. 또 1953년 영국의 크레브스 박사와 미국의 리프만 박사는 "식초 중에 포함되어 있는 구연산이 피로와 노회의 원인인 유산의 발생을 방지하거나 없애준다. 따라서 식초를 마시면 신진대사가 활발해지면서 몸 속의 낡은 물질이 남아 있지 못하게 하므로, 피로가 가시고 노화가 예방된다"고 발표했다. 1964년 미국의 브룻호 박사와 독일의 리넨 박사는 "식초의 성분이 스트레스를 해소시키는 중대한 역할을 하는 부신피질 호르몬을 만들어낸다"는 연구로 노벨상을 수상했다.

식초를 뜻하는 영어인 '비니거vinegar'는 프랑스어의 '포도주vin'와

'신맛aigre'를 합친 말로, 식초가 포도주를 초산 발효시켜 만든 식품이라는 것을 나타낸다. 문헌상에 '식초'라는 말이 처음 등장한 것은, 아라비아어인 '시에히게누스'이다. 구약성경의 이스라엘 지도자인 모세가 붙인 말로서, BC 1450년경에 이미 식초가 있었다는 것을 알 수 있다.

식초의 비밀은 주성분인 초산과 구연산 등 60여 종의 유기산에 있다. 여기에 천연식초를 만드는 갖은 재료들이 특유의 영양을 살려 상승효과를 더한다. 식초 속의 유기산은 물에 녹는 항산화제로, 수분이 있는 조직 속에 머물면서 신진대사를 활발하게 하고 에너지 방출을 돕는다. 또 몸속의 낡은 물질과 몸에 나쁜 활성산소를 없애줄 뿐 아니라, 육체노동이나 운동을 한 후 몸에 쌓이는 젖산을 분해한다. 그래서 식초를 먹으면 피로가 빨리 풀리고 잃어버린 활력을 회복하게 된다. 또한 식초는 천연 살균, 해독, 방부제 역할을 한다. 그래서 초밥이나 여름 도시락에 약간의 식초를 뿌려두면 쉽게 상하지 않으며, 여름철 물냉면에 식초를 뿌려 먹으면 배탈을 일으키는 식중독을 예방할 수 있다. 농약이 묻은 과일과 채소를 식초 물에 씻으면 식초의 살균, 세정, 중화, 분해 효과를 얻을 수 있다. 뿐만 아니라 식초에 담근 식품은 보존성이 높고, 식초 희석액을 뿌린 식물은 오래도록 신선도를 유지한다.

식초는 신맛을 가지고 있기 때문에 산성식품으로 잘못 알고 있는 사람이 많은데, 식초가 체내에 들어가면 알칼리성으로 작용한다. 때문에 육류, 인스턴트식품 등으로 인체가 산성화하는 것을 중화시켜 체액을 건강하게 유지시켜준다. 식초가 지닌 또 하나의 장점은 다른 미량의 영양소, 즉 비타민이나 미네랄 등이 풍부한 식품과 함께 먹으면 미량 영양소가 파괴되는 것을 방지할 뿐만 아니라, 체내의 흡수를 돕고 조직을 활성화시키는 촉매 기능을 한다는 점이다. 그래서 초절임으로 야채를 보존하면 야채의 비타민이 파괴되지 않고 잘 보존되며, 해조류를 무칠 때도 식초를 듬뿍 뿌리면 해조류의 성분이 상승효과를 일으켜 좋은 영양소를 몸에 공

급하게 된다. 천연식초는 그 자체가 소화효소로서, 흡수율을 높이고 장 기능을 좋게 한다. 식초의 새콤한 맛이 침샘을 자극해 침을 많이 분비시켜 소화 작용을 돕고, 식초에 함유된 살균 성분이 대장 내 각종 유해 세균의 번식을 억제한다. 또한 식초의 신맛은 소금의 짠맛을 부드럽게 해 주며, 식초를 첨가하면 소금을 줄여도 싱거워지지 않으므로 소금 사용량을 줄일 수 있다. 특히 식초는 뼈의 구성에 필수적인 칼슘의 체내 흡수를 돕기 때문에 성장기 어린이, 임산부, 폐경기 여성에게 아주 유익하다.

식초는 원료에 따라 가장 좋은 자연 식초부터 공업용 식초까지 분류할 수 있다. 식용으로 사용하는 식초 중에서 몸에 이로운 식초는 쌀·술·술지게미를 발효시켜 만든 양조식초와, 포도·사과·감 등으로 만든 과일식초이다. 여기서 설명한 식초의 이로운 점은 100% 자연 발효된 양조식초와 과일식초를 섭취함으로써 얻을 수 있는 효과다. 흔히 식료품 가게에서 싸고 쉽게 구할 수 있는 식초는 화학적인 방법으로 초산을 이용해 만든 합성식초로, 천연 양조식초에 비하면 식초로서의 특별한

영양학적 효능을 보기 힘들다.

식초는 각 나라마다 자국에서 많이 제조되는 술이나 과일을 발효시켜 만들어 사용한다. 사과주스를 발효시킨 미국의 사과식초cider vinegar, 포도주스를 발효시킨 프랑스의 포도식초wine vinegar, 맥아즙을 발효시킨 영국과 독일의 맥아식초malt vinegar, 청주 찌꺼기를 원료로 한 일본의 청주박식초淸酒粕食醋, 순수 알코올을 발효시킨 알코올식초spirit vinegar, 발효식초를 다시 증류시킨 미국의 증류식초가 많이 알려져 있다.

최근에는 다양한 기능성 식초들이 시중에 나와 있는데 포도당과 비타민이 풍부해서 다이어트와 피로회복에 효과가 있는 감식초, 심근경색 및 뇌중풍 예방에 좋은 유자식초, 향이 독특한 솔잎식초, 각종 성인병을 예방하고 항암효과도 있는 것으로 알려진 마늘식초까지 등장했다. 수입식초로는 와인식초와 발사믹식초가 들어와 있다. 와인식초는 샐러드의 드레싱으로 많이 사용되며 올리브기름과 섞어 빵에 발라먹어도 좋다. 이탈리아 요리에 많이 쓰이는 발사믹식초는 와인식초를 한 번 더 장기간 숙성·발효시켜 만든 재래식 식초로, 보통 5년 이상 숙성된 것을 사용한다.

대부분의 선진국의 경우 식초의 초산 함량을 3~4%로 제한하고 있는데 반해 우리나라는 7% 수준으로 규정하고 있다. 그러나 초산의 농도가 너무 짙은 식초를 먹으면 위가 약한 사람의 경우 위벽이 헐 위험이 있기 때문에 선천적으로 위장이 약하거나, 위산 과다 또는 위궤양이 있는 사람은 농도가 짙은 식초를 삼가야 한다. 한의학에서도 "신맛은 간을 도와 근육을 튼튼하게 하고 힘을 내게 하지만, 신맛을 지나치게 즐기면 간의 기운이 넘쳐 오히려 간이 상하게 된다"고 하여 한 가지 맛에 치우치는 것을 경계했다.

식초 만들기

식초를 발효할 때 가장 중요한 것은 온도 맞추기다. 식초를 만드는 초산균이 30℃에서 가장 활발히 증식하기 때문이다. 자주 뚜껑을 열면 휘발성인 향기가 날아가므로, 완성된 식초는 조그만 용기에 나누어 담는 것이 좋다.

- **매실식초** : 색이 진한 중간 크기의 매실 2kg과 황설탕 500g을 준비한다. 깨끗이 씻은 매실을 물기 없이 닦아 설탕과 섞어 항아리나 유리병에 담는다. 이때 매실과 황설탕의 비율은 조미료용은 6:4, 음료용은 8:2가 적당하다. 설탕을 조금 남겨 위를 덮고 30℃ 실내에서 5개월간 숙성시킨 후, 부드러운 베보자기에 걸러 새 병에 담아 다시 5개월간 두면 완성된다.

- **포도식초** : 포도 2kg에 설탕 200g을 준비한다. 깨끗이 씻은 포도를 껍질째 으깨 설탕과 섞어 20~25℃에서 2~3개월간 숙성시킨다. 1년 정도 발효기간을 거쳐야 좋은 식초를 얻을 수 있으나 3개월만 지나도 먹을 수 있다. 바로 먹으려면 베보자기에 걸러 깨끗한 병에 넣고 65℃에서 30분(80℃에서는 5분)간 중탕 살균해둔다.

활용하기

- **요리할 때** : 서양음식은 진채요리에 대부분 식초를 사용한다. 손에 밴 음식냄새는 식초 섞은 물로 씻으면 냄새가 쉽게 사라진다. 생선 구울 때 생선이 석쇠에 달라붙지 않게 하려면 석쇠를 미리 뜨겁게 달군 다음 식초를 조금 발라 구우면 된다. 시든 채소를 싱싱하게 하려면 큰 그릇에 물을 붓고 약간의 식초와 각설탕 2개를 넣고 채소를 담가두면 된다.

- **빨래할 때** : 빨래할 때 식초를 약간 넣으면 냄새 제거는 물론, 땀이 배어 누렇게 변한 옷 색깔도 선명해진다. 흰옷을 삶을 때도 식초를 몇

방울 넣어 삶으면 더욱 하얗게 되고, 식초의 살균 작용으로 청결해진다. 또한 빨래를 마지막으로 헹굴 때 약간의 식초를 넣으면 비눗기가 남지 않는다. 갓난아기의 면 기저귀를 빨 때 헹굼 물에 식초를 몇 방울 떨어뜨리면 냄새도 없어지고 기저귀에 남아 있는 유해 성분도 없어진다.

옷에 감 얼룩이 들었을 때 연한 소금물에 옷을 10여 분 동안 담갔다가 물로 빤 다음, 식초를 진하게 탄 물에 몇 분 담갔다가 꺼내 다시 물로 헹구면 얼룩이 잘 빠진다. 케첩 묻은 옷은 물수건으로 대강 씻어낸 다음, 헝겊에 식초를 묻혀 두드리듯이 닦아내면 깨끗해진다.

바지나 주름치마의 주름을 잡을 때 식초를 발라 스팀다리미로 다리면 주름이 제대로 선다. 치마나 바지의 길이가 짧아서 단을 내렸을 때도 식초를 브러시로 가볍게 발라 중간 온도로 다림질하면 감쪽같이 펴진다.

● **청소할 때** : 유리그릇을 닦을 때 물에 두세 방울의 식초를 타면 반짝반짝 윤이 난다. 또 헝겊에 소금과 식초를 묻혀 사기그릇을 닦으면 묵은 때도 잘 닦인다. 유리창 닦을 때 분무기에 약간의 식초를 섞어 유리창에 뿌려주면 시중에서 파는 유리광택제보다 더 잘 닦인다. 장식품이 진열된 선반의 곰팡이는 세제에 식초를 몇 방울 떨어뜨려 닦으면 제거된다.

화장실 변기를 청소할 때는 분무기에 식초를 희석하여 수시로 뿌려주면 냄새가 나지 않는다. 세면장이나 주방을 표백제로 청소하면 고약한 냄새가 남는데, 이때 식초 몇 방울을 뿌려주면 냄새가 금세 사라진다.

● **겨드랑이 냄새** : 식초를 직접 겨드랑이에 발라준다. 또는 황백을 약재상에서 구입해 가루로 만든 다음 직접 뿌려주거나 식초에 개어 발라주면 좋다.

● **발톱은 식초로 적신 뒤에 깎는다** : 살 속으로 파고드는 억센 발톱을 아프지 않게 깎으려면, 우선 탈지면에 식초를 흠뻑 적셔 발톱 위에 10여 분간 올려놓는다. 발톱이 물러지면서 통증이 멎을 때 손톱깎이로 자

르면 아프지 않다.

● **목욕할 때** : 욕조 가득 물을 받은 후 식초를 반 컵 정도 넣어 몸을 담그
면 피로를 풀고 숙면을 취하는 데 도움이 된다.

감식초

감은 잘 익고 단맛이 나며 단단한 것을 고른다. 감을 씻지 말고, 감을 꼭
지째 마른 거즈로 닦아 표면에 묻은 먼지를 완전히 제거한다. 완전히 건
조시킨 무공해 항아리에 감을 차곡차곡 넣고 맨 윗부분에 짚 또는 거즈
로 덮어 돌로 눌러준 뒤 공기가 잘 통하는 천으로 묶어준다. 월동 기간에
도 18~22℃의 온도를 유지해야 하며, 5개월간 발효시킨 뒤 찌꺼기를
짜서 채로 밭쳐 거른 것을 항아리에 넣어 밀봉한 후 7개월간 발효시킨
다. 공기가 통하지 않는 물질로 밀봉하면 미생물의 활동이 불가능해 부
패할 우려가 있으므로, 반드시 공기소통이 가능한 천으로 밀봉한다.

초마늘

깐 마늘을 식초에 담가 열흘 정도 지난 다음 식초를 따라 내버리고 새 식
초를 다시 붓는다. 2주가 지나면 냉장고에 보관해두고 먹는다. 마늘 특
유의 매운맛과 냄새가 사라진다.

벗겨도 벗겨도
영양은 그대로,
양파

아마도 양파 껍질을 벗기면서 눈물을 흘려보지 않은 주부는 없을 것이다. 껍질을 벗길 때는 눈물을 쏙 빼게 하더니, 볶아놓으면 그렇게 달고 맛있을 수가 없다. 양파의 매운맛을 내는 휘발성 물질이 눈 점막을 자극해 눈물을 나게 하는 것인데, 조리과정에서 열을 가하면 휘발성 물질은 날아가 버리고 단맛만 남기 때문이다.

흔히 '둥근파'라고도 부르는 양파는 페르시아가 원산지이며, 세계 각지에서 다양한 질병을 치료하는 데 이용되어왔다. 5천 년 전 고대 이집트에서는 신이 내린 양식으로 숭배되었으며, 피라미드를 쌓아올린 노동자들의 스태미나 음식으로 사용되기도 했다. 우리나라에는 조선 말기에 미국과 일본에서 전해졌으며, 문헌에 처음 등장한 것은 1908년 「한국중잉농회보」에서이다. 이처럼 우리나라로 전해진 역사가 얼마 안 된 탓에 한약재로 양파가 사용된 예는 많지 않다. 하지만 한약재로서도 손색이 없을 만큼 그 효능이 대단한 식품이다.

예나 지금이나 중국 음식점에서 자장면과 함께 나오는 반찬은 딱 두 가지, 단무지와 날양파다. 날양파에 식초를 뿌려 춘장에 찍어먹는 맛은 산뜻하기 그지없다. 중국 음식에는 양파가 안 들어가는 음식이 없는데, 기름진 중국 음식과 산뜻한 양파는 기막힌 궁합을 이룬다.

미국인과 중국인이 모두 기름진 음식을 즐기지만, 심장질환 발병률은 미국인이 중국인에 비해 10배나 더 높다. 그 비밀이 양파에 있다고 한다. 즉 양파는 콜레스테롤이 활성산소에 의해 산화되는 것을 막아, 혈액을 맑게 하고 혈관질환을 예방하기 때문이다. 게다가 양파를 찍어 먹는 춘장은 대두로 만들어져 이소플라본이 풍부하므로 양파의 항산화작용에 상승효과를 불어넣는다.

임상연구 결과, 양파는 혈관 내벽에 혈전(찌꺼기)이 생기지 않도록 하고, 심장을 튼튼히 지켜주는 것으로 밝혀졌다. 그 효과는 가열한 양파도 동일했다. 따라서 양파는 40세 이후의 성인들에게 흔히 나타나는 고혈압과 동맥경화 같은 성인병 예방식품으로 적극 추천할 만하다. 이 때문에 일본에서도 수년 전부터 양파 먹는 것이 유행인데, 잠자리에 들기 전 붉은 포도주에 양파를 굵게 썰어 담가두었다가 아침에 먹거나, 육수 또는 맑은 국물에 양파를 살짝 익혀 아침식사로 먹곤 한다.

양파의 매운 성분이 발암물질을 억제한다는 연구보고가 발표되면서, 양파는 항암식품으로 주목받게 되었다. 특히 아플라톡신과 니트로소아민 등의 발암물질을 억제하는 데 효과적이다. 아플라톡신은 간암의 원인이 되는 아주 강력한 발암물질로, 견과류에 피는 곰팡이의 일종이다. 니트로소아민은 육류나 어류가 식품첨가물과 만났을 때 생기는 물질로 주로 햄, 소시지, 어묵 등에 많다. 그래서 샌드위치나 햄버거에 양파를 넣거나, 어육류 가공식품을 요리할 때 양파를 넣는 것이다.

세계 장수촌으로 알려진 코카서스 사람들이 가장 즐기는 식품이 바로 양파라고 한다. 또 1976년 외국 통신사 뉴스에서 이란 북부에 사는 88세의 '알리 아크발 바이크리누'가 160번째 결혼을 한다고 보도된 적이 있다. 이 노인의 특이한 식사 방법은 다름 아니라 18세 때부터 매일 양파 다섯 개씩을 먹어왔다는 것이었다. 이는 양파 겉껍질에 들어 있는 퀘르세틴 성분이 세포 손상과, 지방의 산화 및 부패를 막는 강력한 항산화효과를 나타내기 때문이다.

또한 양파의 겉껍질에는 강장효과를 발휘해 젊어지는 묘약이라 불리는 스코르딘 성분도 들어 있다. 그래서 프랑스 호텔에서는 신혼부부에게 양파스프를 제공한다고 한다. 실제로 흰쥐를 대상으로 실험한 결과, 스코르딘을 먹인 수컷의 정자수가 크게 증가했다는 연구발표도 있었다. 양파를 많이 먹으면 혈관 속이 깨끗해지면서 정력도 좋아지니, 천연 비아그라인 셈이다.

애주가라면 양파를 이용한 숙취 예방법을 알아두자. 양파를 썰어 소주에 담근 양파소수를 마시거나, 음주 전후에 양파를 먹는 것도 좋다. 양파의 글루타티온 성분이 간장의 해독기능을 강화해 주독을 풀어주기 때문이다. 유럽에서는 양파와인이 약용 술로 즐겨 이용된다고 한다. 또한 양파는 위염을

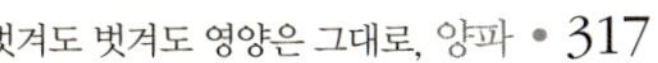

일으키는 주원인인 헬리코박터 파일로리균의 성장을 억제하고, 매운 휘발성분이 위와 장의 점막을 자극해 소화분비를 촉진시키므로, 식욕증진과 건위소화제로도 이용할 수 있다.

한방에서는 양파를 '양총' 또는 '옥총'이라고 부른다. 피부궤양과 창상에 양파를 짓찧어 환부에 바르기도 하고, 여성의 질염에 사용한다고 알려져 있다. 양파의 매운 성분은 박테리아균에 대한 강력한 저항물질이며, 알린과 플라보노이드 성분은 식중독의 원인인 살모넬라균이나 대장균을 멸균시키는 효과가 있다. 날양파를 3~5분간 씹으면 구강 내 해로운 균들이 깨끗하게 청소될 정도이다. 따라서 양파를 넣은 물에 목욕을 하면 습진, 무좀 등 곰팡이성 피부질환들도 개선된다.

또 양파는 감기를 치료하는 특효제로도 사용할 수 있다. 미국 초대 대통령 조지 워싱턴은 감기에 걸렸을 때마다 잠들기 전에 구운 양파를 한 개씩 먹었으며, 프랭클린 루스벨트 대통령의 부인 엘리너 루스벨트도 양파 삶은 물을 감기 예방용으로 애용했다고 한다. 실제로 유럽에서는

양파에서 추출한 '알롬'이란 물질로 만든 감기약이 사용되고 있는데, 알롬 성분은 기침을 멈추게 하고 기관지를 보호하는 작용을 한다. 감기 초기에 약간의 콧물이 나고 목이 아플 때는 양파즙을 탄 생수를 여러 잔 마시고, 습식사우나에서 땀을 흠뻑 빼면 감기가 뚝 떨어지기도 한다.

이외에도 양파는 골다공증과 노인성 치매 예방에 효과가 크다는 연구 결과가 있으며, 양파에 혈당강화 물질이 들어 있어 양파를 꾸준히 먹으면 혈당수치가 낮아진다는 보고도 있다. 또한 '이유화프로필'이라는 성분이 신경을 안정시킬 뿐 아니라, 양파의 비타민 B_1은 몸의 피로와 신경피로를 회복시키기 때문에 불면증 치료에 효과가 있다. 생양파를 잘라 베개 밑에 두고 자면 신기하게 잠이 잘 온다는 것은 이미 잘 알려진 민간요법이다.

그러나 양파를 한꺼번에 너무 많이 먹으면 곤란하다. 하루 3분의 1쪽 정도로 매일 꾸준히 먹는 것이 중요하다. 가능한 한 날것으로 먹는 것이 영양 손실이 적지만, 요리에 이용해도 좋다. 비타민 등의 손실은 있겠지만, 날것으로 먹을 때보다 더 많은 양을 섭취할 수 있고, 맛도 한결 좋아지기 때문이다.

양파 껍질을 벗길 때 눈물을 흘리지 않으려면, 찬물에 10분 정도 담갔다 꺼내어 썰거나 냉장고에 넣어두었다가 자르면 자극 성분이 억제되어서 매운맛을 느끼지 않는다. 날양파를 먹은 후 입속에서 냄새가 심힐 때는 김이나 다시마 한 조각을 먹으면 냄새가 없어진다. 햇양파는 매년 5월말에서 6월초가 되면 나오기 시작하는데, 매운맛도 적고 수분이 많아 부드럽다. 양파는 중간 크기로 골라 공기가 잘 통하는 그물망에 넣어 그늘진 곳에 보관한다. 오래 보관할 때는 양파를 하나씩 은박지에 싸서 보관해야 싹이 나지 않고 물러지지 않는다.

양파 포도주

껍질을 벗긴 양파 2개를 적당한 크기로 잘라 밀폐된 유리 용기에 넣는다. 적포도주 500㎖를 부은 다음 밀봉하여 차고 어두운 곳에 2~3일 두면 된다. 양파를 건져내고 포도주를 밀봉한 후 하루 2~3잔 마시면 좋다. 유럽인들이 즐겨 마시는데 당뇨병, 정력 감퇴, 기침, 생리통 등의 예방에 효과적이다.

양파 가루

껍질을 벗겨 얇게 자른 양파를 부드러워질 때까지 찜통에서 찐다. 2~10일간 햇볕에 말린 뒤 분쇄기로 갈아 가루를 내서 체로 치면 된다. 굵은 것은 약한 불에 건조시켜 다시 가루를 내고, 습기를 피해 잘 보관한다. 양파 냄새가 거슬리는 사람, 위장이 약한 사람이 먹기 좋다. 하루 2~3술 그냥 먹어도 좋고, 음식을 조리할 때 양파 대신 넣으면 음식의 향미가 풍부해진다.

양파생즙

양파는 줄기와 잔뿌리를 떼어내고 씻는다. 열탕기에 넣고 쪄서 즙만 마시는데, 처음에는 양파즙과 물을 절반씩 섞어 먹다가 차츰 즙의 양을 늘린다. 또 다른 방법은 양파 10개와 마늘 50~60쪽을 함께 넣고 30~40분간 고아서 걸러낸 물을 냉장고에 넣어두고 수시로 마시면 된다. 고혈압, 동맥경화, 심장질환이 있는 사람에게 효과적이다.

양파 무침

햇양파를 생으로 무쳐서 먹으려면 반으로 자른 뒤 섬유질의 결대로 얇게 썬다. 얼음물에 5분 정도 담근 후 아삭아삭해지면 꺼내 물기를 쪽 빼서 양념(식초 2작은술, 설탕 1작은술, 소금 1/3작은술, 참기름 고춧가루 각각 1/2작은술)에 버무린다. 이렇게 밑손질한 양파는 샐러드 재료로 어떤 음식에나 넣어

먹어도 좋다. 양파 2개와 오이 반 개를 식초에 무친 양파무침도 별미다.
기호에 따라 고춧가루를 약간 섞어도 좋다.

중국식 양파피클

양파 4개를 2㎝ 넓이로 썰어 소금에 절였다가
물기를 꼭 짠다. 마늘과 생강은 채 썰고 붉은
고추는 반으로 갈라 씨를 털어내고 채 썬다.
식초 1컵, 설탕 1/3컵, 두반장 1큰술, 소금 약
간을 섞어 소스를 만든다. 양파, 마늘, 생강,
붉은 고추를 담고 소스를 끼얹는다.

양파장아찌

간장 1컵, 식초 4컵, 설탕 1컵, 소금 반 컵을
함께 끓여서 식힌 다음 걸러내어 간장식초를
만들어둔다. 깨끗이 썬 양파 10개와 붉은 고
추 3개를 유리병에 담은 후 간장식초를 재료
가 푹 잠길 정도로 붓고 뚜껑을 덮어서 서늘
한 곳에 보관한다. 일주일 정도 지나면 먹어도 되는데, 먹기 전에 국물을
따라내 끓여서 식힌 후 다시 유리병에 넣어누어야 오래 보관할 수 있다.
간장을 빼고 식초, 설탕, 소금만 넣으면 말간 장아찌가 된다.

장을 살리는 살아 있는 유산균,
요구르트

요구르트는 우유를 유산균으로 발효시킨 식품으로 원래 발칸 지방과 중동, 특히 동부 지중해 연안의 사막지대가 고향이다. 예로부터 이곳 유목민들에게 소, 염소, 양의 우유는 중요한 영양원이었지만 날씨가 더워서 쉽게 상하는 단점이 있었다. 기원전 3000년경 유목민들은 주머니에 젖을 담아 사막을 돌아다니다가, 젖이 특이한 냄새와 함께 희고 뭉글뭉글하게 변해 있는 것을 발견했다. 그러나 이것이 오히려 부패가 덜하고 장기간 보관할 수 있다는 것을 알게 되었다. 요구르트는 1960년 무렵에 러시아의 세균학자 메치니코프가 불가리아 장수촌 사람들이 요구르트를 많이 마신다는 사실을 밝혀내면서 전 세계적으로 유명해졌다. 터키 사람들은 우리가 늘 김치나 된장을 먹듯이 가정에서 직접 발효한 요구르트를 식사 때마다 먹는다. 그들은 질게 썬 야채나 견과류에 요구르트를 섞어 먹기도 하고, 샐러드나 고기 위에 소스로 끼얹어 먹기도 한다.

요구르트는 유형에 따라 유산균 수가 1㎖당 적게는 1천만 마리에서 많게는 1억 마리 이상 들어 있으며, 보동 농도가 짙을수록 유산균 함량도 높은 것으로 알려져 있다. 락토바실러스 카제이, 락토바실러스 에시도필러스, 스트렙토코커스 서모필러스, 비피도박테리움 등 빨리 읽으면 무슨 주문을 외우는 것 같지만, 이것들이 요구르트 발효 과정에 들어가

는 유산균들이다. 요구르트는 완전식품에 가깝다고 알려진 우유의 영양을 기본적으로 갖추고 있으면서 발효과정에서 비타민 B군이 추가되고, 우유 단백질, 유당, 유지방 등이 분해해 장내에서 소화가 더 잘된다. 한국 성인의 약 80%는 유당 소화효소가 분비되지 않는 것으로 알려져 있는데, 설사를 자주 하는 사람도 유산균이 단백질을 분해해 소화가 잘되므로 우유 대신 권장할 만하다. 방귀가 잦아 고민일 때는 비피더스균이 들어 있는 요구르트를 저녁식사 후 먹으면 효과가 있다.

유산균은 장 속의 세균들이 만들어낸 암모니아, 페놀류 등 발암에 관여하는 위험인자인 부패산물을 분해하고, 이들 독소들로 인한 노화를 막아주는 정장整腸 작용을 한다. 그러나 나이가 들수록 음식물, 약물, 스트레스로 인해 유산균 수가 감소해 노인이 되면 어린이의 20% 정도로 줄어든다. 따라서 매일 유산균 발효유를 섭취하는 것은 좋은 장수법이라고 할 수 있다. 유산균은 혈중 콜레스테롤을 증가시키는 우유와는 달리, 체내 콜레스테롤 수치를 낮춰준다. 실험에 의하면 매일 한 번씩 요구르트를 6주간 복용한 사람의 경우 콜레스테롤이 10~14mg/dℓ 정도 떨어진 것으로 나타났다. 유산균 발효유에는 칼슘도 많이 들어 있다. 칼슘 함유량이 많은 멸치도 흡수율이 40%가 채 안 되므로, 치아 건강이 좋지 않은 노인들은 먹기 편하고 흡수율이 높은 요구르트를 먹는 것이 좋다. 칼슘은 아무리 많이 섭취해도 필요한 양 외엔 몸 밖으로 배설되므로, 매일 필요한 양을 꼬박꼬박 섭취하는 것이 중요하다.

요구르트는 여성들의 마사지용으로도 많이 쓰이고 있다. 요구르트의 비타민 B_2와 양질의 단백질이 거친 피부를 탄력 있고 윤기 있게 가꿔주기 때문이다. 또한 요구르트에 함유된 지방은 피부의 각질층을 부드럽게 해주어 자극 없이 각질을 제거할 수 있고, 신진대사를 촉진해 손상된 피부를 빠르게 회복해준다. 미백작용도 탁월해서 요구르트 마사지를 꾸준히 하면 기미나 주근깨의 색이 점차 옅어지면서 맑은 피부가 된다. 뿐만 아니라 요구르트를 지속적으로 마시면 장의 활동이 좋아져 여드름과 같은 피부 트러블을 예방할 수 있고, 피부의 혈액순환도 개선되어 얼굴색이 생기 있게 바뀐다.

요구르트를 날마다 규칙적으로 마시는 사람은 늘어나고 있지만, 제대로 먹는 방법을 아는 사람은 드물다. 요구르트의 효능은 살아 있는 유산균이 그대로 대장까지 도달해야 제대로 발휘된다. 그러나 많은 유산균이 위를 통과하는 동안 위산에 의해 죽는다. 특히 아침식사 전에는 밤새 분비된 위액 때문에 위산의 농도가 높아져 있기 때문에, 이때 요구르트를 섭취하면 유산균의 효과를 거의 기대할 수 없다. 따라서 물을 먼저 마셔 위산의 농도를 묽게 하거나, 식후에 즉시 먹거나, 요리할 때 섞어서 조리하는 것이 요구르트의 효능을 높이는 방법이다.

요구르트의 젖산균은 밀봉된 상태에서 번식을 하면서 산을 분비하고 그 산에 의해서 죽게 되므로, 일정기간이 지나면 젖산균의 양이 현저히 줄어든다. 젖산균이 가장 많은 때는 제조 후 3일째로, 구입하는 날짜에서 유통기간이 일주일쯤 남은 요구르트를 마시면 더 큰 효과를 볼 수 있다. 예를 들면 요구르트의 유효기간은 4℃에서 열흘이므로 유효기간이 5월 11일이라면 생산일은 5월 1일, 따라서 4일 날 먹는 것이 가장 좋다.

요구르트 사과 오믈렛

중간 불에서 버터 1큰술을 녹인 후 껍질을 깐 사과 2개를 썰어 넣고 흑설탕 1큰술과 계피가루 1작은술을 흩뿌린다. 사과가 갈색으로 될 때까지 자주 뒤집어준 다음 그릇에 옮겨 담고 요구르트를 넣어 잘 저어준다. 달걀 3개를 잘 풀어두고, 팬에 버터 1큰술을 넣어 버터가 완전히 녹으면 풀어놓은 달걀을 붓고 주걱으로 잘 섞어준다. 달걀이 어느 정도 익으면 사과와 버무린 요구르트를 달걀 가운데에 얹고 조심스럽게 반으로 접어 준비한 접시에 담아낸다.

요구르트 푸딩

젤라틴 1작은술에 물 2큰술을 부어 불린다. 전자레인지에 돌리거나, 작은 냄비에 부어 알갱이가 없어지도록 녹인다. 그릇에 플레인 요구르트 2통, 메이플 시럽 1/3컵을 부어 잘 섞는다. 녹인 젤라틴을 넣어 섞은 다음 고운체에 내린다. 투명한 용기에 부어 냉장고에 2시간 정도 넣어두고 굳힌다. 먹기 전에 메이플 시럽을 한두 스푼씩 올린다.

- -

변비에는 고구마요구르트

부드럽게 찐 고구마를 으깨서 플레인 요구르트와 섞는다. 식이섬유가 풍부한 고구마를 요구르트와 함께 먹으면 더욱 많은 양의 수분과 섬유질을 장에 공급할 수 있어 변비 치료에 도움이 된다.

장을 튼튼히, 사과요구르트

사과를 한입 크기로 깍둑썰기를 한 다음 플레인 요구르트를 끼얹어 샐러드처럼 먹거나, 마시는 플레인 요구르트와 함께 갈아서 식후에 먹어도 좋다. 배가 살살 아프거나 잦은 설사 증상이 있는 것은 장이 약하다는 증거이다. 약물치료와 함께 사과요구르트를 먹으면 좋다.

식사대용, 두부요구르트

마시는 플레인 요구르트 1병에 살짝 데친 두부 1/3모를 넣고 갈아서 마신다. 두부는 양질의 식물성 단백질은 풍부한 반면, 칼로리는 낮은 식품이다. 바쁜 아침에 식사대용은 물론 조금만 먹어도 포만감을 느낄 수 있으므로 다이어트식으로 좋다.

피로회복, 파인애플요구르트

마시는 플레인 요구르트와 파인애플을 함께 갈아서 먹으면 된다. 또는 파인애플을 굵직하게 다져서 떠먹는 플레인 요구르트와 섞어 먹어도 좋다. 파인애플에는 비타민 C, 구연산, 포도당이 풍부하게 들어 있어 피로회복에 좋다.

중성 피부

중성 피부인 경우 떠먹는 플레인 요구르트 1통에 키위 1개를 갈아서 섞은 다음 얼굴에 바르고 15분 후에 물로 씻어낸다.

지성 피부

지성피부는 떠먹는 플레인 요구르트 1/2통에 밀가루 2큰술, 비타민 C(먹는 비타민제를 갈아서 사용한다)를 섞어 얼굴에 바르고 15분 후에 씻어낸다.

건성 피부

건성 피부는 떠먹는 플레인 요구르트 1통에 오이 1/3개를 갈아시 섞은 다음 얼굴 전체에 바르고 15분 후에 물로 씻어낸다.

민감성 피부

민감성 피부는 떠먹는 플레인 요구르트 1/2통에 녹차가루 5스푼을 섞은 다음 눈 주위에 아이크림을 바른 후 팩을 한다.

기적을 낳는 살아 있는 쌀,
현미

못 먹고 못 입던 시절, 눈송이처럼 희고 기름기가 자르르 흐르는 흰 쌀밥은 부의 상징이었다. 그러나 동경의 대상이었던 '흰 쌀밥'에게 언제부턴가 영양불균형의 원흉이며, 만병을 유발하는 음식이라는 평가가 내려졌다.

쌀의 영양 성분은 쌀눈에 66%, 쌀겨에 29%가 들어 있다. 그러니 이것저것 다 잘라버린 백미에는 달랑 5%의 영양가만 남아 있을 뿐이다. 쌀눈은 계란으로 말하자면 노른자인 셈이다. 쌀눈에서 싹이 솟아나오는 법이니, 자손을 보존하기 위해서 쌀알의 영양분 중 3분의 2나 되는 66%가 쌀눈에 들어 있는 것은 너무도 당연한 일이다.

쌀겨에 영양분이 29%가 들어 있는 이유는 몸을 보호하기 위해 껍질에 영양분이 집결되기 때문이다. 대부분의 과일이나 곡식도 바깥쪽으로 살수록 영양가가 높다. 따라서 껍질과 쌀눈을 홀랑 벗긴 백미는, 95%나 되는 중요 성분이 몽땅 없어진 녹말, 당분 덩어리라는 이야기가 된다.

쌀눈의 효과는 실로 엄청나다. 백미를 물에 담가두면 며칠 안에 썩지만, 쌀눈이 잘 보존되어 있는 현미는 싹이 난다. 쌀눈 속의 효소가 스스로의 영양분을 소화해서 싹이 틔우고 자라게 하기 때문이다. 그러므로 백미는 죽은 쌀이고, 현미는 살아 있는 쌀이다. 쌀눈에는 탄수화물 외에도 각종 비타민류, 양질의 단백질과 지방이 풍부하다. 칼슘, 마그네슘, 칼륨, 철분, 아연 등 충분한 미네랄도 함유되어 있으며, 자율신경과 고혈압 치료에 좋은 '감마 오리자놀' 성분도 많다.

'쌀 속의 진주'라고 불리는 '옥타코사놀'이라는 생리 활성물질도 쌀눈에 들어 있다. 이 성분은 작은 체구로 수천 킬로미터를 비행하는 철새들의 에너지원을 연구하던 학자들에 의해서 발견되었는데, 철새의 먹이인 쌀눈, 사과껍질, 포도껍질 등에 많이 들어 있는 것으로 밝혀졌다. 운동할 때 필요한 에너지원이 간과 근육에 저장된 글리코겐인데, 옥타코사놀을 많이 섭취하면 글리코겐의 축적량이 약 30% 증가하므로 체력과 기초대사를 증진하고 근육기능을 향상하는 데 상당한 효과가 있다.

이렇게 좋은 현미가 국내에서 한때 붐이 일었지만, 90년대 초 모 단체에서 현미와 백미의 잔류농약 시험 데이터를 발표한 이후 그 열기가 주춤해졌다. 껍질을 없애고 도정을 많이 한 백미보다, 도정을 하지 않은 현미에서 잔류농약과 중금속 함유율이 더 높다는 것이었다. 그러나 당시 발표에서 아쉬움이 남는 것은, 백미와 현미를 사람이 먹었을 때 체내에서의 잔류량을 체크한 결과를 발표하지 않았다는 것이다.

일본 과학회의 조사에 따르면 한 달간 백미와 현미를 먹었을 때 수은의 체내 잔류량이 백미는 7ppm, 현미는 이보다 훨씬 낮은 0.6ppm이었다고 한다. 또 5년간 현미를 먹으면 그 수치가 0.02ppm으로 더욱더 낮아진다는 것이다. 이렇게 현미를 먹었을 때 수은의 체내 잔류량이 적어지는 것은, 현미가 함유하고 있는 풍부한 섬유질과 피틴산phytic acid이 몸속의 독소와 중금속을 흡착해서 배출하고 스스로를 정화하는 작용을 하기 때문이다.

영양가가 백미와 비교되지 않을 만큼 풍부하다고는 하지만 현미는 먹기가 쉽지 않다. 맛은 둘째 치고 씹어 넘기기가 힘들 정도로 딱딱할 뿐 아니라 소화시키기도 어렵다. 게다가 밥 짓는 것도 까다로워 꼭 압력솥이 필요하며, 오랫동안 물에 담가두어야 하고 뜸 들이는 시간도 길다. 이 때문에 영양소가 부족해도 먹기 쉽고, 밥 짓기도 쉬운 백미에 익숙한 바쁜 현대인들이 현미식으로 바꾸기란 쉽지 않은 것이 사실이다.

이런 현미의 문제점을 해결한 것이 요즘 주목받는 발아發芽현미다. 발아현미란 말 그대로 현미를 콩나물 키우듯 발아시켜 '싹이 난 현미'를 말한다. 맛이 고소하고 소화도 잘되는 데다, 영양도 기존의 현미보다 풍부해서 '차세대 현미'로 각광받고 있다.

발아현미는 밥을 지을 때도 불릴 필요가 없기 때문에 편리할 뿐 아니라 일반 현미보다 섬유질이 훨씬 더 많고, 필수아미노산인 리신도 3배가 높다. 또 자율신경 실조증·중풍·치매를 예방하고, 혈압 저하 작용과 신장 기능을 향상시켜주는 효과가 있는 아미노산 'GABA'도 10배가 더 많다.

이는 발아가 시작되면, 새싹의 성장에 필요한 영양을 공급하기 위해 안전하게 보관 중이던 영양소가 활성화되면서 다양한 효소가 대폭 늘어나기 때문이다. 모든 식물은 발아하는 순간 자체의 영양이 가장 높아진다는 연구는 바로 발아현미를 두고 하는 말인 것 같다. 한 예로 싹이 튼 현미밥 한 공기가 함유하고 있는 비타민 B_1의 양이 달걀 20개, 우유 2ℓ, 쇠고기 두 근에 들어 있는 양과 맞먹을 정도다.

최근 과학자들은 16분의 1인치보다 작은 현미의 싹에 알츠하이머병과 연관이 있는 '프로틸렌도페티다제'라는 효소에 대한 강력한 억제제가 함유되어 있다는 사실도 발견했다. 미국 UCLA의대 면역학교수인 고

니움 박사가, 백혈구의 일종인 NK세포를 활성화해 말기 암환자의 치료에 도움이 된다고 밝힌 '아라비녹실란'도 발아과정에서 생겨난다. 한 톨의 발아현미 속에서는 거대한 화학공장에서도 불가능한 다양한 생화학 변화가 일어나는 것이다.

누구나 발아현미를 먹으면 많아진 배변량에 놀란다. 현미 자체도 식이섬유가 많지만, 발아하면서 섬유질이 훨씬 많아진다. 따라서 장벽에 자극을 주고 장의 연동운동을 촉진해 변비를 해소하고 대변의 장내 통과시간도 짧게 한다. 현미에 함유된 피틴산은 중금속을 흡착, 배출하는 효과는 크지만 소화가 안 되는 단점이 있었다. 반면 발아현미는 각종 효소의 작용으로, 피틴산이 소화 흡수가 잘되는 성분으로 바뀌면서도 몸속의 독성분과 농약성분을 제거하는 효과는 더욱 커지기 때문에 다이어트에는 이만한 음식이 없다.

발아현미로 밥을 지을 때는 일반 백미처럼 지으면 된다. 다만 압력솥보다는 전기밥솥이나 일반 솥에 짓는 것이 좋다. 발아현미는 백미만큼 부드러워진 상태이기 때문에 그냥 솥을 사용해도 밥이 맛있는 데다, 압력솥을 사용할 경우 현미의 비타민 B_1이 62% 정도 파괴되기 때문이다. 발아현미는 흑임자와 궁합이 잘 맞으므로 함께 곁들이거나, 여러 가지 잡곡을 섞어 먹어도 좋다.

산마 현미죽

깨끗이 씻은 현미를 체에 밭쳐 물기를 뺀 후, 프라이팬에서 노르스름해질 때까지 볶는다. 현미의 색이 누렇게 변하고 향긋한 냄새가 나면 소금을 뿌려 간을 한다. 냄비에 볶은 현미를 옮겨 담고 적당량의 물을 부어 중불에서 뭉

근히 끓인 다음, 강판에 갈아둔 산마(마가루)를 넣고 충분히 끓인다. 비위가 약한 어린이나 노인들이 먹으면 소화도 잘되고 체력도 보강된다.

발아현미 볶음밥

발아현미로 밥을 짓는다. 프라이팬에 기름을 두르고 1cm 길이로 썬 부추, 잘게 썬 짜사이(중국식 무장아찌로, 통조림으로 구입할 수 있다), 꽃새우를 볶다가 부추가 숨이 죽으면 현미밥을 넣고 볶는다. 소금으로 간을 맞추고 접시에 담아 통깨를 뿌려낸다.

COLOR
MYSTERY
FIVE

Black, 젊어지자

검은색은 수水에 속하며 신장의 기능과 연관이 있다

"검은색은 수水에 속하며 신장의 기능과 연관이 있다"

"검은색은 수水에 속하며 신장의 기능과 연관이 있다" 기운을 아래로 침착하게 가라앉히며, 모든 것을 흡수하는 검은색. 모든 성분이 집중되어 있는 핵심을 의미하며, 좀처럼 흔들리지 않는 확고한 심리를 나타내는 색이기도 하다. 그동안 검은색 음식은 식욕을 돋우거나 식탁을 장식하기에 부담스럽다고 여겨져 왔으나, 최근 블랙푸드가 지닌 영양학적 특징이 알려지면서 사람들의 선입견이 불식되고 있다. 한방 이론에는 '검은 색깔이 음식이 신장 기능을 돋운다'고 하였다. 예를 들어 대체적으로 단단한 검은 빛을 띠는 식물의 씨를 먹으면, 사람의 씨를 생산해내는 생식기 계통의 기능이 좋아진다는 것이다.

블랙컬러의 색소 성분에 포함되어 있는 '안토시아닌' 색소는 우리 몸에 항산화 능력을 길러주어 면역력을 향상시키고 각종 질병을 예방하며, 노화를 지연시킨다는 연구결과가 속속 발표되고 있다. 검은깨, 검은콩, 검은 쌀 등의 블랙푸드가 노화방지와 정력 증강에 탁월한 효과를 발휘한다는 것은, 한방의 음양오행에 따른 색깔과 건강과의 상관관계 이론이 임상적·영양학적으로 타당하다는 것을 뒷받침해주고 있다.

식품 제조업체에서는 앞 다투어 검은콩 음료, 검은콩 두부, 검은깨 음료, 흑미밥 등 블랙푸드를 이용한 가공식품을 출시했다. 외식업계에서도 경쟁사들과의 차별화를 위해 개발, 판매한 블랙푸드가 큰 성공을 거두면서 우리의 음식문화를 한 단계 업그레이드하는 계기를 마련했다.

검은색을 띠는 음식을 먹으면 젊어진다'는 말이 있다. 그 진실을 파헤쳐보자.

기운을 솟아나게 하는 천연 영양제,
검은깨

씹으면 씹을수록 입 안에 퍼지는 고소한 풍미 때문에 예로부터 우리네 밥상에서 빠지지 않던 깨. 우리에게 익숙한 깨는 참깨인데, 약용으로 쓰는 것은 검고 윤기가 흐르는 검은깨(흑임자, 호마)다.

중국에서는 검은깨를 불로장수不老長壽의 식품이라 하여 귀중한 선약仙藥으로 취급하였다. 우리나라에서도 신라의 화랑들이 수련할 때 7가지 곡식을 섞은 자연 영양식을 먹었는데, 그중 하나가 검은깨였다. 검은깨는 곡식 중에서 가장 몸에 좋다고 하여 거승巨勝이라고도 불렸다.

『동의보감-탕액편』에서는 "호마胡麻(검은깨)는 성질이 평平하고 맛이 달며(甘) 독이 없다. 기운을 돕고 살찌게 하며, 골수와 뇌수를 충실하게 하고 힘줄과 뼈를 든든하게 하며, 오장을 눅여준다. 골수를 보하고 정精을 보충해주며, 오래 살게 히고 얼굴빛을 젊어지게 한다. 환자가 허해져 말할 기운조차 없어할 때에 검은깨를 쓴다"고 히였다. 또한 "검은깨는 내장을 보하고 기를 돕는다. 오장을 보하고 폐기를 보한다. 놀란 심장을 안정시키고 대장·소장을 이롭게 힌다. 추위와 더위, 풍과 습기를 몰아낸다", "검은깨는 신장의 기운을 돕는다. 귀와 눈을 밝게 하며 머리털을 검게 한다"는 등의 내용도 엿볼 수 있다.

"검은깨 서 말만 먹으면 황소도 이긴다"는 옛말처럼, 검은깨는 실제로 남성의 정력과 기를 돋우는 으뜸식품이다. 신혼부부에게 "깨가 쏟아진다"고 하는 말은 반드시 고소하고 달콤하다는 뜻만이 아니라, 젊은 기운이 넘치는 부부생활을 통한 다산多産을 기원한다는 뜻도 담겨 있는 것이다. 에티오피아의 아베베 비킬라Abebe Bilika가 올림픽 마라톤 경주에서 두 번이나 우승했던 힘의 비결이 참깨에 있었다는 이야기도 있다.

검은깨는 신장 기운을 보하는 성분을 가진 음식이다. 한방에서 신장 기운이라고 부르는 것은 단순히 인체해부학적인 '콩팥'만을 의미하는 것이 아니다. 비뇨, 생식기 계통과 머리카락, 허리, 뼈, 선천적으로 타고난 기운 등을 통틀어 말하는 것으로, 인체에서 기를 생산하는 아주 근본이 되는 기운이다.

신장 기운이 약해지면 쉬이 피로하고 뼈가 약해지며, 정력도 감퇴하고 머리도 빠진다. 검은깨는 이런 신허腎虛한 증상 중에서 탈모를 치료하고 흰머리를 예방해주는 대표적인 식품이다. 탈모의 원인으로 모근의 영양부족, 혈액순환 불충분, 신경성 피부질환 등 여러 가지 요인을 꼽지만, 한의학에서는 신장의 기운이 모자라서 정혈精血이 부족해져 피부 영양실조가 발생하기 때문이라고 본다.

나무가 토양의 수분과 영양이 모자라면 곧 시들거나 말라죽는 것처럼, 두피의 영양이 부족하면 머리카락이 빠지는 것이다. 그러므로 탈모 치료를 위해서는 내부를 보충하는, 즉 영양과 수분을 잘 공급시키는 치료를 해야 한다. 검은깨에 들어 있는 풍부한 단백질은 머리카락의 주성분인 케라틴의 원료로 모발의 발육을 돕는 영양분이 되며, 지방은 모세혈관의 혈액순환을 좋게 하고 두피에 영양을 준다.

검은깨는 영양 강장제로도 효과가 탁월해서, 검은깨로 만든 흑임자죽

은 병으로 허약해진 몸을 회복시키는 식사로 추천할 만하다. 또한 아이들의 영양 간식과 이유식으로도 애용되는데, 검은깨는 참깨에 비해 칼슘과 인이 균형 있게 들어 있어 뼈를 튼튼하게 해주며 철분 함량도 높아 한창 자라나는 어린아이들이 먹으면 좋다.

검은깨는 질 높은 단백질과 미네랄이 풍부해서 오장육부를 골고루 튼튼하게 할 뿐 아니라, 뇌 기능을 활성화하는 데 꼭 필요한 레시틴 성분이 풍부해서 학습력, 기억력, 집중력을 높여주므로 학생들의 간식으로도 좋다. 검은깨를 볶아 물엿에 버무린 검은깨 강정은 가족들의 영양 간식으로 민점이며, 임산부가 먹으면 건강하고 똑똑한 아기를 낳을 수 있는 훌륭한 태교음식이 된다.

검은깨의 식물성 지방은 먹어도 콜레스테롤로 쌓이지 않으며, 오히려 높은 콜레스테롤 수치를 떨어뜨리는 역할을 한다. 변비인 사람이 섭취하면 검은깨의 지방 성분이 장을 윤기 있고 부드럽게 변화시켜 대변을 시원하게 볼 수 있도록 도와준다. 검은깨는 영양이 결핍된 피부를 다스리는 데 빼놓을 수 없는 식품이다. 신장기능이 떨어지면 피부에 영양을 공급하는 기능이 떨어져 피부가 칙칙하고 건조해진다. 피부 저항력도 떨어져 노화가 촉진되고 기미, 주근깨, 주름 등이 생기며, 심지어는 아토피성 피부가 되기도 한다. 또 피부 건조증으로 각질이 생기면서 가려운 증상까지 나타난다.

검은깨는 피를 공급하는 간 기능을 회복시키고, 풍부한 비타민 E와 천연 토코페롤을 공급하여 피부를 건강하고 촉촉하게 해주고 피부 노화를 억제한다. 피부 건조증을 완화시키며, 아토피 피부를 치료하는 데도 탁월한 효과를 볼 수 있다.

예로부터 검은깨를 '불로장수의 묘약' 으로 여겨온 이유가 속속 밝혀지고 있는데, 검은깨에 들어 있는 'M-100' 이라는 항산화물질은 피부암을 60%, 위장암을 85%, 폐암을 75% 억제할 수 있다고 한다. 검은깨를 하루에 5g씩 볶아 매일 아침식사 후 까만 껍질이 잘 부서지도록 꼭꼭 씹어 먹으면 면역력을 높여 강력한 발암 억제효과를 볼 수 있다.

이외에도 검은깨의 영양을 그대로 섭취할 수 있는 방법은 다양하다. 먼저 기름을 두르지 않고 프라이팬에 검은깨를 조금씩 볶아 차갑게 식힌 다음 곱게 간다. 이때 볶은 깨를 식히지 않고 갈거나 오래도록 갈면 엉겨 붙으므로 주의한다. 이 검은깨 가루를 우유, 두유, 선식 등에 타 먹으면 맛도 영양도 훨씬 좋아진다.

변비가 있다면 검은깨 가루 한 스푼에 꿀을 섞은 뒤 뜨거운 물에 타 마시도록 한다. 고기 기름장에 검은깨 가루를 넣어도 좋다. 고기의 누린맛을 없애줄 뿐 아니라 고기의 고소함을 더해주기 때문이다. 깨강정으

로 만들어 간식대용으로 먹어도 좋고, 갓 지은 밥에 식초, 소금, 설탕, 볶은 검은깨를 고루 섞어 검은깨초밥을 만들어 먹어도 맛있다. 그러나 평소 대변이 묽거나 설사를 자주 하는 사람의 경우, 검은깨를 볶아서 소량씩 먹는 것은 상관이 없으나 한 번에 많은 양을 먹으면 검은깨의 지방 성분 때문에 심한 설사를 할 가능성이 있으므로 주의한다.

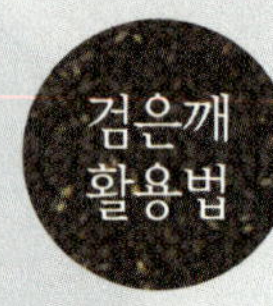

검은깨 고르기

검은깨는 국산을 구별하기가 쉽지 않지만, 가급적이면 재배산지를 꼭 확인하고 국산으로 구입하기 바란다. 일반적으로 검은깨를 포함한 국산 참깨는 낱알이 둥글고 통통하며 씨눈이 뾰족한 것이 특징인데 비해, 중국산은 낱알이 길쭉하고 씨눈이 뭉툭하다.

또한 국산 검은깨는 재배과정에서 흰깨가 많이 섞여 있는 반면 중국산은 거의 찾아볼 수 없다. 한때 중국산 검은깨에 인체에 유해한 '타르 색소'가 들어 있다는 사실이 밝혀져서 식품업계를 긴장시킨 적이 있었는데, 이러한 타르 색소 깨는 흰깨가 전혀 없고 검은 빛깔이 훨씬 진하지만 윤택은 떨어진다.

국산은 보통 가격이 비싸므로, 가격이 너무 저렴하다면 중국산으로 의심해봐야 한다. 검은깨를 미리 갈아서 가루로 판매하는 경우 공기와 접촉, 산화하여 영양분이 노출될 우려가 있기 때문에 구입할 때 제품일자를 꼭 확인해야 한다.

- **머리카락에 힘이 없고 쉽게 빠지며 흰머리가 늘 때** : 볶은 검은깨 가루와 검은콩 가루를 섞어 다시마물에 타서 마시거나 꿀에 개어 꾸준히 먹으면 효과가 있다.
- **위산 과다로 속이 쓰릴 때** : 검은 깨소금을 밥에 비벼 먹으면 효과가 있다. 깨는 위산을 중화시키고 위액 분비를 억제하기 때문에 가슴이 쓰린 증세를 완화시킨다.
- **아토피성이나 건성 피부염이 있을 때** : 검은깨 300g, 해삼 300g, 생마 100g을 물에 넣어 1시간쯤 달인 후 이틀간 여섯 번에 걸쳐 나눠 마시면 피부가 촉촉해지면서 가려움증도 덜해진다.
- **벌레에 물려 붓고 가려울 때** : 검은깨 기름을 발라주면 잘 아문다.

하수오何首烏 검은깨 차

물 300mg에 하수오 6g를 넣고 1시간을 달여낸 물에 볶은 검은깨 가루, 호두 가루, 꿀을 넣어 하루에 한두 번 마시면 흰머리가 검어지고 탈모가 방지된다. 하수오는 백발을 흑발로 바꿀 수 있다는 한약재인데, 여기에 오장을 튼튼하게 하고 자양강장 효과를 배가시켜 탈모를 방지한다는 검은깨와 호두를 함께 섞어, 탈모 방지와 치료에 사용할 수 있는 최고의 약차藥茶를 만든 것이다.

흑자죽黑子粥

흑자죽은 옛 왕실에서 즐겨 먹었던 약죽으로 검은 색깔의 곡식(검은콩, 검은깨, 현미 등)에 호두, 마, 잣, 밤 등을 첨가해서 만든 죽을 말한다. 흑자죽은 최고의 스태미나식으로 여겨져 왔는데, 즐겨 먹으면 면역 기능이 강화돼 질병에 잘 걸리지 않는다. 검은콩, 검은깨 등을 같은 비율로 빻아 가루로 만든 다음 조금씩 우유에 덜어 넣으면서 죽을 쑨다. 뭉근한 불에서 곡물 가루가 바닥에 눌어붙지 않도록 천천히 자주 저어주어야 한다. 하루 한 번 간식 또는 주식으로 먹는다.

연두부 검은깨 샐러드

검은깨 가루(1Ts- 마른 팬에 볶은 후 분쇄기로 곱게 간 것), 실파(3뿌리-송송 썰어 놓는다), 홍고추(1개-씨를 빼서 곱게 채썬다), 무순을 잘 섞은 다음 연두부(1모-적당히 칼집을 넣어 잘라놓은 것)와 함께 담아 소스(간장1Ts, 식초1Ts, 다시마물1Ts, 소금 후춧가루 약간씩, 깨소금 1ts)를 끼얹어 내놓는다.

젊음을 되찾아주는,
검은콩

콩은 '밭에서 나는 쇠고기' 라고 불릴 만큼 영양분이 풍부한 음식이다. 우리 선조들은 진작부터 콩의 우수성을 알고 두부, 간장, 된장 등 콩을 이용한 다양한 식품을 먹어왔으며, 육류 부족으로 단백질 섭취가 모자랐던 시절에는 훌륭한 대체식품이었다. 최근 콩이 항암효과에 치매 예방 작용까지 한다는 연구결과가 속속 발표되고, 광우병 및 사스 등 육류에 대한 공포심이 확산되면서 콩의 인기가 점점 높아지고 있다. 서양에서는 콩의 영양과 효능에 대한 논문이 쏟아져 '21세기 최고의 건강식품' 으로 전폭적인 지지를 받고 있다.

이러한 콩 중에서도 가장 몸에 좋은 것이 바로 검은콩이다. 검은콩은 일반 콩과 영양소의 함량은 비슷하지만 노화방지 성분이 4배나 강하다. 일찍이 한방에서는 검은콩을 흑두黑豆라는 이름으로 약재로 활용해왔다. 『본초강목』에서는 "흑두는 신장을 다스리고 부종을 없애며, 혈액순환을 활발히 하고 모든 약의 독을 푼다"고 했으며, 『본경本經』에서는 "종기에 흑두즙을 마시면 통증이 멎는다"고 했고, 『신농본초경』에서는 "생 흑두를 갈아 부스럼이나 부은 곳에 바르면 금방 낫는다"고 했다.

검은콩도 몇 가지 종류로 나눌 수 있다. 흑태는 검은콩 중에서

도 크기가 가장 큰 콩으로 콩밥, 콩조림 등에 사용한다. 서리태는 첫서리 내릴 때 따는 콩이라 해서 붙여진 이름으로, 껍질을 벗기면 파란 속살이 드러나며 콩떡, 콩자반, 콩밥을 만들 때 사용한다. 최근 가장 주목받고 있는 것이 바로 서목태인데, 크기는 보통 검은콩보다 작아 마치 쥐 눈처럼 보인다고 '쥐눈이콩', 약에 쓰는 콩이라 해서 '약콩' 이라고도 부른다. 검은콩을 한방에서 약재로 처방할 때는 이 서목태를 사용하는데, 흑두의 "음陰을 보하고 신장 기능을 북돋우며 부종을 내리고 풍기風氣를 제거하며 해독하는 효과"를 이용하여 병증 치료에 사용하게 된다. 서목태는 감두탕, 초콩 등을 만들 때 사용한다.

조선 왕실에서는 첩을 여럿 둔 왕의 건강을 위해 검은콩, 검은깨, 오골계, 흑염소 등으로 보양식을 만들어 진상했다는 기록이 있다. 이러한 음식들은 특히 신장 기능을 보해주므로 정력을 강화시키고 젊어지게 하

346

는 효과가 커서 지금도 남성들의 자양 강정제로 활용되고 있다.

검은콩은 만성병에서 공통적으로 나타나는 허약증(어지럽고 귀에서 소리가 나며 허리, 무릎이 시리고 무기력한 증상)에 영양을 공급하는 목적으로, 기운과 영양을 보충하는 다른 약재들과 함께 사용한다. 검은콩이 훌륭한 보음補陰 효과를 낼 수 있는 풍부한 식물성 단백질을 함유하고 있기 때문이다.

검은콩은 항산화효과로 노화를 방지하므로 젊어지게 하는 식품이라 할 수 있다. 노화방지 효능은 서목태가 가장 높은데, 색이 짙을수록 항산화효과가 크다. 이것은 검은콩의 껍질에 들어 있는 안토시아닌 색소 때문인데, 폐경기 여성의 골다공증을 예방하고 갱년기 증상을 없애주기도 한다.

폐경기가 되면 여성호르몬 중의 하나인 에스트로겐 분비가 점점 줄어들면서 골다공증, 안면홍조, 상열감, 우울증, 폐경으로 인한 허탈감 등의 육체적·정신적인 증상들이 한꺼번에 나타나는데, 이러한 갱년기 증상 치료에는 주로 에스트로겐 제제 복용 방법이 처방되어왔다. 그러나 최근 장기간 복용하면 유방암 발생을 높인다는 연구결과가 발표된 후 에스트로겐 제제 복용이 실失보나 득得이 더 많다는 의사들의 주장에도 불구하고, 이 치료방법을 꺼리는 여성들이 늘어나고 있는 실정이다.

예로부터 한방에서는 폐경기 증후군을 다스리는 데 효과가 있는 지백이선탕知栢二仙湯을 처방했으며, 보조 치료제로서 검은콩과 자하거紫河車 등을 함께 섞어 빚은 환을 장기 복용하게 했다. 자하거는 태반을 동결건조한 것으로, 기혈과 정精을 보하는 효과가 커서 회춘 약재로 유명하다. 이 처방은 검은콩에 식물성 에스트로겐인 이소플라본 성분이 다량 함유되어 있다는 점에 주목한 처방인데, 폐경기 증후군이 서서히 사라지게 하고 골다공증도 치료, 예방하는 등 여러 가지 효과를 한꺼번에 얻을 수 있다.

신장에 찬 기운만 모이고 여성호르몬 분비가 원활하지 않아 혈액순환이 불순한 여성이라면 검은콩을 꼭 먹어보자. 혈액순환을 촉진하고 몸을 따뜻하게 하는 효능이 있어 냉증은 물론 생리통, 생리불순까지도 없어진다. 한방에서는 혈血 부족으로 인한 어지럼증, 정신적인 피로감, 생리불순 등의 증상에 보혈補血 약재인 당귀, 천궁, 단삼 등과 검은콩을 함께 처방하는데, 보혈약재를 함께 먹지 못한다 하더라도 검은콩만 꾸준히 섭취하는 것으로도 충분한 효과를 볼 수 있다.

게다가 노폐물 배출과 지방을 분해하는 효과가 있어 다이어트에도 도움을 준다. 또한 검은콩의 천연 토코페롤(비타민 E) 성분은 피부를 탄력 있게 해주며, 자외선으로 인한 기미 및 주근깨를 없애주는 등 피부 미용과 노화 방지에도 효과적이다. 여성뿐만 아니라 신장 기운이 허약해서 성욕이 없고 정력이 약하며 정자의 활동성이 떨어진 남성이 검은콩을 먹으면 정력이 왕성해지고, 비타민 E가 풍부해 정자도 많이 생성된다.

검은콩 속의 식물성 단백질에는 제니스틴, 사포닌 등을 포함해서 암을 예방하는 성분이 많이 들어 있다. 이러한 항암 성분은 특히 껍질 속에 다량 함유되어 있으므로 검은콩을 껍질째 섭취하는 것이 바람직하다. 이외에도 검은콩은 약물을 해독하고, 부종을 내리고 영양을 공

급하며, 콜레스테롤 수치를 떨어뜨려 동맥경화를 억제해서 심장 동맥
질환을 예방한다. 두뇌발달에 도움이 되는 DHA도 풍부해 머리를 좋
아지게 하고, 노인성 치매도 예방한다. 또한 장내 세균인 비피더스 균
이 잘 자라도록 도와 장운동을 촉진시키며 변비를 없애고 대장암을 억
제한다. 뿐만 아니라 혈중 인슐린을 낮추고 혈당이 급격히 상승하는
것을 억제해서 당뇨병을 예방하는 등 그 효능은 일일이 셀 수 없을 정
도이다.

검은콩은 날콩을 그냥 먹으면 소화가 잘 되지 않고 설사하기 쉬우므
로 익혀서 먹는 것이 좋다. 소화율을 두부〉콩가루〉삶은 콩〉볶은 콩 순이
다. 또한 콩은 성질이 차기 때문에 소화기관이 약해 설사를 자주하는 사
람이 많이 먹어서는 안 된다. 콩은 다른 음식을 골고루 먹으면서 충분히
섭취하는 것이 좋다. 왜냐하면 콩에는 몸에 좋은 성분들이 많이 들어 있
지만 비타민 A, C, 필수 아미노산의 하나인 메티오닌 같은 성분은 부족
하기 때문이다.

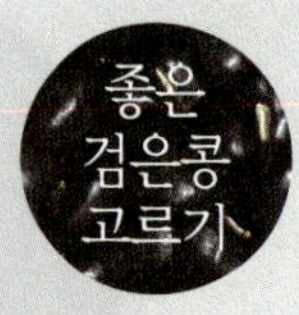

최근 미국에서 수입되고 있는 유전자 조작 농산물은 그 위험성에 대한 논란이 끊이지 않고 있으며, 인체에 유해하다는 의견이 절대적이다. 게다가 중국에서의 수입이 늘고 있어서 국산 콩을 구입하기가 점점 어려워지고 있다. 따라서 원산지 표기를 반드시 확인하고 가급적이면 국내 유기농 제품을 구입하는 것이 좋다. 국내 콩은 수입 콩에 비해 단백질 함량이 많고 맛이 좋다. 또 된장, 청국장을 만들기 위해 발효했을 때 발효 비율이 월등하며, 콩나물 콩의 경우도 발아율에서 현저히 차이를 보인다. 국내 콩은 껍질이 얇고 깨끗하며 윤택이 많이 나고 낱알 굵기가 고르지 않는 데 반해, 수입 콩은 배꼽 색깔이 검은 낱알이 많이 섞여 있고 가로로 잘린 낱알도 많이 섞여 있다.

음식에 함께 넣어 먹기

된장국을 끓인 뒤 콩가루를 한 숟가락 넣어 마무리하면 고소하고 진한 맛이 난다. 샐러드 위에 콩가루를 뿌려서 소스와 함께 섞어 먹어도 맛있다. 수제비와 칼국수를 만들 때는 콩가루를 밀가루의 15%를 넣어 함께 반죽하면, 훨씬 쫀득하고 고소한 맛을 즐길 수 있다. 김치전, 호박전, 부추전 등에는 부침가루와 콩가루를 9대 1로 배합한다.

머리도 좋아지고 영양도 보충하는 간식

검은콩 말린 것을 기름 없이 볶아 곱게 가루를 내서 물이나 우유에 미숫가루처럼 타서 먹는다. 학생들의 간식용으로 권할 만한데, 영양도 좋은데다가 두뇌활동도 활발하게 하므로 일석이조이다.

기름진 고기 먹을 때

삼겹살이나 기름기 많은 육류를 먹을 때 말린 검은콩을 볶아 곱게 빻은 가루에 찍어 먹는다. 콩가루의 고소함 때문에 맛도 좋을 뿐 아니라 기름기를 줄여줘서 입속도 개운하다. 무엇보다 콜레스테롤을 낮추는 효과가 있다.

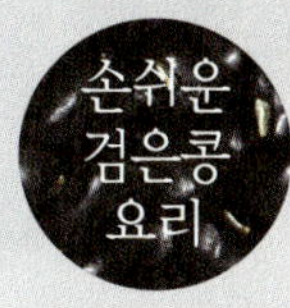

검은콩 조림

깨끗이 씻은 검은콩(서리태 200g)을 물(2컵)과 함께 냄비에 넣고 5분 정도 살짝 불린 다음, 중불에 올려 다시마 한 조각을 넣고 10분 동안 삶는다. 콩이 물렁하게 익었을 때 간장(3Ts)을 넣고 한 번 더 저으면서 조린다. 콩에 간장 간이 들면 설탕(2Ts), 물엿(1Ts)을 넣고 버무린 다음, 반짝거리면서 윤기가 날 때까지 다시 조려 통깨를 넣고 버무려준다.

검은콩 초절임

검은콩을 깨끗이 씻은 다음 물기를 닦아낸다. 말린 검은콩을 프라이팬에 10분 정도 볶은 뒤, 검은콩이 푹 잠기도록 식초를 부은 다음 일주일 뒤에 먹는다.

검은콩 부침

검은콩(1/2컵)을 6시간 정도 물에 불려 믹서에 물(1컵), 불린 검은콩을 넣어서 간 다음 달걀(1개), 밀가루(2Ts), 부침가루(3Ts), 소금(1/3ts)을 넣어 반죽한다. 팬에 기름을 조금 두르고 준비된 반죽을 떠서 얇게 부친다.

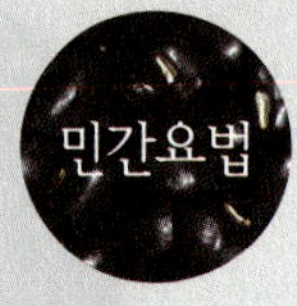

- **얼굴이 푸석하게 부었을 때(콩차)** : 말린 검은콩을 기름 없이 볶은 다음 물을 붓고 30여 분 정도 끓여낸 물을 차처럼 마신다. 몸 안의 독성과 노폐물을 제거하는 효과가 있어서 부기를 빼주고 변비가 해소된다.

- **기미, 주근깨(콩가루팩)** : 콩가루, 요구르트, 꿀을 섞어 얼굴에 팩을 한 후 15분 뒤에 미지근한 물로 헹구어내면, 피부가 맑고 투명해진다. 특히 자외선으로 인한 기미에 좋다.

- **약물 중독, 식중독 해독(감두탕)** : 서목태와 감초를 1대 1 비율로 물에 넣고 약한 불에 2시간 정도 끓인 물을 조금씩 나누어 마신다. 식중독으로 인한 피부 발진이나 오래 되지 않은 약물 중독 증상은 감두탕을 마시는 것만으로도 금세 효과를 볼 수 있다.

- **중이염으로 인한 청력 저하 (삶은 검은콩)** : 검은콩을 하룻밤 물에 불렸다가 삶아서 소금 간을 살짝 해서 먹는다. 중이염 발생이 잦거나 만성 중이염으로 청력이 떨어졌을 때 효과적이다.

- **요통(콩 찜질)** : 검은콩을 삶아 뜨거울 때 자루에 담아 허리에 대고 찜질한다. 식으면 다시 따끈한 것으로 바꿔 계속하면 통증이 없어진다.

- **제일콩집 02-972-7016** : 고소한 콩물 냄새가 일품. 공릉동 위치.

- **옛날 민속집 02-379-7129** : 생두부, 두부찜, 콩비지찌개. 구기동 북한산 입구.

- **콩두 02-722-0272** : 퓨전 콩 요리의 진수. 두부새우찜, 콩절임 육회와 두부 스테이크, 두부 아이스크림, 콩요거트 퓨레 판매. 삼청동 위치.

- **전주회관 02-753-5388** : 진한 콩국에 찰진 면발의 콩국수. 서소문 위치.

- **조선국시 02-517-9492** : 서리태로 만든 냉콩국수. 잠원동 위치.

- **정원순두부 02-755-7139** : 순두부찌개, 굴 순두부 등. 서소문 위치.

바다의 불로초,
다시마

손바닥 크기로 자른 다시마에 밥과 멸치젓을 살짝 얹은 다시마 쌈밥, 다시마를 기름에 튀겨 입맛을 돋우는 고소한 다시마튀각. 생각만 해도 군침 도는 별미 반찬에는 물론 시원한 어묵 국물의 제 맛을 내는 데도 빠질 수 없는 다시마가 최근 '바다의 불로초' 라 불리며 동서양 학계의 예찬을 받고 있다.

우리 선조들은 삼국시대부터 다시마를 훌륭한 천연 조미료로 애용해 왔고, 『고려도경』에는 "귀천을 막론하고 모두가 즐기는 입맛 돋우는 음식"으로 소개하고 있다. 세계 4대 장수마을인 일본 오키나와 주민들은 다른 일본인보다 다시마를 2배 이상 먹는 것으로 알려져 있는데, 이들의 암 발병률이 일본인 평균의 3분의 2밖에 되지 않는다. 예로부터 일본 사람들은 하루에 한 번씩은 커피 대신 곤포사昆布茶라는 짭짤한 분말 다시마차를 즐겨 마셨는데, 세계 최장수국 일본의 상수 비결 중 하나가 비로 다시마 복용 때문이라고 한다.

한의학에서는 다시마를 곤포昆布라고 부르며, 주로 소화기에 작용하고 맛은 짜며 성질은 차다고 본다. 『동의보감』에서는 "담을 없애고 소변을 잘 내보내며, 혈액순환 장애를 개선하고 나력, 고환종 등의 종양이나 종기를 다스린다"고 했고, 『본초경소론』에서는 "곤포라 하여 뭉친 것을

풀어주고 응어리진 것을 헤쳐 준다. 체내에 형성된 열 기운을 다스린다"
고 했는데, 다시마가 주성분인 곤포환昆布丸이라는 약재는 서양의학에서
말하는 갑상선 종양이나 인후부 이물감을 다스리는 효과가 탁월하다.

다시마는 우수한 알칼리성 식품이므로, 산성식품인 육류와 쌀밥 등과
함께 먹으면 체질이 산성화되는 것을 막을 수 있다. 또한 칼로리가 거의
없고 각종 미네랄이 풍부한 대표적인 저칼로리 자연식품이므로, 다이어
트 식품으로도 손색이 없다. 다시마 가루를 하루에 한 번 한 숟가락(10g)
씩 잠자기 전에 먹거나, 하루 2~3회 반 숟가락 정도를 먹으면 위장 운
동을 조절해서 비만과 변비에 탁월한 효과를 발휘한다.

다시마에 들어 있는 알긴산Alginic Acid은 해조류 성분의 20~30%를
차지하는 끈끈한 섬유질로 '몸속 청소 효과'를 발휘하는 특별한 성분이
다. 마치 스펀지가 물을 빨아들이듯이 체내 중금속, 농약, 발암물질, 숙변,
장내 유해가스, 방사성 물질, 중성지방 및 콜레스테롤, 노폐물들을 흡착시
켜 몸 밖으로 끌고 나간다. 음식물이 장 속에 머무르는 시간을 단축시키고
노폐물들이 빨리 빠져나갈 수 있도록 배변을 돕기 때문에 변비 치료, 대장
암 예방에 도움이 된다. 또 혈액 속의 지방 및 염분의 배출을 도와 비만,
고혈압, 동맥경화는 물론이고 암까지도 예방, 치료한다는 연구발표가 잇
따르고 있다. 혈압이 높은 사람은 자기 전에 다시마 한 조각을 물 한 컵에
담가 냉장고에 넣어 둔 뒤 다음날 아침에 마시면 혈압이 강하된다고 한다.
다시마는 지구상의 동·식물 중에서 가장 많은, 무려 80가지가 넘는
유·무기질(요오드, 칼슘, 칼륨 등)을 가진 신비한 해초다. 그래서 '미네랄
의 보고'로 불린다. 게다가 비타민 A는 토마토의 2.5배, 비타민 C는
1.5배를 함유하고 있으며, 비타민 B도 풍부하다. 또한 다시마에는 미역

과 마찬가지로 요오드도 풍부하다. 요오드는 갑상선 호르몬의 주요 구성성분으로 갑상선 기능을 조절하고, 갑상선 호르몬 생성을 도와 신진대사를 활발하게 하며, 혈구 · 혈색소 · 혈청단백질을 증가시키는 작용을 한다.

다시마가 피부에 좋다고 다시마 팩을 사용하는 여성이 많다. 실제로 다시마는 신진대사를 활발히 하고, 장기 조직의 세포 노화를 억제해서 혈액순환을 좋게 하며, 피부를 매끄럽고 탄력 있게 가꾸어주어 피부 노화도 억제한다. 특히 햇볕에 그을렸거나 자외선으로 인한 기미가 생긴 피부에 좋다. 다시마를 물에 불려 물과 함께 믹서에 넣고 찐득한 젤처럼 될 때까지 갈아낸 다음, 얼굴에 가제를 얹고 팩용 붓으로 묻혀서 바른 후 20분쯤 지나면 씻어낸다.

칼슘이 멸치나 우유보다 다시마에 더욱 풍부하게 들어 있다는 사실을 아는 사람은 드물 것이다. 다시마는 우유보다 무려 14배나 많은 칼슘이 들어 있다. 특히 다시마의 칼슘은 소화 흡수가 아주 빨라서 뼈의 성장에 좋은 것은 물론이고 골다공증도 예방해주므로, 성장기 자녀뿐만 아니라 갱년기 여성에게도 훌륭한 건강식품이 된다.

다시마의 요오드 성분은 갑상선 기능을 조절하지만 갑상선 호르몬 분비 체계에 이상이 있는 사람이 다시마를 과량으로 섭취하면 증상이 악화될 수도 있다. 그러므로 갑상선 질환에 무작정 다시마를 치료용으로 사용하는 것은 피해야 한다. 또한 요오드는 결핵조직을 녹이는 작용을 하므로 결핵균을 흩어지게 할 우려가 있기 때문에 결핵환자들도 금해야 하는 음식이다.

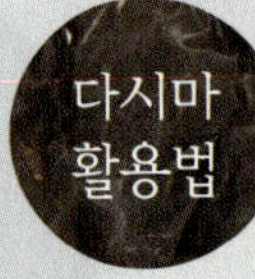

다시마 고르기와 손질법

다시마는 7월경에 채취해 바로 완전 건조시킨 것이 가장 영양소가 풍부하다. 다시마를 저장하는 동안 표면에 생기는 하얀 가루는 곰팡이가 아니라, 당 알코올의 일종인 만니톨이며 인체에 무해하다.

말린 다시마는 흑청색 빛깔에 두께가 고르고, 염분이 피어 있지 않아 깨끗하며, 한 장씩 반듯하게 겹쳐서 말린 것이 상품上品이다. 반대로 잔주름이 많으며 흑황색이나 흑적색으로 물풀이 붙어 있고, 염분이 핀 것은 하품이다. 국산 토종 다시마는 잎 가장자리 부분이 고르며 일직선에 가깝고 연한 검초록색을 띠지만, 수입산 다시마는 잎 가장자리 부분에 울퉁불퉁 요철이 많으며 짙은 검초록색을 띤다. 가정에서 다시마를 손질할 때 해조류 특유의 비린내와 끈적끈적한 점액물질을 없애려면 소금으로 비벼 씻은 뒤 물에 담가두면 아린 맛이 없어진다.

천연조미료, 다시마 가루

깨끗이 씻은 생다시마를 햇볕에 종이처럼 바삭 말린 후, 깨끗한 물수건으로 염분을 닦아내고 믹서기에 간다. 말린 새우나 멸치를 함께 빻아 섞어두면 양질의 천연조미료가 된다. 나물을 무칠 때, 국이나 찌개를 끓일 때 조미료 대신 넣으면 맛도 좋고 영양 면에서도 뛰어나다. 조림을 할 때도 말린 다시마를 씻어 넣으면 다시마 단백질의 주성분인 글루탐산이 감칠맛을 더해준다.

- -

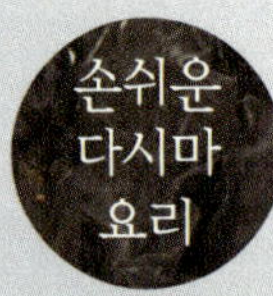

다시마 쌈

녹색의 염장 다시마를 냉수에 30분가량 불려 소금기를 제거한 다음 적당한 크기로 썰어서 그릇에 담아낸다. 쌈장은 된장 3큰술, 고추장 1큰술에 다진 마늘, 다진 파, 참기름, 깨소금을 섞어 만든다. 취향에 따라 쌈장에 멸치젓이나 새우젓을 넣어도 좋다.

다시마 밥

솥에 쌀을 안칠 때 약 3cm 정도의 다시마 3~4개를 올려놓고 밥을 지으면 밥에 윤기가 돌면서 다시마 맛이 스며들어 맛이 더 좋아진다.

성인병을 예방하는 다시마차

물 500cc에 깨끗이 씻은 다시마 100g을 넣은 후 찻잔으로 3잔 분량만큼 졸아들 때까지 달여 하루 3회 마신다.

- 고혈압, 고지혈증, 변비, 비만이 있는 사람이 꾸준히 복용하면 혈압을 낮추고 동맥경화를 예방하며, 배변을 도와주고 체중도 줄여주는 효과가 있다.

과민성 대장질환에 좋은 다시마죽

다시마는 말려 잘게 썰고, 산사나무 열매는 분쇄기에 넣어 간다. 두 재료를 쌀과 함께 냄비에 넣고 죽을 쑤어 하루 한 번 복용한다. 반복적인 설사와 변비가 교대로 나타나는 과민성 대장 증후군을 호전시키며 소화 장기가 튼튼해진다.

BLACK FOOD

- -

- **구내염, 설염** : 다시마의 요오드 성분이 구내염 상처를 아물게 하는 효능이 있으므로, 다시마를 검게 태워 가루 낸 것을 입 안 염증부위에 자주 바르면 현저히 좋아진다. 잇몸이 아픈 경우 잇몸에 직접 바르면 효과적이다.

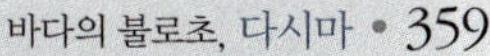

숲 속에 핀 검은 곰팡이의 비밀,
버섯

버섯은 가을 버섯이 으뜸이라지만 요즘은 재배기술이 발달해 사시사철 싱싱한 버섯을 맛볼 수 있다. 그윽한 솔내음이 일품인 '버섯의 귀족' 송이, 송이와 씹히는 맛이 엇비슷한 새송이, 송이에 버금간다는 능이, 고기와 함께 볶으면 그만인 표고, 쭉쭉 찢어놓으면 닭고기인지 버섯인지 헷갈리는 싸리, 잡채 할 때 빼놓으면 서운한 목이, 찌개의 단골 토핑재료인 팽이, 서민적이고도 풍부한 맛의 느타리…… 다양한 종류만큼이나 버섯마다 맛과 향이 독특하고 생김새도 가지각색이다. 버섯은 채소와 과일만큼이나 무기질이 풍부하고 육류처럼 단백질이 적절히 들어 있어 서양에서는 '채소 스테이크'나 '산속의 쇠고기'로 부르기도 한다. 이처럼 영양적으로 채소와 육류의 장점을 골고루 갖추고 있는데다가, 고기를 씹는 것처럼 쫄깃하고 질감마저 부드러워 버섯은 동서양을 막론하고 세계 어디서나 애용되고 있다. 그러나 서양에서는 버섯을 주로 맛을 위한 음식 재료로 쓴 데 반해, 동양에서는 약성과 효능을 더 중시했나. 버섯을 식용과 약용으로 쓰기 시작한 것은 고대 로마시대로 거슬러 올라간다. 폭군으로 유명한 네로황제는 불로장수에 좋다는 버섯을 매우 즐겨 먹었다. 그는 버섯을 따오는 사람에게 버섯 무게만큼 황금을 주었다고 해서 '버섯황제'로 불리기도 했다. 알프스를 누비며 천하를 호령

하던 나폴레옹은 매일 서너 시간만 자고도 늘 힘이 넘칠 만큼 건강했는데, 그의 건강 비결 중 하나가 바로 버섯이었다. 나폴레옹은 식탁에 버섯요리가 오르지 않으면 짜증을 냈을 정도로 버섯을 무척 좋아했다고 한다. 불로초로 유명한 중국의 진시황도 버섯을 즐겼다.

고전한의서 『신농본초경』에서는 "눈을 밝게 해주고 신경을 안정시키며, 천식을 다스리고 근골을 굳게 해주는 음식"으로 버섯을 높이 평가했으며, 『동의보감』에서는 "버섯류는 기운을 돋우며 식욕을 증진시키고 위장 기능을 튼튼히 해준다. 그리고 시력을 좋게 하며 안색을 밝게 해준다"고 했다. 서양에는 "버섯 장수는 무병장수한다"는 속담도 있다. 요즘 아이들은 버섯이 식물인줄 알지만, 버섯은 엄연히 미생물인 곰팡이의 일종으로 생태계 내에서 식물을 분해하는 역할을 담당한다. 버섯의 종류는 수천 가지에 이르고, 먹을 수 있는 버섯만도 수백 가지가 넘지만 독버섯도 많기 때문에 야생에서 직접 채취할 때는 조심해야 한다. 버섯은 종류에 상관없이 소화율이 높은 저칼로리, 고비타민 건강식품이다. 고혈압이나 동맥경화증을 예방할 뿐만 아니라 바이러스 감염 예방, 암에 대한 면역력 증강, 노화 방지와 신진대사 촉진 등의 생리 효능이 뛰어나다. 또한 버섯은 알칼리 식품으로 몸의 산성화를 막아 피로를 풀어준다. 우리 주변에서 흔히 볼 수 있는 버섯 중에서도 특히 검은색을 띠는 표고, 목이, 석이버섯은 흰색의 다른 버섯들과는 구별되는 몇 가지 특이점이 있다. 이들 버섯은 항암 효능이 뛰어난 동시에 오래 먹으면 스태미나가 좋아지는 효능이 있다.

표고버섯

값싸고 손쉽게 구할 수 있으면서 약효 또한 뛰어난 버섯이 바로 표고버섯이다. 깊은 산속에서 수도하는 사람들이 표고버섯 달인 물을 매일 한 사발씩 마시면, 아무리 허약한 체질이라도 단식의 고통을 이겨낼 수 있다는 이야기가 전해질 정도다.

예로부터 표고버섯은 "기를 도와주고 허기를 막으며 피를 잘 통하게 해 풍風을 고치는 작용을 한다"고 하였다. 또한 위·십이지장궤양, 신경통, 정력 증진, 시력 감퇴, 미용에 좋으며 냉증과 불면증의 묘약으로도 알려져 있다. 특히 식이섬유가 많아 변비 치료에 도움이 되고, 강장제로도 각광을 받고 있으며, 혈중 콜레스테롤을 저하시키는 효과와 항암작용, 혈압강하, 항바이러스 작용이 있는 것으로 알려져 있다.

때문에 매끼 식사 때 버섯을 볶아서 국 또는 찌개에 넣어 먹거나, 버섯 달인 물을 매일 마시면 콜레스테롤 수치가 내려가서 동맥경화가 치료된다. 또 혈압이 높은 사람은 혈압이 내려가며, 감기와 유행성 독감을 예방하는 효과가 있다. 또한 표고버섯은 그 특유의 향기로 육류의 누린내를 없애줄 뿐만 아니라, 식욕을 돋우며 육류의 지방을 체내에서 제거해주는 효과가 있으므로 육류요리에 표고버섯을 곁들이면 찰떡궁합이다.

표고버섯은 20~30분 정도 햇볕에 말려 사용하면 비타민 D 함량이 높아져 몸에 더 좋다. 비타민 D는 장에서 칼슘과 인의 흡수율을 높여 뼈와 이를 튼튼하게 하므로 성장기의 어린이나 임산부에게 필요하다.

목이버섯

잡채를 먹다보면 소고기도 아니면서 쫀득쫀득 씹히는 게 있는데, 이것이 목이버섯이다. 버섯의 모양이 마치 사람의 귀와 닮았다고 해서 '목이木耳'라는 이름이 붙여졌는데, 서양에선 예수를 배반한 유다가 목을 맨 나무에서 자랐다고 해서 '유다의 귀'라고도 하며, 중국에서는 닭고기와 영양가가 같다고 '수계樹鷄'라고 불린다. 흔히 보는 목이버섯은 검은색이지만 흰색에 가까울수록 상품으로 치며, 이름도 '은이'라고 따로 부른다. 중국 사람들은 흰 목이버섯으로 끓인 국을 '은이갱'이라 하여 정력을 돋워주는 훌륭한 강정제로 손꼽으나, 영양 면에서는 별 차이가 없다.

가을철 뽕나무, 딱총나무, 말오줌나무 등의 죽은 나무에서 많이 나는 목이버섯은 오장의 기능을 좋게 하고 장기의 독기를 풀어주므로 한방약재로도 쓰인다. 특히 혈열血熱을 내려주기 때문에 깡마른 체형에 신경이 예민한 사람들에게 매우 좋다. 또 기를 보충해주고 몸을 가볍게 하는 작용이 있어 뚱뚱하고 피부색이 하얀 사람들에게도 효과적이다. 목이버섯은 철분, 칼륨 등 미네랄이 풍부하여 보혈작용도 해주므로 산전, 산후의 빈혈 증상을 치료하는 데 도움이 된다. 목이버섯은 수분을 만나면 10~20배로 팽창하면서 대변의 부피를 증가시키는 '비용해성 섬유질'과, 배변을 부드럽게 하는 '용해성 섬유질'이 모두 풍부하므로 변비 치료에도 좋다.

석이버섯

석이버섯은 지리산, 설악산, 오대산 등 인적이 드물고 공해가 없는 깊은 산의 절벽 바위에 붙어 자라는 버섯으로, 한 번 포자가 떨어지면 100년이 지나야 식용이 가능한 상태로 자란다고 한다. 바위에 붙은 귀와 같이 생겼다고 해서 석이石耳, 석지石芝, 흑지黑芝라 불렀다. 조선시대 어느 별장이

석이버섯 잡채를 맛있게 하여 현종 임금의 기력을 강화시켰다고 참판 벼슬로 승진한 일화도 있다. 또한 조선조 궁중연회에서 빠지지 않던 요리가 석이버섯으로 만든 석이단자였고, 임산부가 석이버섯을 먹으면 건강한 장사 아기를 낳는다 하여 임신한 왕비의 태교 음식으로도 사랑받았다.

중국에서는 강장·각혈·하혈 등에 지혈제로 이용했으며, 『동의보감』에서는 "속을 시원하게 하고 위胃를 보하며, 지혈작용을 하고 장수를 누리게 한다. 얼굴빛을 좋아지게 하며 배고프지 않게 한다"고 하였다. 한의학에서는 기력보강과 강정제로 애용되어 왔으며, 최근에는 항암 효능이 뛰어나다는 연구결과가 발표되기도 하였다.

요리할 때는 대부분 말린 석이버섯을 이용하는데, 미지근한 물에 불려서 물기를 없앤 다음 돌돌 밀아 가늘게 채 썰어 쓴다. 요리에서 검은색을 낼 때 주로 이용하며 잡채, 국수, 선골 등의 고명으로 쓴디.

기타 버섯들

상황, 송이, 아가리쿠스(신령버섯), 영지를 비롯한 많은 버섯들에는 '베타글루칸'이라는 다당류가 다량 함유돼 있어 암을 예방하는 효능이 있다.

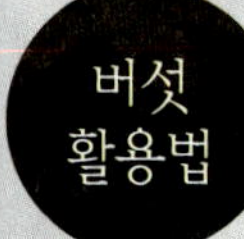

손질하기

버섯을 손질할 때는 되도록이면 뿌리 부분만을 정리하고 버섯 주위에 붙은 가루는 털어내는 것이 좋다. 다른 균들이 침입하면 버섯 균이 죽기 때문에 버섯은 진공의 깨끗한 상태에서 재배한다. 따라서 버섯을 지나치게 오래 씻지 않아야 한다. 표고버섯은 대를 가위로 잘라 쓰면 편리한데, 이때 잘라낸 줄기는 육수를 낼 때 함께 넣어 향과 맛을 우려낸 후 버리도록 한다. 버섯을 물에 오래 불리면 항암성분과 고유의 향이 우러나오므로, 마른 버섯을 불린 물은 버리지 말고 사용하도록 한다. 보통 신선한 버섯을 물에 씻으면 향과 맛을 잃는다.

조리하기

조리할 때는 양념을 쓰지 말아야 버섯의 풍미를 살릴 수 있다. 열에 약하므로 구울 때는 살짝 굽고, 찌개나 국에 넣을 때는 먹기 바로 직전에 넣어 잠깐 동안만 끓인다. 버섯은 껍질을 벗겨두거나 물에 오래 씻지 말아야 한다. 효소의 작용으로 인해 상처 난 부위가 검어지고 고유의 향도 사라지기 때문이다.

보관하기

표고버섯은 기둥을 위로 향하게 해서 보관한다. 그렇지 않으면 그 속에 들어 있는 포자가 떨어져 버섯의 우산이 검게 변한다. 또한 금방 상하기 때문에 밀폐용기에 보관해야 한다.

- 버섯의 맛과 향을 오래 유지하려면 흐르는 물에 씻고, 랩이나 비닐에 싸서 냉동 보관하는 것이 좋다.

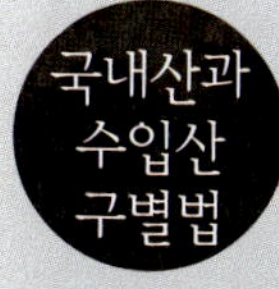

**국내산과
수입산
구별법**

표고버섯

표고버섯은 갓이 피지 않고, 갓의 밑면이 하얗고 깨끗하며 살이 통통하게 찐 것이 좋다. 국내산 표고버섯은 갓이 크고 두꺼우며 대체로 모양이 둥글다. 자루가 길고 굵으며 갓 표면과 갓 주름이 밝은 갈색을 띤다. 품질이 양호하고 무거운 듯하면서 독특한 향기가 강하다. 반면 수입산은 갓이 작고 얇으며 물렁하고 삿갓 모양이다. 자루가 짧고 가늘며 색이 거무튀튀한 편인데, 특히 가격이 지나치게 싼 것은 의심해봐야 한다.

목이버섯

국내산 목이버섯은 부서진 것이 거의 없이 원래 모습 그대로이다. 대체로 큰 편이며, 갓 앞면이 진한 흑색이고 뒷면은 갈색으로 주름이 적다. 독특한 향기가 강하다. 반면 수입산은 부서진 것이 많고 갓 옆면이 연한 흑색이며 뒷면은 회색에 주름이 많다. 향이 거의 없거나 역겨운 냄새가 난다.

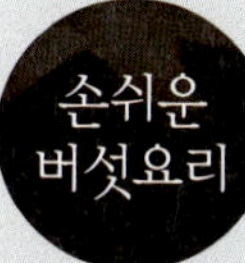

**손쉬운
버섯요리**

표고밥

불린 표고의 꼭지를 제거하고 1cm 크기의 사각으로 썬 후 간장과 정종을 적당히 넣어 밥을 짓는다.

표고차

표고를 잘게 썰어 차저럼 물에 날여 마신다.

표고탕

명절 상에 올릴 탕국에 고기 대신 버섯을 넣어도 좋다.

표고조미료

버섯을 말려 가루를 내서 천연조미료로 사용해도 제격이다. 육류요리에 사용하면 고기냄새를 없애주고, 버섯 성분이 콜레스테롤을 제거시키는 역할을 한다.

표고버섯 볶음

표고를 미지근한 물에 불려 기둥을 자르고 윗면에 십자로 칼집을 넣는다. 느타리는 끓는 물에 데쳐 먹기 좋은 크기로 찢는다. 프라이팬에 기름을 두르고 마늘 저민 것을 볶다가 표고와 느타리를 넣고 센 불에서 재빨리 볶는다. 소금과 후추로 간을 한다.

목이버섯죽

목이버섯은 영양가가 풍부한 식품인 만큼 죽, 수프, 샐러드에 적극 이용한다. 잘게 썬 목이버섯을 끓는 물에 넣고 부드럽게 익힌 후 불린 쌀과 대추와 함께 넣어 푹 무르익을 때까지 끓이면 된다. 어린아이들이나 노인들도 편하게 먹을 수 있는 영양식이다.

- -

민간요법

- **저절로 눈물이 날 때** : 목이버섯 40g을 태울 정도로 볶 은 뒤 '목적' 이라는 약재 40g과 함께 가루를 내어 한 번에 8g씩 쌀뜨물이나 물과 함께 섭취하면 된다.
- **치통** : 목이와 '형개' 라는 약재를 같은 양씩 섞어 끓인물로 양치질을 수시로 하면 치통을 가라앉히는 데 효과가 있다.
- **설사** : 말린 목이 40g과 '녹각교' 라는 약재 10g을 각각 볶아서 가루를 내어 1회 12g씩 따뜻한 술로 복용한다. 대변에 피가 나오는 설사나 이질에도 좋다. 목이만 볶아 먹어도 효과가 있다.

- **들풀 02-720-4323** : 처음부터 끝까지 버섯을 만날 수 있는 한정식. 버섯 숙회, 버섯 잡채, 버섯 탕수, 해물냉채에 곁들인 느타리버섯. 청운동 소재.

- **왕금성 02-599-1193** : 입 속을 감치는 덮밥의 소스맛이 일품. 버섯 정식, 새송이 밥. 반포본동 소재.

- **버섯마을 www.mushvill.com 031-983-4161** : 버섯과 고기의 담백한 조화. 버섯 꽃살, 버섯 생불고기, 버섯로스구이, 버섯매운탕, 버섯전골, 버섯부침, 버섯 모듬. 김포 소재.

- **별난 버섯집 1호점 02-485-6114** : 사장님이 유명한 버섯 요리 체인점. 버섯탕, 버섯육계장, 버섯불고기, 버섯전골. 하남시 감일동 소재.

검붉은
보라색의 비밀,
가지

여름 햇살 아래 보랏빛이 더욱 강렬하게 느껴지는 가지. 여름 가지는 겨울보다 가격이 절반 이하일 만큼 저렴하고 맛도 더 깊지만, 사시사철 우리 주위에서 쉽게 먹을 수 있는 식품이다. 가지의 건강효능의 비밀은 바로 짙은 보라색 천연색소에 있다. 가지의 보랏빛 색소는 폴리페놀의 하나인 안토시아닌이라는 특수 성분 색소로 항암, 항산화 효능이 있기 때문이다.

가지는 인도가 원산지이며 우리나라에는 중국을 통해 전래되었는데, 유럽에서도 가지는 오래전부터 중요한 식재료의 하나로 취급되어 왔다. 가지는 세계 여러 나라에서 약용으로도 사용되었는데, 나이지리아에서는 피임약, 관절염약, 항 경련제로, 우리나라에서는 진통제, 홍역, 위상병, 알코올 중독, 관절병, 화상 치료에 이용하기도 했다.

한방에서는 가자茄子라는 약명으로 부르고 있는데, 한의학적으로 볼 때 찬 성질이 있어 열을 내리고 혈액순환을 도우며 통증을 멎게 하고 부종을 없애는 작용을 하며, 열이 많은 사람에게 알맞은 식품으로 보고 있다. 예로부터 민간에서는 가지 열매는 타박상, 종창, 하혈, 딸꾹질, 치통, 해열, 동상 등에 약으로 쓰고, 가지꼭지는 말려서 다려낸 물을 맹장염, 파상풍, 버섯이나 생선을 먹고 중독이 되었을 때 산후의 아랫배의 통증, 임질 등에 마셔서 효과를 보기도 했으며 사마귀, 티눈이 있는 자리에는 가지 열매를 갈아서 낸 즙을 매일 여러 번 발라 효험을 보기도 했다는 기록이 있다. 사실 가지는 수분 94%, 단백질은 1%정도여서 대부분이 물이고 영양가는 조금도 없으니, 영양적인 식품은 전혀 아니다.

그러나 가지의 가장 큰 효능은 단연 항암효능에 있다. 이는 가지의 보라색을 구성하고 있는 안토시아닌 색소 때문인데, 가지 속의 이 천연 색소 속에는 발암물질인 벤조피렌, 아플라톡신, 특히 탄 음식에서 나오는 발암물질 PHA 등을 억제하는 효과가 브로콜리나 시금치의 2배가 들어 있으며 알칼로이드, 페놀화합물, 클로로필, 식이섬유소 등 다양한 암 예방물질이 포함되어 있다. 즉, 가지 속의 안토시아닌 색소는 항산화 활성 및 암 예방 활성에 있어 중요한 역할을 하고 있는 것이다.

혈액 속의 콜레스테롤 양을 저하시키고 고혈압에도 가지가 좋다는 연구결과가 밝혀지기도 했는데, 텍사스 대학은 치즈 등 혈중 콜레스테롤 상승을 초래하는 고지방 식품을 먹을 때 가지를 함께 섭취하도록 권장하고 있고, 호주에서도 70년대 동물실험에서 유사한 결과를 얻은 바 있다. 당시, 토끼에게 고 콜레스테롤 식품을 장기간 먹이고, 그중 일부 토끼에게 가지를 함께 섭취하도록 했는데, 그 후 토끼의

동맥을 해부해보니 극소량이라도 가지를 먹은 토끼는 동맥경화가 놀랄 정도로 억제돼 있었다고 보고하였다.

이 보고에서 특히 흥미 있는 것은 가지만 먹을 때보다 고 콜레스테롤 음식과 함께 먹을 때 가지의 활약상이 더욱 두드러졌다는 점이다. 이는 가지에 함유된 특정 화학물질이 인체 속으로 콜레스테롤 성분이 들어와야 비로소 활동을 시작하기 때문인 것으로 추정되고 있다. 또한 가지는 기름을 잘 흡수하는 성질이 있어서 식물성 기름이나 육류와 같이 섭취하면 맛뿐 아니라 열량 공급을 쉽게 하고 소화흡수율을 향상시키고, 불포화지방산과 비타민 E 흡수율도 상승되는 효과를 함께 볼 수 있다는 이점이 있으니 콜레스테롤이 높은 사람에게는 필수적으로 섭취해야 할 식품 항목에 들어간다.

가지에 포함된 스코폴라민 성분은 경련을 억제해주는 효능이 있

어서 진통, 진정하는 효과가 있다는 보고도 있다. 또한 가지는 식이섬유가 풍부해서 장운동을 촉진시키고 변비를 예방하며, 이외에도 배뇨장애를 개선하고 피를 맑게 하고 통증을 완화시키며 치통, 각기, 혈변, 하리, 화농에 대해서도 약리효능이 있다고 알려져 있다. 가지의 효능을 말할 때 빠지지 않는 부위가 가지꼭지다. 많은 민간요법에서도 가지꼭지를 이용한 치료법이 많이 사용되어 왔는데, 『본초강목本草綱目』에서는 "대수롭지 않은 가지꼭지라도 함부로 버려서는 안 된다"고 기록하고 있을 정도로 가지는 꼭지 부분에 좋은 효능이 집중되어 있다.

가지꼭지에는 다량의 비타민과 칼슘 등의 성분이 많고 떫은맛이 강한데, 가지꼭지를 뜨거운 물에 우려내거나 볶아서 먹으면 배뇨 이상 증세나 부종에 좋은 효과가 있고, 특히 열을 내리고 염증을 완화하는 효과도 뛰어나다. 가지꼭지를 통풍이 잘 드는 그늘에 말렸다가 달여 낸 물로 가글하거나 양치질을 하면 잇몸 질환

이나 치주염에 좋으며, 가지꼭지를
말려 가루 내어 습진 부위에 발라도
좋고 피부에 바르면 각질제거에도
아주 좋다. 단, 가지는 다른 여름야
채와 마찬가지로 몸을 차게 하는 작
용을 하기 때문에 수족냉증이 있거
나, 몸이 찬 사람, 임신 중인 사람은
많이 먹지 않는 것이 좋다. 반대로,
몸에 열이 많거나 혈압이 높은 사
람, 고지혈증이 있는 사람에게는 좋
은 식품이다.

주근깨

생가지를 잘라서 얼굴에 자주 문지르면 주근깨가 없어진다.

빈혈

마른 가지 잎을 갈아서 따뜻한 술이나 소금물로 마시면 빈혈을 치료한다.

사마귀, 땀띠, 티눈

생가지를 썰어 피부에 문지르면 사마귀, 땀띠, 티눈에 좋다

구내염

그늘에 말린 가지 5~6개를 뚝배기 등에 넣고 5컵 정도의 물을 부은 후 반 정도로 졸여질 때까지 달이면 진한 보리차 같은 색이 난다. 여기에 굵은 소금을 넣고 하루 2~3회 양치한다.

치루

가지꼭지와 소금을 섞어서 만든 가지 치약을 사용하면 예방 및 치료에 도움이 된다.

치통

가지를 채소 절이듯 절이면 가지의 유효성분이 염분과 서로 상승효과를 일으켜 염증이 가라앉고 치통이 완화된다.

잇몸질환

가지를 잘게 썰어 팬에 검게 태워 가루를 내어 잇몸 부위에 바른다.

가지무침

가지는 4등분으로 썰어 5분간 찐다. 다 쪄진 가지를 먹기 좋게 찢어준다. 송송 썰어둔 풋고추, 홍고추, 파 마늘 다진 것, 양념(간장, 참기름, 깨소금, 소금)을 잘 버무려 무친다.

가지냉국

가지는 2~3등분해서 찜통에서 5분간 쪄낸 후 가늘게 찢는다. 찢어놓은 가지를 볼에 담고 간장, 다진 마늘, 다진 파, 참기름, 통깨를 넣고 조물조물 무친다. 무친 가지를 그릇에 담고 송송 썬 청양고추와 홍고추를 담고 끓여 식힌 물을 붓고 소금으로 간을 한 후 얼음을 띄운다.

가지볶음

가지를 3등분으로 썰어 물(30g)에 굵은 소금(4g)을 넣어 녹인 소금물에 10분간 절여준다. 절여진 가지는 모양이 흐트러지지 않도록 꼭 짜서 식용유를 살짝 두른 팬에 가지를 넣어 볶다가 가지가 어느 정도 숨이 죽으면 간장과 설탕을 넣어 설탕이 녹도록 볶는다. 설탕이 녹으면 가늘게 채 썰어둔 청양고추, 홍고추, 양파, 마늘을 함께 넣고 야채의 숨만 죽을 정도로 살짝 볶는다. 참기름, 깨소금, 후춧가루를 뿌려서 상에 내어놓는다.

『동의보감』이 인정한 검은 닭,
오골계

겉은 물론이고 뼈까지 새까만 닭을 본 적이 있는가. 닭은 닭이로 되 그냥 닭이 아닌 천연기념물인 닭, 이것이 바로 오골계다. 예전에 고 깃국 한번 구경하기 힘들었던 서민들이야 집 안에 경사가 있거나 귀한 손님이 오셨을 때 기껏해야 씨암닭을 고아 온 식구가 둘러앉아 먹을 정 도였으니, 오골계는 감히 꿈도 꿀 수 없는 귀한 닭이었다. 귀한 만큼 식 용으로보다는 약용으로 식탁에 올랐고, 순종 오골계는 임금님께 진상되 던 특별한 닭이었다.

오골계烏骨鷄는 뼈骨가 까마귀鳥처럼 검은 닭이라 해서 붙여진 이름으 로, 1980년 천연기념물 제 265호로 지정된 희귀 축양동물畜養動物이다. 재래 닭과 크기는 비슷하지만 벼슬, 털, 부리, 다리는 물론 살과 뼈까지 모두 검은데, 가끔씩 깃딜이 흰색 또는 얼룩무늬인 것도 있다. 순종 오 골계는 발가락이 네 개이며 나리에 잔털이 없는 것이 특징이다. 서양 오 골계(실크 오골계)나 혼혈 오골계는 다리에 잔털이 나 있고 발가락이 다섯 개인 것이 많다. 성상이 뒤쪽에 뾰족하게 나와 있는 것은 발가락이 아니 고 '며느리 발톱' 이다.

조선시대 숙종 임금이 중병이 들었을 때 오골계를 먹고 건강을 회복 했는데, 그 이후부터 연산 화악리 오골계를 '연계노해連鷄魯蟹' 라 한다.

익안 대군의 14대손 이형흠 씨가 처음으로 오골계를 사육했으며, 거의
멸종되었다가 현재는 연산 화악리에서 이래진 씨가 유일하게 계승, 사
육하고 있다.

우리 선조들은 오골계를 '마르지 않는 영양의 샘'이라 불렀으며,
중국에서는 '환상의 새' 라고 일컬었다. 왕족과 귀족들만 먹을 수 있었던
고귀한 약선 요리로 고기에서 향이 난다. 오골계는 성격이 예민하고 까
다로워 사육하기가 어려우며, 체질 또한 허약하고 알을 낳는 능력도 떨
어진다.

가금류라기보다는 야생조류에 가까워서 일반 닭처럼 가두어놓고 집
단적으로 사육하면 스트레스를 받아 성장이 더디고 부화율도 더 떨어
진다. 일반 닭에 비해 사육기간이 다섯 배나 길며, 풍수에 대한 배타성
이 강해 다른 지역으로 옮겨서 키우면 2년을 채 넘기지 못하고 죽거나

380

오골계 특유의 속성이 소멸된다. 약용으로서 특히 호흡기 질병에 효과가 크다.

초나라의 여태수가 오골계를 먹고 70세에 아들을 봤을 정도로, 오골계는 피를 맑게 하고 정력을 좋게 하며, 수水와 목木의 성질을 지니고 있어 간장과 신장을 튼튼히 해주는 효과가 있다. 연산군 때에는 임금 외에는 아무도 먹지 못하게 했다는 이야기도 있다. 백제의 의자왕은 오골계를 보신제로 즐겨 먹었다는데, 근래에도 보통 닭보다 3배나 비싼데도 불구하고 보신을 하고자 하는 사람들이 즐겨 찾는 음식이다.

『동의보감』과 『본초강목』에는 "오골계는 사람이 놀랐거나 공포, 정신적인 충격을 경험했을 때 진정시키는 효과가 있으며, 산모의 허약한 기운을 보하고 여성의 대하증, 자궁 출혈증 등에 유효하다. 또 설사나 이질을 앓은 후의 보양제로 적합하며, 특히 중풍이나 떨리고 마비가 오는 증상, 신경통, 타박상, 골절상에 효과적이다. 간장, 신장의 혈분병에 좋고 어혈을 제거한다. 늑막 등의 고름을 제거하고 피를 새롭게 하며, 신장 기능을 활성화하여 성기능을 강하게 하는 특이한 효능이 있다"고 적혀 있다.

오골계를 먹는 가장 큰 이유는 허약한 몸을 보해서 피로를 회복시켜줄 뿐 아니라, 남성의 정력 증강에도 매우 효과적이기 때문이다. 조선시대 임금님들이 오골계를 즐겼던 것도 바로 이러한 오골계의 자양강장 효과 때문이었을 것이다. 오골계는 눈과 뼈에 영양을 공급해주는 비타민 A(레티놀)이 풍부하고, 남성들의 생식기에 많이 함유되어 있는 아연의 함유량도 많으며, 노화방지 물질인 토코페롤도 다량 함유되어 있어서 약해진 몸을 회복시키는 최고의 음식이다. 또한 여성의 빈혈, 냉대하증, 자궁 출혈증, 산모의 산후 회복 등에 탁월한 효과가 있어 여성의 보양식, 특히 산후 회복식으로 적당하다.

중풍 환자에게 닭고기는 금기 식품이지만 오골계는 오히려 주요한 약재로 쓰인다. 일반 닭과는 달리 불포화지방산과, 동맥경화 및 고혈압을 예방하는 리놀렌산도 훨씬 많기 때문이다. 또한 신장을 비롯한 각 내장의 움직임을 활발히 해주기 때문에 마비, 신경통, 타박상, 골절상, 관절통 등의 다양한 증상에 두루 사용할 수 있다. 한방에서는 관절통, 신경통 환자에게 사용하는 한약재에 오골계를 함께 처방하기도 하는데, 만성적인 통증을 가진 사람의 경우 빠른 시간 내에 기력이 회복되면서 통증 제어 효과가 더 강력해지기 때문이다.

이외에도 늑막 등의 농을 제거하며, 종기를 없애고 새 피를 생산해서 보하게 하며, 많이 먹으면 피부가 고와지고, 흑임자를 볶아 오골계 국에 타 먹으면 주독을 없앤다. 게다가 오골계에는 일반 닭에 비해 지방은 적고 필수 아미노산, 칼슘, 성장기의 뇌 발달과 관련된 DHA 등의 유익한 성분은 훨씬 많이 들어 있다.

논산시 연산면 화악리의 오골계 농장

(주)지산농원 http://www.ogolgye.com 041-735-0707

한국 재래의 오골계 명맥을 유지하고 있는 국내 유일의 오골계 사육농장. 이곳에서 사육하는 순종 오골계는 조선시대 임금에게 특산음식으로 진상되었으며, 1980년 4월 1일에 가금류로는 처음으로 천연기념물로 지정되었다.

이곳 계룡산 자락 화악리에서만 유일하게 사육이 가능했던 이유는 계룡산이 가진 천혜의 지리적인 조건과 좋은 수질 때문이기도 하지만, 6대째 가업으로 이어지고 있는 종계種鷄 보존 노력이 결실을 맺은 것으로 보인다. 농장 입구의 직영식당은 오골계를 『동의보감』 처방대로 요리해 손님들의 입맛을 돋우고 있다.

- -

오골계 백숙

오골계 뱃속에 수삼, 대추, 황기, 마늘, 찹쌀, 생밤을 채워 넣고 실로 묶어 새어나오지 않게 한 후, 두꺼운 냄비나 솥에 오골계를 넣고 푹 잠길 정도로 물을 부어 2시간 정도 은은한 불에 푹 곤다. 오골계는 건져서 먹고, 국물에는 불린 찹쌀, 은행, 잣, 당근 등을 넣고 죽을 쒀 먹는다. 백숙은 고기가 부드럽고 소화도 잘되며, 기가 약한 사람에게 특히 좋고, 살이 찌고 땀이 많이 나는 사람에게도 효험이 있어 여름철 보양식으로 권장할 만하다.

BLACK FOOD

거친 물살을 가르는 힘의 원천,
장어

여름철 땀으로 빠져나간 기력을 보충해주는 보양식으로 삼계탕이나 보신탕 못지않게 인기 있는 것이 바로 장어다. 장어구이란 뜻의 '만鰻'을 풀이해보면, '매일日 네四 번 먹어도 또又 먹고 싶은 물고기漁'가 된다. 그만큼 입맛을 돋우는 별미 음식이다. 장어요리는 고소하고 담백해서 비린내 때문에 생선을 싫어하는 사람들도 좋아하며, 단백질이 풍부해 남성들 사이에서는 스태미나 식품으로 각광받고 있다. 장어요리는 예부터 우리나라뿐 아니라 일본, 중국, 유럽에서도 몸을 보해주는 음식으로 즐겨 먹었다. 특히 일본인들은 우리가 복날에 삼계탕이나 보신탕 같은 보양식을 먹듯이, 도요土用날이면 모두 장어를 챙겨 먹는 풍습이 있을 정도로 장어를 좋아한다.

장어는 크게 뱀장어, 갯장어, 먹장어, 붕장어 등으로 구분된다. 영양보충을 위해 주로 구이로 섭취하는 것은 민물장어인 뱀장어를 말하는 것인데, 뱀장어는 장어류 가운데 유일하게 바다와 강을 오가며 산다. 깊은 바다에서 부화한 뱀장어는 하천이나 호수로 올라와서 살다가, 산란기가 되면 몇 날 며칠을 먹지 않고 축적한 영양분을 가지고 다시 산란장인 심해로 돌아간다.

이러한 역동성 때문에 장어를 스태미나식이라고 한다. 뱀장어는 일본에서 '우나기' 라고 부르며, 그 졸깃졸깃한 육질 때문에 고급 장어요리의 재료로 각광을 받고 있다.

바닷장어인 갯장어는 일본에서는 '하모' 라고 부르며, 우리나라에서는 개장어, 해장어, 갯붕장어 등의 사투리로 불리기도 한다. 갯장어는 여수 앞바다에서 많이 잡히며, 전남 장흥에서는 7월에 갯장어 음식축제가 열린다. 워낙 성질이 급해 이동 중에 자연사할 위험이 크므로 싱싱한 갯장어를 먹으려면 남해안으로 가는 것이 좋다. 갯장어는 육질이 담백해서 바닷장어 중에서는 제일 고급에 속한다. 한편 길거리 포장마차에서 흔히 '곰장어' 라고 부르는 장어는 바로 먹장어다. 먹장어는 주로 바다의 뻘 속에 살며, 주로 구이 형태로 요리되는데 다른 장어류와는 달리 턱과 뼈가 없어서 맛이 부드럽다. 경상도 지방에서는 가을철 벼를 수확하고 난 뒤 짚불에 많이 구워먹었는데, 부산 해운대에는 짚불 곰장어 타운도 있다. 붕장어는 횟집에서 흔히 먹는 '아나고' 를 말한다. 경남 부산 지역에

출처 : 아인님의 블로그(blog.naver.com/wjstj0123)

서 많이 나며 고기가 기름지고 고소해 횟감으로 인기가 높고 구워도 맛있다.

장어의 효능에 대해서는 정약전의 『자산어보』에서 기록을 찾아볼 수 있는데, "맛이 달콤하여 사람에게 이롭다. 오랫동안 설사를 하는 사람은 이 고기로 죽을 끓여 먹으면 이내 낫는다"고 하였다. 한의학적으로 뱀장어는 성질이 차면서 맛은 달다. 체질적으로 허약하거나 하초의 기능이 약한 사람,

무기력한 사람, 산후 허약증세가 있거나 폐결핵을 앓는 이에게 좋다고 하였다. 그러나 몸이 차거나 소화기가 약해서 설사를 잘하는 사람은 피하는 것이 좋다. 예로부터 민물장어는 폐결핵, 요통, 신경통, 폐렴, 관절염, 성기능 회복, 어린아이의 허약체질 개선 등에 민간요법으로 이용되어왔다.

우리나라에서는 장어를 장어찜, 장어구이, 장어튀김, 장어덮밥, 장어탕 등 다채로운 요리법으로 즐기고 있는데, 미국과 일부 선진국에서는 고혈압, 동맥경화, 당뇨, 비만을 막는 약식藥食으로 장어 통조림을 시판하기도 했다. 독일에서는 '아르수페' 라는 상어국이 별미로 정평이 나 있고, 덴마크는 장어찜 샌드위치, 영국은 장어 젤리가 유명하다.

장어가 남녀노소 할 것 없이 자양강상식으로 인기가 높은 것은 양질의 단백질과 지방이 듬뿍 들어 있기 때문이다. 장어의 단백질은 해독 작용과 세포재생력이 좋은 점액성 단백질과 콜라겐으로 구성되어 있어서 영양도 만점일 뿐만 아니라 노화방지와 피부미용에도 좋다. 병후 회복,

출처 : 아인님의 블로그(blog.naver.com/wjstj0123)

허약체질 개선, 산후 회복, 남성 정력 강화 등에도 탁월한 효과가 있다. 장어의 지방은 돼지고기나 쇠고기의 기름기와는 전혀 다른, 식물성 지방과 유사한 고급 불포화지방산이다. 따라서 콜레스테롤이 전혀 늘어나지 않으므로 다이어트를 하는 여성들은 안심해도 된다.

장어에는 병에 대한 저항력, 발육증진, 시력회복, 항암효과, 성장과 생식, 피부노화 등에 두루 영향을 미치는 비타민 A(레티놀)가 쇠고기의 300배 이상 들어 있다. 장어 100g에 들어 있는 비타민 A는 달걀 10개, 우유 5ℓ에 포함된 양과 맞먹는 수준으로, 한 가지 음식으로 섭취할 수 있는 비타민 A의 양으로는 단연 최고라고 할 수 있다. 또한 노화 방지와 생식 능력에 영향을 주는 비타민 E도 많다.

장어는 산란기 전인 여름에서 초가을까지가 한창 살이 올라 영양가가 풍부하며 맛도 뛰어나다. 그러나 장어를 먹은 직후에 복숭아를 먹으면 장을 자극해서 설사를 일으킬 수 있으므로 피하는 것이 좋다. 반면에 생강은 장어와 궁합이 매우 잘 맞는다. 생강은 장어의 단백질과 지방의 소화 흡수를 돕고 특유의 향으로 비린내를 없애준다. 장

388

어는 푸른 기운과 선명한 군청색을 띠며, 살이 단단하고 꼬리지느러미가 상하지 않은 것이 좋다. 양식 장어는 몸통에 비해 머리 부분이 작고 살이 단단한 반면, 자연산 장어는 아가미 부분이 크고 불거져 있으며 살은 적지만 훨씬 쫄깃쫄깃한 것이 특징이다. 장어는 잔가시가 많아 손질에 세심한 주의가 필요하며, 절대 물에 씻지 말아야 한다. 민물냄새가 나므로 종이타월을 이용해서 장어의 피와 내장까지 깨끗이 닦아낸다.

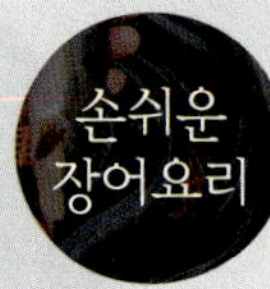

장어구이

장어 맛은 양념장이 좌우한다고 해도 과언이 아니다. 민물장어 1kg(3~4마리)를 손질해두고, 냄비에 양념장 재료(간장 2컵, 맛술 2컵, 청주 반 컵, 설탕 2컵 반, 물 2컵, 마른고추 2개, 통마늘 5쪽, 생강 1쪽)를 한꺼번에 넣고 바싹 구워둔 장어뼈와 머리도 함께 넣어 끓인다. 끓기 시작하면 약한 불로 줄여 1시간쯤 조린다. 양이 반 정도로 줄어들면 불을 끄고 상온에서 식힌 뒤 체에 거른다.

장어 몸통은 석쇠에 올려 껍질 쪽부터 굽는다. 양념장은 살→껍질→살 순서로 1~2번씩 발라 준다. 먼저 바른 양념장이 부글부글 끓을 때 반대쪽에 양념장을 발라줘야 윤기도 나고 맛도 좋다. 채썬 생강을 올려놓으면 완성이다.

고창 선운산 풍천장어

고창의 장어 생산량은 전국의 30% 정도로 국내 최고의 생산단지다. 특히 양식과 관련된 노하우와 조리법이 뛰어나 사시사철 미식가들이 찾고 있다.

풍천장어는 일찍부터 작설차, 복분자술과 함께 전북 3대 특산물의 하나로 널리 알려져 왔다. 선운산 어귀 바닷물과 민물이 합해지는 인천강 지역을 풍천이라 하는데, 바다에서 태어난 실뱀장어가 민물로 올라와 7~9년 이상 성장하다가 산란을 위해 태평양 깊은 곳으로 회유하기 전에 이곳에 머문다. 이때 잡힌 장어가 풍천장어다.

- **반구정 나루터집 031-952-3472** : 숯불 풍로에 구워먹는 장어구이의 독특한 맛과 35년의 전통을 자랑하는 곳이다. 자유로 끝 반구정 유원지에 위치.

- **장추 02-2274-8992** : 바르고 굽기를 10번이나 반복하는 정성으로 토속적인 장어구이 맛을 내는 20년 전통의 음식점. 장어정식, 장어구이, 장어덮밥. 충무로에 위치.

- **여흥식당 061-662-6486** : 여수 앞바다에서 잡히는 싱싱한 바닷장어로 만든 장어탕이 유명하다. 여수에 위치.

- **일미 02-777-4380** : 숯불로 구워 껍질은 바삭하고 살은 부드러운 곳. 서울역 건너편에 위치.

- **남서울 민물장어 02-544-1010** : 1kg에 5마리가 올라간다는 오미장어를 맛볼 수 있는 맛집. 강남 노보텔호텔 건너편에 위치.

- **팔팔민물장어 02-549-1112** : 구운 장어를 뜨겁게 달군 자갈 위에 올려 내오는 곳, 강남 제일생명 사거리와 터미널 중간에 위치.

- **청맥장어구이 02-2247-7387** : 느끼하지 않고 고소한 뒷맛이 살아 있는 장어구이 맛을 대중화한 곳. 동대문구 장안동에 위치.

산속을 휘감는
검은 뿌리의 비밀,
칡

힘차게 뻗어가는 덩굴, 강인한 생명력의 상징. 칡은 잎, 꽃, 뿌리 모두가 식용과 약용으로 유익한 식물이다. 옛날 중국에서 모함을 받아 깊은 산골로 피신한 충신 갈씨葛氏 가문의 유일한 후손이 평생 수많은 사람을 구한 약초인데다, 일족이 말살될 위기를 벗어난 갈씨 집안 때문에 끈질기게 생명을 이어간 식물이라는 뜻으로 갈근葛根이라는 이름이 붙여졌다. 이른 봄 새싹이 나오기 전에 칡뿌리를 캐서 먹으면 달고 쌉쌀한 맛이 구미를 돋운다. 예전엔 칡이 보릿고개를 넘는 중요한 구황작물이었다. 말린 칡뿌리를 찧으면 칡가루가 생기는데, 이것으로 떡이나 국수를 만들어 먹기도 했다. 요즘도 반죽한 칡가루를 묽게 끓여 구멍이 촘촘히 뚫린 바가지로 칡국수를 빼거나 칡냉면을 만들어 파는 집을 쉽게 발견할 수 있다.

음식 외에도 칡가루를 뽑아낸 섬유를 모아 흙벽돌을 찍어서 비바람막을 벽을 쌓거나 지붕을 이었고, 칡덩굴 섬유를 빼서 짠 갈포로 귀한 사람의 상복을 만들었다. 뿐만 아니라 갈긴을 만들어 쓰기도 했고 갈혜를 삼아 신기도 했다. 요즘은 갈포를 옷감으로 쓰진 않지만, 벽지나 포장용으로는 아직도 사용하고 있다.

산간지방에는 아기가 태어날 때 칡가루를 빼낸 섬유 검불 위에다 아기를 받으면 평생 앓지 않는다는 속설이 있고, 갈승(칡끈)으로 시신을 묶어서 묻으면 이승에 대한 원한 없이 편히 잠들 수 있다고 믿었다. 이처럼 칡은 한국인들의 생로병사와 깊은 관련이 있는 식물이다. 칡 위에서 태어나, 칡을 먹고 입으며 살다가, 죽어서는 칡에 묶여 묻혔던 것이다.

오래전부터 한방에서는 칡뿌리를 갈근이라 하여 약재로 사용해 왔는데, 갈근은 서늘한 성질로 열을 내리며, 진액을 보충해주고 갈증을 해소시켜준다. 또한 발진을 없애주고 술독을 풀어주며, 양기를 위로 올려주고 설사를 멈추게 하는 효능이 있어서 땀을 내서 열을 내려주어야 할 때, 얼굴이 붉으며 뒷목 굵은 사람이 목이 뻐근하고 열이 뻗쳐오를 때, 초기 감기로 오한이 나며 뒷목, 어깨, 머리가 아프고 뻐근할 때, 태음인의 간열을 풀어주고 진액을 피부로 보내고자 할 때 주로 처방하고 있다. 너무 긴장된 생활을 하거나 스트레스를 많이 받다보면 뒷목 쪽으로 열이 뻗쳐 뻐근하거나 혈압이 오른다. 고혈압이었던 사람은 중풍으로 쓰러질 수도 있다. 이때 칡을 먹으면 관상동맥을 확장시켜 혈관의 저항을 낮추고 혈류속도를 빠르게 해준다. 협심증, 심근 경색, 뇌혈관 질환 등도 예방해주므로 차로 달여 마시는 것이 좋다.

중국의 식생활 이야기를 담고 있는 『음선정요飮膳正要』에는 칡가루로 국수를 만들어 먹으면 중풍, 언어장애, 손발의 마비를 치료한다고 밝히고 있다. 실제로 칡에는 경련을 진정시키는 '다이드제인' 성분이 있어 팔, 다리, 어깨, 목 등이 뻐근해질 때 칡뿌리를 달인 것이나 칡차를 마시면 효과를 볼 수 있다.

『동의보감』에는 "칡은 맛이 달고 두통을 낫게 하며, 근육을 풀고 땀이 나게 하며, 술독을 풀어준다. 목마른 것을 그치게 하고 소화를 도우며,

가슴에서 열이 나는 것을 치료한다"고 하였고, 이제마 선생의 『동의수세
보원』에서는 칡을 태음인太陰人 약으로 구분해놓았는데, 칡이 태음인의
발한을 돕고 태음인의 왕성한 간열肝熱을 식히면서도, 폐의 부족한 진액
을 끌어올려주는 효과가 탁월하다는 이유 때문이다.

이렇듯 칡은 간 기능이 실하고 폐 기능이 약한 태음인에게 가장
적합한 약재이다. 기혈이 뭉치고 전신의 생리기능이 정체되기 쉬운 태
음인에게, 칡은 뭉쳐 있는 기혈을 풀어줘서 인체의 기능이 빨리 회복되
게 하고 장부의 균형을 도와준다. 특히 태음인이 땀이 잘 안 나와서 갑
갑해하고, 속에 열이 차 있어 뒷목이 당기고 머리가 아프고 소화가 안
되는 증상이 있을 때, 칡은 다른 어떤 약재보다 효과가 있다. 태음인은
비만, 고혈압, 중풍, 당뇨병과 같은 성인병이 가장 잘 발생할 수 있는 체
질로, 평소 혈액순환을 왕성하게 해서 땀이 잘 나오면 큰 병은 없지만,
특별한 증상이 없더라도 미리 예방하는 것이 좋다. 꾸준히 칡차를 달이
거나 생즙을 내서 마시는 것이 좋다.
　한방에서 주독을 푸는 데는 갈화해성탕葛花解醒湯이 유명한데, 이것의
주재료가 칡꽃, 즉 갈화葛花이다. 칡꽃을 응달에 말려 가루를 내어 놓았
다가, 과음한 식후나 다음날 묽게 탄 꿀물에 두 스푼 정도를 타서 마시
면 그보다 좋은 약이 없다. 식욕 부진, 구도, 징출혈 등에도 효과가 뛰어
나고, 『동의보감』에는 칡뿌리와 칡꽃이 주독뿐 아니라 모든 독에 대해서
도 해독작용이 있는 것으로 기록하고 있다. 또한 독충에 쏘였을 때 칡잎
을 찧어서 그 즙을 바르면 낫는다. 그러나 칡은 비교적 찬 성질을 갖고
있으므로 위장이 차서 구토를 자주 하는 사람이나, 감기증상으로 땀을
많이 흘리는 사람은 많이 먹지 않도록 주의해야 한다.

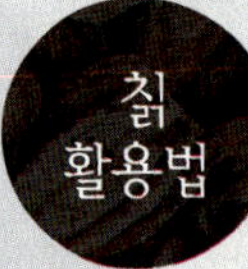

칡 고르기

칡뿌리는 밋밋하게 뻗은 것보다 몸이 통통한 것이 좋으며, 땅속 깊이 들어가 있는 것일수록 약효가 뛰어나다.

활용하기

- **칡즙** : 깨끗이 씻은 생칡 30g을 적당한 크기로 썬 다음 절구에 찧어서 보자기로 싼다. 국물을 짜내 꿀물을 약간 타서 묽게 만들어 마신다.
- **칡차** : 깨끗이 씻은 칡에 물을 붓고 약한 불에 은근히 오랫동안 달인 후 건더기는 체로 건져내고 물만 따라내어 꿀을 타서 마신다. 갈증, 뒷목 당김, 기침, 감기, 두통, 고혈압에 효과가 있다.
- **칡가루(갈분)** : 갈분은 칡을 짓찧어 즙을 짜낸 다음 가라앉혀 물로 여러 번 우려내어 말려 만든다. 갈분을 더운 물에 풀어 마시면 초기 감기에 효험이 있는 것으로 알려져 있다. 숙취에는 갈분을 물에 풀어 꿀을 타서 마신다.
- **칡술** : 생칡을 깨끗이 씻어 잘게 썬 뒤 소주에 넣는다. 한 시간 정도 지나면 칡의 향기가 소주에 스며들어 먹기 좋은 순한 칡술이 된다.

- -

- **감기가 오래되어 천식이 된 증상** : 칡 20g에 물 1ℓ 를 넣고 30분 정도 달여 꾸준히 마시면 된다.
- **독감** : 칡뿌리, 생강, 대추를 함께 넣어 끓인 물을 먹는다. 콩나물을 믹서에 갈아 설탕과 칡즙을 넣고 보온밥통에 하룻밤 두었다 마셔도 좋다. 배를 한두 개 썰어 설탕과 칡즙을 넣고 끓여 마시면 기침에 좋다.
- **급체** : 칡뿌리를 진하게 달여 마신다.
- **코를 심하게 고는 사람** : 폐에 열이 많고 비만한 태음인 체질인 경우 칡차를 수시로 마시면 증상 완화에 도움이 된다.

갈분차

갈분에 뜨거운 물이나 우유를 붓고 황설탕을 넣어 잘 젓되 너무 뻑뻑하지 않도록 농도를 잘 맞춘다. 몸을 따뜻하게 하고 소화력을 돕기 때문에 특히 허약자나 환자에게 좋고, 야식으로도 적당하다.

갈분미음

갈분 1숟가락에 물 2컵의 비율로 쑤는데, 물이 팔팔 끓을 때 갈분을 넣고 주걱으로 저으면서 뜸을 들인다. 소금과 생강즙으로 간을 맞추고 설탕이나 꿀을 곁들인다. 회복기 환자의 영양식, 수험생 야식으로 추천할 만하다.

칡콩나물국

콩나물 , 칡 , 멸치, 간장, 파, 마늘, 고춧가루 약간.
깨끗하게 씻은 칡 50g과 잘 다듬은 콩나물 300g, 멸치를 냄비에 넣은 후 물을 2~3컵 가량 붓고 끓인다. 콩나물의 비린 냄새가 나지 않도록 충분히 끓인 다음 콩나물이 거의 익으면 식성에 따라 간장, 파, 마늘, 고춧가루를 적당량 넣어 양념한다.

- 주독으로 인해 쌓인 체열을 내려주고 몸에 해로운 습기를 제거, 숙취를 해소하는 데 효과가 있다.

이집트 파라오들이
무덤 속에까지 가져간,
포도

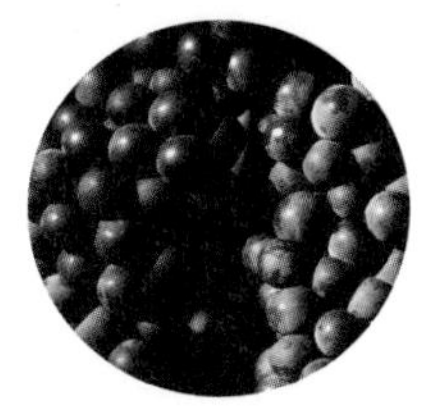

포도수확을 끝내고 가지치기까지 마친 앙상하고 마른 포도나무를 보노라면 저기서 무슨 열매가 맺힐까 싶다. 그러나 매년 여름이 끝나갈 즈음이면 그 말라 비틀어졌던 가지는 온데간데없고, 무성한 넝쿨 아래로 탐스런 포도송이들이 주렁주렁 매달려 있는 것을 볼 수 있다. 소담스럽고 탱글탱글한 포도를 한입 물면 새콤달콤한 맛과 향이 입 안을 가득 채운다. '제철 과일이 최고의 보약'이라는 말은 모든 과일에 해당되겠지만 포도만큼 이 말에 딱 들어맞는 과일도 드물다. 포도는 사과와 함께 '과일의 여왕'으로 불려왔다.

포도는 세계에서 가장 오래된 과일이며, 지구상의 남·북위 20~50°에 이르는 광범위한 지역에서 재배가 가능할 정도로 환경 적응력이 뛰어나 세계적으로 가장 많이 생산되고 있다. 싱경에 155번이니 등장해 기독교를 상징하는 문장처럼 쓰이기도 한다. 서양문명의 시작은 포도재배에서부터 시작되었다고 해도 과언이 아니며, 포도가 술로 빚어지기 시작한 것도 기원전 6000년쯤부터다. 이십트의 파라오들은 죽은 뒤 무덤 속에도 포도주 항아리를 가져갔다고 한다.

포도 재배는 실크로드를 따라 중앙아시아 제국을 거쳐 중국으로 넘어왔는데, 오늘날에도 중국의 둔황이나 투르판 등지를 여행하면 포도를 말리는 움막집을 볼 수 있다. 우리나라에는 조선시대 초기에 중국으로부터 전해졌으며, '포도'라는 이름도 중국에서 페르시아어 'budow'를 소리 나는 대로 옮겨 적은 '葡萄'를 그대로 따서 부르게 된 것이다.

국내에서 포도농사가 처음 시작된 것은 1901년 안성천주교회 초대 신부 안토니오 콤베르가 포도주를 성수로 사용하기 위해 모국인 프랑스에서 가져온 20여 그루의 묘목을 성당 앞뜰에 심은 것이 시초가 되었으며, 현재에도 안성 포도밭에서는 당도 높고 품질 좋은 포도가 매년 생산되고 있다.

『본초강목』에 "포도는 근육과 뼈를 강화하고 기력과 의지를 길러주며 몸을 튼튼히 하고, 오래 먹으면 불로장생과 상통하는 효능이 있다"고 한 반면, 『동의보감』에는 "포도를 너무 많이 먹으면 눈이 침침해진다"고 덧붙이고 있다. 이는 당분이 많은 포도를 지나치게 많이 먹을 경우 당뇨가 올 수 있다는 말일 것이다.

한방에서 포도는 습비濕痺를 제거하여 몸을 건강하게 하며, 추위를 쉽게 견디게 하고, 오래 계속 섭취하면 몸이 가볍고 수명도 연장하게 하는 효과가 있다고 보고 있다. 기혈과 폐가 약하고 기침이 날 때, 오한, 부종, 류머티즘 등에 약으로 썼고, 뿌리와 덩굴과 잎도 끓여서 약용으로 사용했다. 껍질, 열매, 씨 무엇 하나 버릴 것이 없는 유용한 과일로 여겼다.

피로하고 갈증이 날 때 포도를 먹으면 금방 피로가 회복되고 기운이 나는데, 이는 포도의 단맛을 내는 포도당과 과당 때문이다. 이들은 체내에 쉽게 흡수돼 피로회복에 큰 도움을 준다. 또한 포도는 대표적인 알칼리성 식품으로, 체액이 산성화되기 쉬운 현대인들이 쉽게 활력을 찾을 수 있도록 해준다.

포도가 심장병을 예방한다는 연구발표는 포도를 건강과일로 격상시키는 큰 요인이 되었다. 포도주스와 포도주에 함유된 식물성 색소인 '플라보노이드'가 혈전 생성을 억제하여 심장병과 동맥경화증을 예방하는 데 탁월한 효과를 발휘한다는 것이다. 여기서 주목할 것은 플라보노이드는 녹차를 비롯한 일부 야채나 과일에도 들어 있는 성분이지만, 유독 포도주스와 포도주에 함유된 것만이 심장병 예방효과가 있다는 점이다.

또한 포도에는 질병과 노화를 일으키는 활성산소의 반응을 억제하는 항산화 물질이 풍부하다. 포도에 함유된 대표적인 항산화 물질로는 비

타민 C, 비타민 E(토코페롤), 비타민 A의 전구체인 베타카로틴, 식물성 보호물질인 플라보노이드 등이 있는데, 특히 껍질과 씨앗에 많은 편이며 심장병과 동맥경화 등을 예방한다.

최근 포도가 특히 주목받는 이유는 항암효과 때문이다. 식물은 외부로부터 들어오는 독성에 대해 스스로 독을 이기는 물질을 배출하는 특성이 있는데, 포도의 항독성 물질인 '레스베라트롤' 성분은 정상세포가 암세포로 발전하는 것을 차단하고 이미 암세포로 변한 세포의 증식도 억제한다는 것이다. 레스베라트롤 성분은 포도껍질의 자주색 색소에 많이 들어 있으므로 포도를 먹을 때는 껍질을 함께 먹거나, 껍질과 씨까지 넣어 만드는 적포도주를 마시는 것이 좋다. 2003년 미국 하버드의대에서는 포도 속의 레스베라트롤을 함유한 '폴리페놀' 이 세포 수명을 획기적으로 연장시킬 수 있다는 연구결과를 발표함으로써, 멀지 않은 미래에 포도로부터 불로장생약이 나올 날을 기대해볼 수도 있게 되었다.

포도의 타닌은 변비를 해소해주고 칼슘, 칼륨, 철분 등의 무기질은 정혈작용과 조혈작용을 촉진하며, 고농도의 폴리페닐과 타닌 성분은 항균효과가 있어 충치를 예방한다. 포도 껍질 속의 '안토시아노이드 올리고머' 성분은 눈이 침침하거나 어두운 곳에서 물체가 잘 안 보이는 증상을 호전시킨다는 연구결과도 발표된 바 있다. 또한 이뇨작용도 있어 부종을 가라앉히고, 신경세포를 활발히 움직이게 하므로 알츠하이머병이나 파킨슨씨병 등 퇴행성 질병을 예방하는 데도 도움을 준다. 주석산, 사과산, 구연산 등의 유기산은 소화를 도우며, 비타민 C는 피로회복, 피부미용, 소화불량, 식욕부진에 효과가 있다.

포도가 이처럼 유익한 과일이지만, 당분이 많기 때문에 당뇨 환자나 비만 환자들은 복용을 제한하는 것이 좋다. 정상인들의 경우에도 많이 먹으면 급격한 혈당 상승과 함께 지나친 장 활동으로 설사를 일으키기 쉬우므로 적당히 먹는 것이 좋다.

국내에서 가장 많이 재배되고 있는 포도는 캠벨 품종인데, 신맛이 많이 나고 과즙도 많다. 일본에서 개발된 품종인 거봉은 당도가 높은 편이며 육질이 연하다. 마스켓 베일리가 적포도주용으로 재배되고 있으며, 최근에는 한국머루와 서양포도를 접목시킨 머루포도도 인기가 좋다.

포도는 송이 끝부터 익어가기 때문에 꼭지부분을 맛봐야 전체의 맛을 가늠할 수 있다. 포도송이의 줄기가 푸르고 싱싱하며 알맹이 표면에 흰 가루가 묻어 있는 게 맛있는데, 흰 가루는 농약이 아니라 포도의 당분이 흘러나와 굳은 것이다. 포도알이 떨어지거나 주름진 것은 신선

도가 떨어지므로 피하고, 포도알이 너무 크거나 작지 않은 것이 좋다.

캠벨은 짙은 흑색을 띤 것이, 거봉은 검은빛이 난 것이 맛있다. 포도
송이에 봉지를 씌워서 재배한 것은 농약이 묻지 않아 가격이 더 높다.
포도는 비가 올 때는 당도가 떨어지고, 껍질이 벗겨지는 등 품질이 떨어
지므로 가능한 한 구입을 자제하는 것이 바람직하다.

포도는 보통 4일 정도는 상온에서도 품질이 유지된다. 포도를 보관할
때는 물기가 없는 상태로 냉장고에 넣어 두고, 먹기 직전에 씻는다. 포
도를 씻을 때는 소금이나 식초를 희석한 물에 5분 정도 담갔다가 흐르는
물에 여러 번 헹궈낸다. 밀가루를 약간 탄 물에 포도를 넣어 흔들어 씻
어도 좋다.

토종 국산 포도는 열매자루와 알이 싱싱하고 단맛과 신맛이 적당히
어우러져 있으며 껍질이 잘 벗겨지는 반면, 수입산은 냉장보관 후 유통
되기 때문에 열매자루가 말라 있고 알도 덜 싱싱하며 단맛이 강하고 신
맛은 덜하다.

건강을 지켜주는 유일한 술이 와인이다. 와인은 다른 술과는 달리 제
조과정에서 물이 전혀 첨가되지 않으면서도 알코올 함량이 적으며, 유기
산과 무기질 등이 파괴되지 않고 포도 성분이 그대로 살아 있다. 와인에
는 9~13%의 알코올과 비타민, 당분, 유기산, 각종 미네랄, 폴리페놀 등
이 들어 있다.

적당한 양의 와인(성인 남자는 4잔, 여자는 2잔 정도)은 나이든 여성에게
칼슘의 흡수를 도와주고 에스트로겐 호르몬을 유지하게 해준다. 와인
이 건강에 좋은 이유는 폴리페놀 계열의 항산화 물질이 다량 함유되어
있기 때문인데 노화방지, 동맥경화 예방, 항암 등의 효과를 나타낸다.
이 항산화 작용은 비타민 E로 알려진 토코페롤보다 그 효과가 훨씬 뛰

어나다.

특히 적포도주는 포도주스보디 폴리페놀이 5배나 더 많은데, 포도 속의 폴리페놀은 체내에서 알코올 성분과 상호작용을 일으킬 때 최고의 효과를 발휘한다. 백포도주의 경우, 폴리페놀이 다량 함유돼 있는 포도 껍실이나 씨를 세서하고 만든 것이기 때문에 적포도주에 비해 총 콜레스테롤 감소나 심장병 예방 등의 효과가 거의 없다.

집에서 담그는 포도주는 대부분 소주를 부어서 만드는 데다 설탕을 첨가하기 때문에 알코올 도수도 높고, 당분의 함유량도 높다. 따라서 폴리페놀의 효과를 보려면 소주 함량을 줄이고, 설탕을 적게 넣거나 아예 넣지 않아야 한다. 그러나 폴리페놀을 섭취하기 위해 고농도의 알코올을 마시면 과음으로 인해 간 등에 손상을 입기 쉽다.

포도씨 기름은 양질의 포도씨를 압착하여 추출하기 때문에 일반 식용유에 비해 가격이 비싸다. 기름 특유의 느끼한 냄새가 없고 산패가 느리며, 조리 시 음식에 적게 흡수되어 오래 사용할 수 있으므로 양식은 물론, 한식과 중식에까지 폭넓게 사용되고 있다.

포도씨 기름은 콜레스테롤, 탄수화물, 단백질은 전혀 없으면서 필수 지방산, 토코페롤, 비타민 C는 함유하고 있어서 식용유 가운데 유일하게 건강 기능성식품으로 분류되어 있다. 식품의 산화를 방지하고 동맥경화나 심장병 예방에 효과가 있으며, 나쁜 콜레스테롤을 몸 밖으로 배출하는 불포화 지방산은 90%나 된다. 중풍을 예방한다는 오리의 불포화 지방산 비율이 20% 정도 되는 것을 생각하면 가히 '몸에 좋은 기름'이라 칭할 만하다. 요즘은 포도씨를 피부에 바르거나 기름의 토코페롤 성분을 이용해 주름과 탈모를 방지하고 아토피 피부에 보습효과를 주기도 한다.

포도즙

포도 요리의 기본이다. 미리 충분히 만들었다가 냉장보관하면서 음료수처럼 마셔도 좋고 다른 요리에도 활용할 수 있다. 싱싱한 포도 4kg를 알알이 따서 물에 깨끗이 씻은 다음 물기를 빼서 넓은 냄비에 넣고 불을 붙인다. 감자 으깨는 기구나 컵 밑면 등을 이용해 포도를 대충 터뜨려주면서 포도가 끓기 시작하면 물 1ℓ를 넣고 5~10분간 더 끓여 충분히 물러 터지게 한 뒤 체로 국물만 받는다.

포도 식초

포도를 알알이 떼어 믹서기로 간다. 포도를 항아리에 넣고 포도 양의 2~3배의 소주를 부어 3개월가량 발효시킨다. 이를 다시 체로 거른 뒤 항아리에 담아 9개월가량 발효시키는데, 이때 항아리 입구를 촘촘한 망사로 씌우고 뚜껑을 열어주면 좋다. 발효된 것을 다시 체로 거른 후 소독한 병에 담고 코르크 마개로 덮는다.

포도주

검붉고 잘 익은 포도를 송이째로 물에 흔들어 씻어 물기를 닦는다. 알알이 뜯어 항아리에 같은 양의 설탕을 뿌리면서 한 켜 한 켜 담는다. 맨 윗부분에 설탕을 뿌려 밀봉하고 서늘한 곳에서 보관한다. 5~6개월 정도 지나면 먹을 수 있다.

포도잼

씨를 빼고 껍질만 따로 모아 같은 양의 물을 붓고 색을 우려낸 뒤 포도 알갱이와 설탕(포도 무게의 70%)을 넣고 끓여 잼을 만들어두면 일년 내내 먹을 수 있다.

포도 셰이크

포도즙(1컵), 물(2컵), 꿀(1Ts), 아이스크림(1컵), 얼음 약간을 모두 믹서에 넣고 갈아낸다.

포도드레싱샐러드

포도알, 요구르트, 꿀을 섞어 드레싱을 만들어두었다가 샐러드(적당히 찢은 양상추, 3색 파프리카, 방울토마토, 맛살) 위에 붓는다.

포도차

잘 익은 포도를 씨째로 믹서기에 갈아서 포도즙을 만들어 냄비에 넣고 조린다. 포도양의 절반 정도의 꿀과 섞고 따뜻한 물을 약간 타서 마시면 된다.

포도 수제비

포도는 껍질만 모아서 믹서에 갈아 체에 걸러 즙을 얻는다. 이렇게 만들어진 포도 껍질즙을 밀가루에 넣고 반죽한다. 끓는 물에 멸치와 다시마, 적당하게 썰어놓은 감자를 넣고 끓이다가 포도즙 밀가루 반죽을 조금씩 떼어내어 수제비를 만든다.

안성 포도밭

경기도 안성시 서운면에 위치한 우리나라 최초의 포도 재배지. 주로 거봉이 재배되고 있으며 신맛이 덜하고 감미로우며 껍질이 얇은데다가 씨가 적다. 출하기간은 8월말부터 10월말까지로 비교적 길다.

- 삼정원 031-672-1247
- 오하농장 031-671-4500

408

화성 포도밭

서해안 고속도로 비봉 톨게이트서 제부도 방향으로 306번 지방도로 끝송산. 바닷가 포도밭에 송산 꿀포도가 주렁주렁 열리며 출하기간은 8월말부터 9월말까지이다. 삼면이 바다에 접해 포도가 익어가는 여름철에는 염분을 흠뻑 머금은 해풍을 맞아 포도의 육질이 단단한 게 특징이다. 포도의 당도와 직결된 토양이 대부분 황토질이고, 갑각류(굴·조개맛살) 껍데기가 키토산 토양을 이루고 있어 천혜의 포도 재배조건을 갖추고 있다. 화성포도는 당도가 일반 포도(15도)보다 높은 16~17도로, 말 그대로 '꿀맛'을 자랑한다.

- 순빈 포도농원 031-357-2450
- 백석농장 031-357-2819

아산 '스파비스'의 포도온천탕 www.spavis.co.kr 041-539-2000

온천에 포도를 접목시킨 포도탕은 충남 아산지역의 특산품이기도 한 '탕정포도'를 이용해 만든 것이다. 포도는 인체에 유익한 비타민 등을 함유하고 있으며 인체의 독소를 제거하고 신체의 정화력과 재생력을 키우는 데 도움을 주는 것으로 알려져 있는데, 특히 탕정포도는 온천수를 먹고 자란 포도라 피부미용에 더욱 효과가 있다. 매년 추석에 맞춰 포도탕이 운영되고 있다.

논산시 그린투어 http://nonsangt.net 041-730-1385

논산시청 농정과에서 실시하는 농촌체험프로그램으로 포도밭, 딸기밭 등에서 직접 과일을 따고 농가에서 잠을 잘 수 있다.

산야를 누비며 약초 먹고 자란,
토종 흑염소

예전엔 도시 외곽에만 나가도 산비탈을 유유히 걸어 다니면서 풀을 뜯어먹는 흑염소 떼를 볼 수 있었다. 체구가 작고 사육도 쉬워 집집마다 소규모로 노는 땅이나 야산에다 풀어놓고 키웠는데, 80년대 이후 건강식품에 대한 관심이 높아지면서 점차 사육규모가 대형화되고 전문적인 농장도 생겨났다. 그러다보니 도시 사람들이 흑염소를 접하는 것은 대부분 이미 중탕한 후 가공되어 팩에 담겨진 제품뿐이다.

'검은색의 염소'라고 해서 모두 약으로 사용하는 것은 아니고, 약용 염소만 토종 흑염소로 불린다. 토종 흑염소가 신비한 약용 동물로 여겨지게 된 이유는, 산과 들로 다니면서 사람들이 직접 먹어 에너지화할 수 없는 여러 가지 귀한 산약초를 비롯해 들판이나 강, 논둑에서 계절별로 자라는 2만여 가지의 풀, 나뭇잎, 나뭇가지, 줄기, 열매, 뿌리까지 골고루 먹고 자라기 때문이다.

흑염소는 소와 같은 되새김 동물로서 나뭇가지나 어린 나뭇잎을 즐겨 먹으며, 일반적으로 가을부터 겨울에 새끼를 가져 풀이 한창 돋아나는 봄에 분만한다. 성장이 굉장히 빠른 편이라 보통 태어난 지 4~5개월이면 어미의 70%까지 자란다. 건조하고 경사진 곳을 좋아하고 성질이 온순하여 관리가 용이하나, 결벽적인 성격이라 이물 혹은 오물이 섞여진 사료는 절대 먹지 않으며, 습기를 싫어하여 비나 이슬에 젖은 풀도 먹지 않는다.

『동의보감』에 의하면 "신비스런 효능을 가지고 있어 허약체질의 영양보급과 보신에는 으뜸이다"고 했고, 『본초강목』에서는 "보중익기補中益氣하며 성惺은 감대열甘大熱이다. 몸을 보하고 원기를 보충시키는 데 주로 사용하며 팔다리에 힘이 없고, 소화기능이 약한 사람, 병후 쇠약해졌거나 땀이 많이 나는 사람, 더위를 많이 타는 아이 등을 보하는 데 쓰인다. 두뇌를 차게 하고 피로와 추위를 물리치며, 위장의 작용을 보안하고 마음을 평온케 한다"고 하였다.

『명의별록名醫別錄』에서는 "염소 고기는 속을 덥게 하고 내장을 보하며 기를 늘린다. 심장을 안정시키고 노하는 것을 멈추게 한다. 염소의 젖은 한랭을 치유하며, 염소의 허파는 폐를 보하고 기침을 멈추게 한다. 염소콩팥은 신기허약을 보하고 정수를 늘린다. 쓸개는 청맹을 다스리고 눈을 밝게 한다"고 하여 흑염소의 모든 것이 약이 될 수 있다고 밝히고 있다.

토종 흑염소가 건강식품으로 각광 받는 이유 중 하나는 몸을 따뜻하게 만들어주는 온양성溫陽性 식품이라는 점이다. 수족이 냉하고 몸이 차서 생리가 불규칙하고 냉대하가 심하며, 심지어 임신이 잘 되지 않는 마른 체형의 여성이 먹으면 몸이 따뜻해지면서 냉해서 오는 여러 가지 질병들이 없어지는 효과를 볼 수 있다. 보약이 귀했던 예전에는 출산 후 냉기를 피하고 몸을 따뜻이 해야 하는 산모에게 산후 조리 음식으로 토종 흑염소를 푹 고아 먹였다. 산후풍도 예방하고 산후 영양을 공급하였으며, 산후에 젖이 잘 나오지 않을 때는 한약재 목통木通과 함께 달여 먹

였다. 또 노인들이 양기가 떨어져 손발이 차고 몸이 냉할 때 흑염소를 먹으면 온몸이 따뜻해지므로 양기 보충에도 좋은 음식이다.

예로부터 흑염소는 식사 때가 되어도 배가 고픈 것을 느끼지 못하고 밥을 먹어도 도통 맛이 없으며, 먹고 싶은 음식도 없고 먹어도 소화가 잘 안 되며, 체중이 불지 않는 증상에 좋다고 했다. 고기가 무척 부드럽고 연해서 소화 흡수율이 매우 높으며, 지방 함량도 소고기의 절반밖에 들어 있지 않아 영양 성분이 그대로 몸으로 전달된다. 편식을 하고 밥투정이 심한 아이, 만성적인 위장질환자, 위장 기능이 약해서 영양 상태가 좋지 않은 사람에게 흑염소는 더할 나위 없는 건강 음식이다. 체질 의학적인 면으로 본다면, 타고난 위장기능이 약하고 속이 냉한 소음인少 陰人에게 가장 잘 어울리는 음식이다.

보양補養의 목적으로 흑염소를 먹는 것은 중탕의 형태 말고도 다른 육류처럼 고기를 직접 요리하는 방법을 권할 만하다. 염소 고기는 지방은

적고 단백질, 칼슘, 철분이 많고, 노화방지 물질인 토코페롤 함량도 풍부해 세포의 노화를 방지하고 빈혈을 예방한다. 반면에 몸에 열이 많고 위장 기운이 너무 좋은 사람, 몸에 열이 많은 태양인이나 소양인이 먹게 되면 흑염소의 보열작용과, 위장기능을 돕는 효과 때문에 오히려 몸이 불쾌해지므로 조심해야 한다.

현재 중탕 가공업체에서는 흑염소에 여러 가지 한약재를 섞어 판매하고 있지만, 오히려 한약재 때문에 흑염소의 효과를 제대로 못 볼 수 있으므로 중탕 가공식품은 흑염소만을 가공한 것인지 확인하고 구입하는 것이 좋다.

**손쉬운
흑염소
요리**

흑염소 사골탕

흑염소 사골에 마늘, 생강을 넣고 푹 끓여 국물을 만들고, 흑염소 고기는 압력솥에 삶아 적당히 썬다. 끓는 사골 국물에, 믹서에 갈아 고운체로 거른 들깨와 숙주, 삶은 토란대, 고춧가루, 고추기름을 넣은 다음 파, 마늘, 후추로 간을 한다.

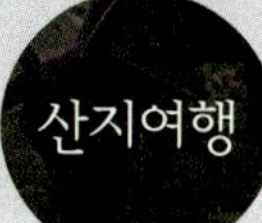

산지여행

전남 완도군 완도읍 약산면 약산 흑염소

완도의 약산은 사방이 다른 섬으로 둘러싸여 기후가 온화하고, 거센 풍랑이나 태풍에도 영향을 받지 않는 천혜의 위치에 자리하고 있다. 산 전체에 자생한 130여 종의 각양각색의 약초를 먹고 자란 약산 흑염소는 전라남도 지정품목 61호로 선정된 특산품으로 유명하다. 이곳 흑염소는 음양곽淫羊藿이라 불리는 정력 강장제인 삼지구엽초를 많이 먹고 자라, 다른 곳의 흑염소와 구별된 효능이 인정되어 조선시대에는 궁중 진상품이었기도 했다.

맛집

- 화순성 061-374-4663 : 가마솥에 푹 쪄낸 담백한 수육 맛이 일품이다. 전남 화순군 화순읍 위치.

- 약산 흑염소 가든 061-373-9292 : 약산도 삼지구엽초를 먹고 자란 흑염소 요리로 유명하다. 전남 화순군 화순읍 삼천리에 위치.

BLACK FOOD

몸에 좋은 색깔음식 50